学习资源展示

课堂案例·课堂练习·课后习题

课堂案例：日出动画　　所在页：57页
学习目标：学习导入素材、创建合成、制作动画以及输出影片的方法

课堂案例：卡片翻转动画　　所在页：62页
学习目标：学习导入素材、创建合成、制作动画以及输出影片的方法

课堂练习：巫师动画　　所在页：65页
学习目标：练习After Effects CC的工作流程

课堂练习：制作图层变换动画　　所在页：85页
学习目标：学习设置图层的混合模式以及设置关键帧的方法等

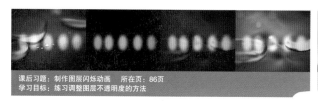

课后习题：制作图层闪烁动画　　所在页：86页
学习目标：练习调整图层不透明度的方法

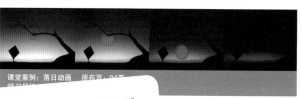

课堂案例：落日动画　　所在页：94页
学习目标：

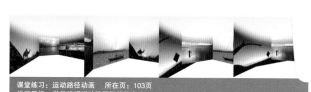

课堂练习：运动路径动画　　所在页：103页
学习目标：学习编辑运动路径形状的方法

课后习题：运动曲线动画　　所在页：104页
学习目标：练习图表编辑器的使用方法

课堂案例：使用自动跟踪创建蒙版　　所在页：112页
学习目标：学习如何使用自动跟踪功能创建蒙版

课堂案例：飞近地球动画　　所在页：117页
学习目标：学习嵌套功能的运用方法和技巧

课堂练习：蒙版动画　　所在页：121页
学习目标：学习蒙版动画的制作流程以及如何使用蒙版动画来突出重点元素

课堂案例：通过菜单命令创建文字动画　　所在页：125页
学习目标：学习通过菜单命令创建文字的方法

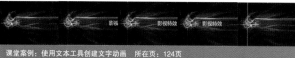

课堂案例：使用文本工具创建文字动画　　所在页：124页
学习目标：学习使用文字工具创建文字的方法

课后习题：邦德007动画　　所在页：122页
学习目标：练习如何制作位移动画和蒙版动画

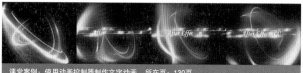

课堂案例：使用动画控制器制作文字动画　　所在页：130页
学习目标：学习如何使用"动画控制器"制作文字动画

课堂案例：制作文字抖动动画　　所在页：131页
学习目标：学习制作表达式选择器动画的方法

课堂案例：制作路径文字动画　所在页：133页
学习目标：学习如何制作路径文字动画

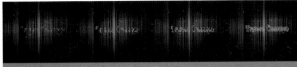

课堂练习：制作文字轮廓动画　所在页：142页
学习目标：学习使用"从文本创建形状"命令创建文字轮廓动画

课堂练习：文字音量尺动画　所在页：142页
学习目标：学习使用"梯度渐变""色光"和"百叶窗"滤镜制作音量尺动画

课后习题：扫光文字动画　所在页：143页
学习目标：练习使用"横排文字工具"制作扫光文字动画

课后习题：火焰文字动画　所在页：144页
学习目标：练习文字的综合使用

课堂案例：使用色阶滤镜调整灰度图像　所在页：148页
学习目标：学习使用"色阶"滤镜寻找灰度图像的暗部和高亮区域

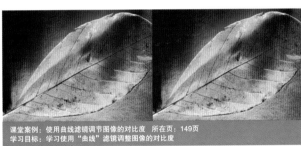

课堂案例：使用曲线滤镜调节图像的对比度　所在页：149页
学习目标：学习使用"曲线"滤镜调整图像的对比度

课堂案例：使用曲线滤镜单独调节画面的亮度和饱和度　所在页：150页
学习目标：学习使用"曲线"滤镜单独调整图像的亮度和对比度

课堂案例：使用色相/饱和度滤镜更换季节　所在页：151页
学习目标：学习使用"色相/饱和度"滤镜更换图像的色调

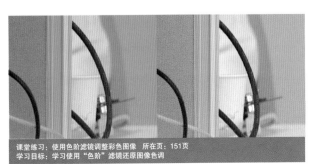

课堂练习：使用色阶滤镜调整彩色图像　所在页：151页
学习目标：学习使用"色阶"滤镜还原图像色调

课堂练习：使用曲线滤镜进行区域调色　所在页：152页
学习目标：学习使用"曲线"滤镜进行区域调色

课堂练习：使用色相/饱和度滤镜为灰度图上色　所在页：152页
学习目标：学习使用"色相/饱和度"滤镜为灰度图像上色

课堂案例：颜色还原　所在页：166页
学习目标：学习分析图像的颜色构成以及调节图像的通道和饱和度的方法

课堂案例：水墨画　所在页：168页
学习目标：学习如何对图像去色以及打造水墨效果的方法

课堂练习：颜色匹配　所在页：170页
学习目标：学习使用"曲线"滤镜调节图像的高光和阴影

课堂案例：抠取单一颜色　所在页：174页
学习目标：学习使用"颜色键"滤镜抠取图像

课堂案例：抠除渐变背景　所在页：176页
学习目标：学习使用"线性颜色键"滤镜抠除渐变背景

课堂案例：抠取蒙版信息　所在页：177页
学习目标：学习使用"颜色差值键"滤镜根据不同的蒙版信息来抠取图像

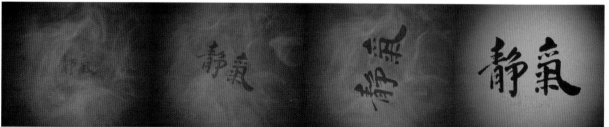

课堂练习：亮度抠像　所在页：177页
学习目标：学习使用"亮度键"滤镜进行亮度抠像

课堂练习：提取抠像　所在页：178页
学习目标：学习使用"提取"滤镜进行抠像

课堂案例：快速抠像　所在页：184页
学习目标：学习使用Keylight滤镜快速抠除绿屏背景动态素材

课堂练习：抠取复杂图像　所在页：178页
学习目标：学习使用"内部/外部键"滤镜抠取边缘比较复杂的图像

课堂案例：蓝色溢出抑制　所在页：185页
学习目标：学习使用Keylight滤镜中的Inside Mask（内侧蒙版）功能进行蓝色溢出抠像

课堂案例：抠取颜色接近的图像　所在页：187页
学习目标：学习使用Keylight滤镜抠取颜色比较接近的图像

课堂练习：键控微调　所在页：189页
学习目标：学习使用Keylight滤镜中的Screen Gain（屏幕增益）功能微调边缘比较复杂的图像

课后习题：MV唯美特效　所在页：189页
学习目标：练习使用"曲线""色相/饱和度"和"亮度和对比度"滤镜调整画面的基本调色方法

课后习题：抠取蓝屏素材　所在页：190页
学习目标：练习使用Keylight滤镜抠取简单的蓝屏素材

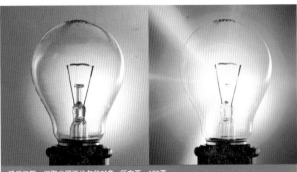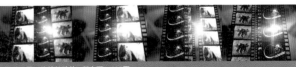

课后习题：抠取光照不均匀的对象　所在页：190页
学习目标：练习使用"颜色范围"滤镜抠取光照不均匀的对象

课后习题：抠取动态对象　所在页：189页
学习目标：练习使用"差值遮罩"滤镜抠取动态对象

课后习题：旋转的胶片　所在页：222页
学习目标：练习使用CC RepeTile滤镜制作胶片素材以及多嵌套合成的方法

课堂案例：盒子打开动画　所在页：196页
学习目标：学习如何将二维图层设置为三维图层以及如何制作三维旋转动画

课堂案例：3D空间滤镜　所在页：218页
学习目标：学习"曲线""动态拼贴""梯度渐变"以及"投影"滤镜的综合运用

课堂案例：使用三维摄像机制作文字动画　所在页：202页
学习目标：学习如何使用静帧素材配合三维摄像机制作文字动画

课堂案例：3D反射　所在页：209页
学习目标：学习如何使用"分形杂色"滤镜制作分形背景以及摄像机和灯光的设置方法

课堂案例：空间网格　所在页：197页
学习目标：学习使用滤镜制作空间网格以及了解摄像机动画的制作方法

课堂案例：漂浮的立方体　所在页：211页
学习目标：学习CC Bum Film和"毛边"滤镜插件的使用方法、创建灯光层及其阴影效果的制作

课堂案例：炫彩空间效果　所在页：220页
学习目标：学习"圆形""快速模糊""发光""基本3D"以及"残影"滤镜的综合运用

课后习题：翻书动画　所在页：222页
学习目标：练习使用纯色图层制作模型构架以及分割图层

课堂案例：墨水划像动画　所在页：226页
学习目标：学习如何使用"画笔工具""毛边"滤镜、"色相/饱和度"滤镜以及Alpha通道蒙版功能制作墨水动画

课堂案例：手写字动画　所在页：229页
学习目标：学习如何使用"画笔工具"制作手写文字动画以及使用"橡皮擦工具"对笔触进行调整

课堂案例：飞舞文字动画　所在页：238页
学习目标：学习如何使用"钢笔工具"绘制文字的运动路径以及使用文字产生缩放、跳跃和旋转等随机动画

课堂案例：植物生长动画　所在页：240页
学习目标：学习如何使用"画笔工具"绘制植物形状、使用Trin Paths（剪切路径）属性和Alpha通道蒙版制作生长动画

课堂练习：人像阵列动画　所在页：241页
学习目标：学习使用"钢笔工具"为对象描边、使用"中继器"属性制作阵列动画

课后习题：涂鸦喷绘动画　所在页：242页
学习目标：练习使用"画笔工具"和"结束"属性制作喷绘动画以及制作卷页Logo动画

课堂案例：时间之影　所在页：249页
学习目标：学习如何使用表达式制作钟表动画

课堂案例：温度指示器　所在页：250页
学习目标：学习如何使用条件控制语句制作温度计动画

课堂案例：光线条纹滤镜　所在页：253页
学习目标：学习如何使用表达式制作光线摆动动画

课堂练习：花瓣背景滤镜　所在页：255页
学习目标：学习使用表达式制作演化动画

课堂案例：花朵旋转　所在页：265页
学习目标：学习如何使用表达式制作旋转动画以及使用表达式制作色相循环动画

课后习题：翩翩蝶舞　所在页：268页
学习目标：练习使用表达式制作蝴蝶翅膀的振动动画

课后习题：跟踪飞机创建关键帧　所在页：276页
学习目标：练习使用运动跟踪器，确定跟踪器的特征以及将跟踪数据应用于图层运动

课堂案例：笔记本电脑宣传广告动画　所在页：274页
学习目标：学习如何使用运动跟踪替换目标对象以及使用平滑关键帧

课堂案例：放大镜　所在页：278页
学习目标：学习如何使用"放大"滤镜模拟放大镜效果

课堂案例：人脸变形动画　所在页：283页
学习目标：学习如何使用"改变形状"滤镜制作人物变形动画

课堂案例：滚滚浓烟　所在页：286页
学习目标：学习如何使用"液化"滤镜制作变形动画

课堂案例：极轴旋转动画　所在页：292页
学习目标：学习如何使用"百叶窗"和"极坐标"滤镜制作放射线动画

课后习题：穿梭时空　所在页：296页
学习目标：练习使用"极坐标"和"改变形状"滤镜制作时空穿梭动画

课堂案例：流光滤镜　所在页：288页
学习目标：学习如何使用"画笔工具"绘制彩色光线以及使用"贝塞尔曲线变形"滤镜制作变形动画

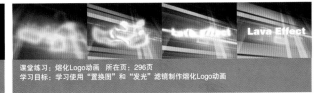

课堂练习：熔化Logo动画　所在页：296页
学习目标：学习使用"置换图"和"发光"滤镜制作熔化Logo动画

课堂案例：粒子碰撞动画　所在页：301页
学习目标：学习如何使用"粒子运动场"滤镜制作粒子下落与碰撞动画

课堂案例：文字堆积动画　所在页：302页
学习目标：学习如何使用"粒子运动场"滤镜制作堆积动画

课堂练习：电子屏幕动画　所在页：304页
学习目标：学习使用"粒子运动场"滤镜制作电子屏幕动画

课堂案例：枫叶飘落动画　所在页：306页
学习目标：学习如何使用"碎片"滤镜制作飘落动画以及调整画面的对比度与色调

课堂案例：人物碎片化　所在页：309页
学习目标：学习如何使用"碎片"滤镜制作碎片散开动画

课堂案例：沙化文字滤镜　所在页：311页
学习目标：学习如何使用遮罩功能制作风滤镜以及使用"粒子运动场"滤镜制作沙化文字滤镜

课堂练习：粒子地图动画　所在页：313页
学习目标：学习使用"粒子运动场"滤镜制作点阵图以及使用"碎片"滤镜制作粒子破碎动画

课后习题：Card Dance梦幻汇聚　所在页：314页
学习目标：练习使用"卡片动画"滤镜制作梦幻汇聚以及使用Starglow（星光）滤镜制作星光

课后习题：粒子照片打印　所在页：314页
学习目标：练习使用"分形杂色"滤镜制作彩色渐变、使用"碎片"滤镜制作照片碎裂

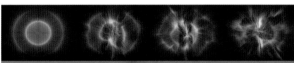

课堂案例：音频滤镜　所在页：317页
学习目标：学习如何使用Form（形态）滤镜制作形态变化滤镜以及使用Shine（扫光）滤镜制作发光滤镜

课堂案例：光芒滤镜　所在页：318页
学习目标：学习如何使用"分形杂色"滤镜制作烟雾滤镜以及使用Shine（扫光）滤镜制作光芒滤镜

课堂案例：心形光效　所在页：322页
学习目标：学习如何使用"勾画"滤镜制作光线滤镜以及使用Starglow（星光）滤镜制作星光滤镜

课堂案例：奇幻拖尾滤镜　所在页：324页
学习目标：学习如何使用"自动追踪"功能制作跟踪动画以及使用3D Stroke（3D描边）滤镜制作拖尾动画

课堂案例：流动线条光效　所在页：326页
学习目标：学习如何使用3D Stroke（3D描边）滤镜制作流动线条光效动画

课堂案例：烟花滤镜　所在页：329页
学习目标：学习如何使用Particular（粒子）滤镜制作烟花滤镜

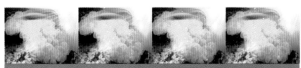

课堂案例：海底泡泡　所在页：330页
学习目标：学习如何使用"圆形""变换"和"湍流置换"滤镜制作气泡变形动画、使用Particular（粒子）滤镜制作气泡上升动画

课堂练习：弹跳乐透 所在页：333页
学习目标：学习使用表达式和CC Sphere（CC球体）滤镜制作号码球以及使用Particular（粒子）滤镜制作号码球弹跳动画

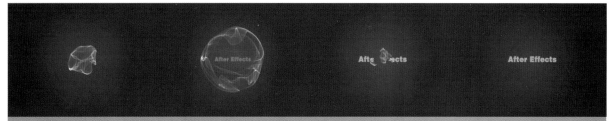

课堂案例：粒子Logo 所在页：338页
学习目标：学习如何使用Form（形态）滤镜制作粒子Logo淡入和放大动画

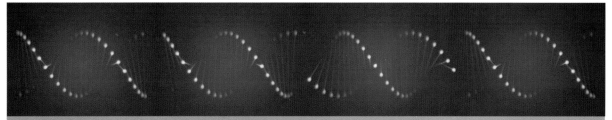

课堂案例：模拟DNA 所在页：342页
学习目标：学习如何使用Form（形态）滤镜制作DNA旋转动画

课堂案例：流光Logo滤镜 所在页：345页
学习目标：学习如何使用3D Stroke（3D描边）滤镜制作锥形光线滤镜以及使用Starglow（星光）滤镜制作星光Logo滤镜

课后习题：数字头像动画 所在页：347页
学习目标：练习使用Form（形态）滤镜制作粒子汇聚动画

课后习题：星球爆炸滤镜 所在页：348页
学习目标：练习使用"分形杂色"滤镜制作火焰贴图以及使用Particular（粒子）滤镜制作爆炸

中文版
After Effects CC
实用教程

时代印象 TIMES IMPRESSION 编著

人民邮电出版社
北 京

图书在版编目（CIP）数据

中文版After Effects CC实用教程 / 时代印象编著
. -- 北京：人民邮电出版社，2017.4（2021.8重印）
ISBN 978-7-115-45011-1

Ⅰ. ①中… Ⅱ. ①时… Ⅲ. ①图象处理软件—教材
Ⅳ. ①TP391.413

中国版本图书馆CIP数据核字(2017)第034558号

内 容 提 要

本书全面介绍了 After Effects CC 的基本功能及实际运用，完全针对零基础读者而编写，是入门级读者快速而全面掌握 After Effects CC 的必备参考书。本书从 After Effects CC 的基本操作入手，结合大量的可操作性课堂案例进行讲解，并给出了课堂练习以及课后习题，以供读者练习所学知识。

本书共 14 章，每章分别介绍一个技术板块的内容，全面而深入地阐述了 After Effects CC 的基本操作、工作流程、图层应用、关键帧与动画图表编辑器、通道与蒙版、文字动画、色彩校正与抠像、三维空间、绘画与形状、表达式动画、运动跟踪、动态变形、粒子与碎片的世界及 Trapcode 第三方滤镜包等内容。全书包含 108 个精选案例，以讲解与练习相结合的方式，让读者锻炼实际的操作能力。通过课堂练习和课后习题进行练习，读者可以轻松而有效地掌握软件技术，避免了枯燥的理论学习。

本书附带下载资源，内容包括课堂案例、课堂练习及课后习题的案例文件、素材文件和多媒体教学视频以及与本书配套的 PPT 教学课件，读者可通过在线方式获取这些资源，具体方法请参看本书前言。

本书适合作为院校和培训机构影视包装专业课程的教材，也可以作为 After Effects CC 自学人员的参考用书。

◆ 编　　著　　时代印象
　　责任编辑　　张丹丹
　　责任印制　　陈　犇

◆ 人民邮电出版社出版发行　　　北京市丰台区成寿寺路 11 号
　　邮编　100164　　电子邮件　315@ptpress.com.cn
　　网址　http://www.ptpress.com.cn
　　北京天宇星印刷厂印刷

◆ 开本：787×1092　1/16
　　印张：22　　　　　　　　　　　彩插：4
　　字数：461 千字　　　　　　　　2017 年 4 月第 1 版
　　印数：6 501 – 7 000 册　　　　2021 年 8 月北京第 10 次印刷

定价：49.80 元

读者服务热线：(010)81055410　印装质量热线：(010)81055316
反盗版热线：(010)81055315

前言 PREFACE

Adobe After Effects CC是一款用于制作视频影视特效的专业合成软件，在世界上已经得到了广泛的应用。经过不断发展，After Effects在众多的后期动画软件中具有独特的魅力。另外，许多公司为After Effects CC开发了大量优秀的插件，这让After Effects CC的合成能力变得更加强大。

目前，我国很多院校和培训机构的艺术专业，都将After Effects作为一门重要的专业课程。本书由After Effects的高级教师以及专业的特效制作人员共同编写，用来帮助院校和培训机构的教师全面、系统地讲授这门课程，让学生能够熟练地使用After Effects来制作特效。

我们对本书的体系做了精心的设计，按照"软件功能解析→课堂案例→课堂练习→课后习题"这一思路进行编写，通过软件功能解析使学生深入学习软件功能和制作特色，通过课堂案例演练使学生快速熟悉软件功能和设计思路，并用课堂练习和课后习题拓展学生的实际操作能力。在内容编写方面，我们力求通俗易懂，细致全面；在文字叙述方面，我们注意言简意赅、突出重点；在案例选取方面，我们强调案例的针对性和实用性。

为了方便读者学习，作者在附录中准备了After Effects CC快捷键索引以及书中使用的插件版本。同时，本书还配备所有案例的大型多媒体教学视频，详细记录了案例的操作步骤，便于读者理解。另外，本书还配备了PPT课件等丰富的教学资源，以便任课教师使用。

本书的参考课时为76课时，其中教师讲授环节为52课时，学生实训环节为24课时，各章的参考课时如下表所示。

章	课程内容	课时分配	
		讲授	实训
第1章	认识After Effects CC	2	
第2章	After Effects CC的工作流程	4	2
第3章	图层应用	4	1
第4章	关键帧与动画图表编辑器	2	1
第5章	通道与蒙版	2	1
第6章	文字动画	4	3
第7章	色彩校正与抠像	8	6
第8章	三维空间	4	2
第9章	绘画与形状	4	
第10章	表达式动画	4	1
第11章	运动跟踪	2	1
第12章	动态变形	4	1
第13章	粒子与碎片的世界	4	2
第14章	Trapcode第三方滤镜包	4	2
课时总计		52	24

为了让学生更好地理解本书所讲解的内容与知识点。本书安排了较多的课堂案例、课堂练习和课后习题。同时，专门设计了很多"技巧与提示"，这些小技巧也许会给您到来意外惊喜。

1.课堂案例

在本书中安排了课堂案例表格，其中表明了课堂案例的案例位置、视频位置、难易指数和学习目标。难易指数达到3颗星以上（包括3颗星）的课堂案例是相对较难的，读者需要仔细领会，并对该课堂案例认真学习，尽力做到完全掌握。

2.课堂练习

在本书中安排了课堂练习表格，其中表明了课堂练习的案例位置、视频位置、难易指数和学习目标。难易指数达到3颗星以上（包括3颗星）的课堂练习是相对较难的，读者需要仔细领会，并对该课堂练习多加练习，尽力做到完全掌握。

3.课后习题

在本书中安排了课后习题表格，其中表明了课后习题的习题位置、视频位置、难易指数和学习目标。难易指数达到3颗星以上（包括3颗星）的课后习题是相对较难的，读者需要对该课后习题多加练习，尽力掌握制作思路和技巧。

4.技巧与提示

在本书中有很多"技巧与提示"，里面的内容是一些需要注意的技术问题。不要小看这些技巧与提示，它们在实际工作中往往能起到很好的辅助作用。

售后服务

本书所有的学习资源文件均可在线下载（或在线观看视频教程），扫描封底的"资源下载"二维码，关注我们的微信公众号，即可获得资源文件下载方式。资源下载过程中如有疑问，可通过我们的在线客服或客服电话与我们联系。在阅读本书的过程中，如果遇到问题，也欢迎读者与我们交流，我们将竭诚为读者服务。

资源下载

读者可以通过以下方式来联系我们。

客服邮箱：press@iread360.com

客服电话：028-69182687、028-69182657

时代印象

2017年2月

目 录 CONTENTS

目 录 CONTENTS

目录 CONTENTS

目 录 CONTENTS

目 录 CONTENTS

目 录 CONTENTS

第1章

认识After Effects CC

After Effects是Adobe公司推出的一款图形视频处理软件，用于2D和3D合成、动画和视觉效果处理，在世界上已经得到广泛的应用。经过不断发展，After Effects在众多的后期动画软件中具有独特的魅力，现在Adobe公司已将After Effects升级到CC版本，其功能也变得更加强大。

课堂学习目标

了解After Effects CC对计算机硬件的要求

掌握After Effects CC的界面操作

掌握After Effects CC的菜单命令

掌握After Effects CC的窗口和面板

掌握After Effects CC的基本参数设置

1.1 After Effects CC对计算机硬件的要求

安装After Effects CC要求计算机装有64位的操作系统，Windows 7和Windows 8都支持After Effect CC。安装时对硬盘的空间要求较高，另外可选内容需要额外的空间约为2GB，并且在安装过程中需要临时占用一些可用空间。

1.2 After Effects CC的工作界面

启动After Effects CC，其界面颜色为深灰色，与以前的版本相比，减少了面板间的圆角，使整个界面显得更加紧凑，面板的名称也缩短了很多，如图1-1所示。

图1-1

默认显示的界面是"标准"工作区，这个工作界面包括菜单栏与集成的窗口和面板，如图1-2所示。其中A区域为应用程序窗口，B区域为成组的窗口或面板，C区域为单个窗口或面板。

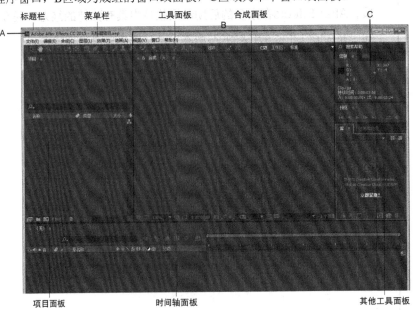

图1-2

常用工具面板介绍

菜单栏：包含"文件""编辑""合成""图层""效果""动画""视图""窗口"和"帮助"9个菜单。

标题栏：主要用于显示软件版本、软件名称和项目名称等。

工具面板：主要集成了选择、缩放、旋转、文字、钢笔等一些常用工具，其使用频率非常高，是After Effects CC非常重要的工具面板。

项目面板：主要用于管理素材和合成，是After Effects CC的四大功能面板之一。

合成面板：主要用于查看和编辑素材。

时间轴面板：是控制图层效果或运动的平台，是After Effects CC的核心部分。

其他工具面板：这一部分的面板看起来比较杂一些，主要是信息、音频、预览、特效与预设窗口等。

After Effects CC为用户提供了很多预先定义好的工作界面，可以根据不同的工作需要从工具栏中的工作区列表中选择这些预定义的工作界面，如图1-3所示。另外，用户也可以根据实际需要定制自己的工作界面。

图1-3

1.2.1 停靠/成组/浮动面板操作

After Effects CC的界面主要由多个面板构成，用户可以根据个人喜好和操作习惯对面板的位置进行调整，面板的位置调整主要包括停靠面板、成组面板和浮动面板。

1.停靠操作

停靠区域位于面板、群组或窗口的边缘，如果将一个面板停靠在一个群组的边缘，那么周边的面板或群组窗口将进行自适应调整。将A面板拖曳到另一个面板正上方的高亮显示B区域，最终A面板就停靠在C位置，如图1-4~图1-6所示。

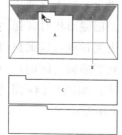

图1-4

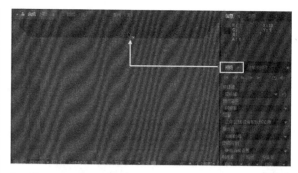

图1-5

图1-6

技巧与提示

如果要将一个面板停靠在另外一个面板的左边、右边或下面，那么只需要将该面板拖曳到另一个面板的左、右或下面的高亮显示区域，就可以完成停靠操作。

2.成组操作

成组面板是将多个面板合并在一个面板中，通过选项卡来进行切换。如果要将面板进行成组操作，将该面板拖曳到相应的区域即可。将A面板拖曳到另外的组或面板的B区域，A面板就和B区域的面板成组在一起放置在C区域，如图1-7~图1-9所示。

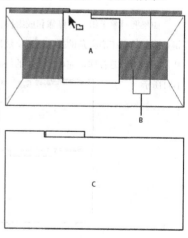

图1-7

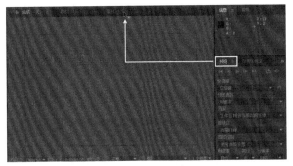

图1-8

图1-9

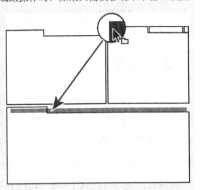

图1-10

如果要对整个组进行停靠和成组操作，可以使用鼠标左键拖曳选项卡右上角的抓手区域，然后将其释放到停靠或成组的区域，这样即可完成整个组的停靠或成组操作，如图1-11所示。

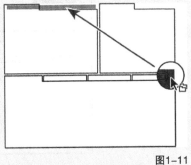

图1-11

3.浮动操作

通过浮动操作可以将面板以对话框的形式进行单独显示。如果要将停靠的面板设置为浮动面板，有以下3种操作方法可供选择。

第1种：在面板窗口中单击 ☰ 按钮，然后在弹出的菜单中执行"浮动面板"命令，如图1-12所示，该面板就会以对话框的形式单独显示，如图1-13所示。

图1-12

图1-13

第2种：按住Ctrl键的同时使用鼠标左键将面板或面板组拖曳出当前位置，当释放鼠标左键时，面板或面板组就会以浮动状态显示。

第3种：将面板或面板组直接拖曳出当前应用程序窗口之外，如果当前应用程序窗口已经最大化，只需将面板或面板组拖曳出应用程序窗口的边界就可以了。

1.2.2 调整面板或面板组的大小

将光标放置在两个相邻面板或群组面板之间的边界上，当光标变成分隔 ▦ 形状时，拖曳光标就可以调整相邻面板之间的尺寸，如图1-14~图1-16所示。

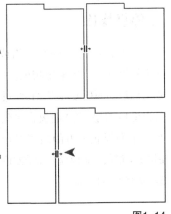

图1-14

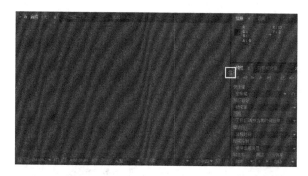

图1-15

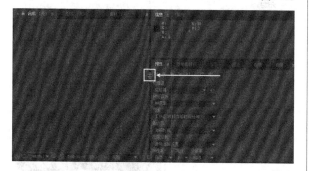

图1-16

将鼠标指针移动到面板角落，当光标显示为四向箭头形状时，可以同时调整面板上下和左右的尺寸，如图1-17和图1-18所示。

图1-17

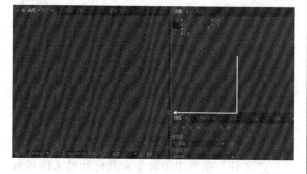

图1-18

技巧与提示

如果要以全屏的方式显示出面板或窗口，可以按~键（主键盘数字1键左边）执行操作，再次按~键可以结束面板的全屏显示。

1.2.3 打开/关闭/显示面板或窗口

单击面板名称旁的■按钮，然后选择"关闭面板"命令，可以关闭面板，如图1-19所示。通过执行"窗口"菜单中的命令，可以打开相应的面板，如图1-20所示。

图1-19

图1-20

15

当一个群组里面包含有过多的面板时，有些面板的标签会被隐藏起来，这时在群组上面就会显示出一个 ≫ 按钮，单击该按钮则会显示隐藏的面板，如图1-21所示。

图1-21

1.2.4 保存自定义工作区

自定义好工作界面后，执行"窗口>工作区>新建工作区"菜单命令，如图1-22所示，然后在"新建工作区"对话框中输入工作区名称，接着单击"确定"按钮即可保存当前工作区，如图1-23所示。

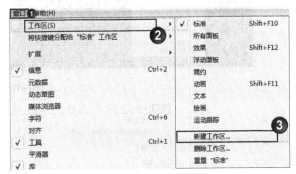

图1-22

图1-23

如果要恢复工作区的原始状态，执行"窗口>工作区>重置'标准'"菜单命令即可，如图1-24所示。

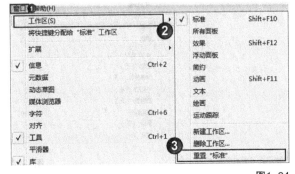

图1-24

如果要删除工作区，可执行"窗口>工作区>删除工作区"菜单命令，如图1-25所示，然后在"删除工作区"对话框中的"名称"菜单中选择工作区名字，接着单击"确定"按钮即可，如图1-26所示。

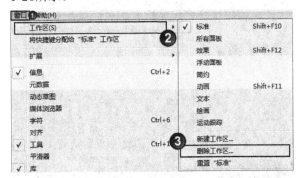

图1-25

图1-26

技巧与提示

注意，正处于工作状态的工作区不能被删除。

1.3 菜单栏

After Effects CC的菜单栏上共有9个菜单，分别是"文件""编辑""合成""图层""效果""动画""视图""窗口"和"帮助"菜单，如图1-27所示。

文件(F) 编辑(E) 合成(C) 图层(L) 效果(T) 动画(A) 视图(V) 窗口 帮助(H)

图1-27

技巧与提示

在实际工作中使用菜单栏的频率不是很高，因为常用的菜单命令都配有专门的快捷键。另外，不同窗口和不同元素的右键菜单也不相同。

1.3.1 文件菜单

"文件"菜单中的命令主要是针对文件和素材的一些基本操作，如新建项目、合成和导入素材等，如图1-28所示。

图1-28

新建：包含4个子命令，分别是"新建项目""新建文件夹"、Adobe Photoshop文件和MAXON CINEMA 4D文件。

打开项目：打开一个已经存在的工程项目。

打开最近的文件：打开最近编辑过的项目。在默认状态下，最近编辑过的10个工程项目都会列在列表中。

在Bridge中浏览：执行该命令可以启动Adobe Bridge CC软件，通过该软件可以对After Effects CC支持的各种素材进行预览，如图1-29所示。双击选中的素材，可以将素材添加到After Effects CC的"项目"面板中。

打开Adobe Character Animator：执行该命令可以打开Adobe Character Animator软件。

关闭：关闭项目中的当前窗口或面板。

关闭项目：关闭当前窗口中的项目。

保存：保存当前编辑的项目。

另存为：将当前编辑的项目进行保存并关闭当前项目。

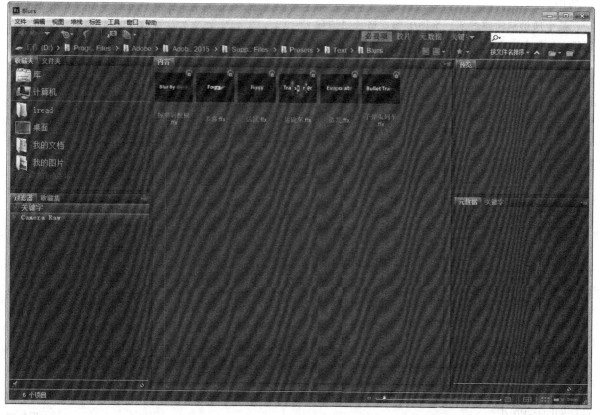

图1-29

增量保存：以当前文件名的增量来保存项目并关闭当前项目。保存项目的文件名会在之前文件名的基础上增加序号，并且以新的文件名进行保存，这样就不会覆盖之前的文件。

恢复：将当前编辑过的项目恢复到上次保存的状态。

导入：导入After Effects CC支持的各种素材文件。

导入最近的素材：导入最近使用过的素材。

导出：输出各种格式的文件，除了基本的音频文件以外，还可以输出Adobe剪贴板注释（Adobe Clip Notes Comments）文件、Adobe Flash文件和Adobe Premiere文件。

Adobe动态链接（Adobe Dynamic Link）：通过Adobe动态链接功能可以在当前项目的基础上创建Adobe Premiere工程项目，从而在不同的软件中实现交互工作。

查找：利用名称查找项目中的合成、动画、固态层和音频等文件。

将素材添加到合成：将素材添加到合成窗口当中。

基于所选项新建合成：根据所选素材（包括视音频文件和合成等）来创建新的合成。

脚本：编辑已经制作好的脚本文件或编写新的脚本。

创建代理：使用较低分辨率的素材替换较高分辨率的素材，以提高工作效率。

设置代理：设置代理的相关选项，如定位操作等。

解释素材：对素材进行相关定义，并且可以查看素材项目的通道、帧速率、像素纵横比、场、循环以及显示颜色等信息。

替换素材：执行该命令可以替换一般的素材和占位符。

重新加载素材：重新载入最新的素材。

在资源管理器中显示：在"项目"面板中选择素材后，执行该命令可以打开素材在计算机中所在的文件夹。

在Bridge中显示：在"项目"面板中选择文件后，执行该命令可以通过Adobe Bridge来显示该文件。

项目设置：设置项目的制式、胶片和颜色等属性，如图1-30所示。

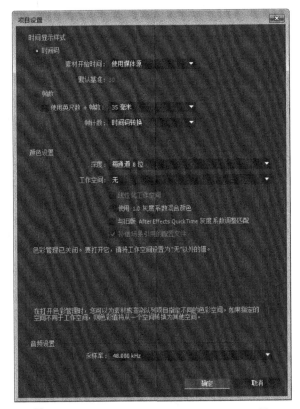

图1-30

退出：退出After Effects软件。

1.3.2 编辑菜单

"编辑"菜单中包含一些常用的编辑命令，如图1-31所示。

图1-31

取消：取消上一步操作。

重做：恢复"取消"命令所撤销的操作。

历史记录：显示所有针对当前项目所执行过的操作。

剪切：将一个对象剪切并存入剪贴板中，以供粘贴操作使用。注意，剪切操作会删除原始对象。

复制：在不会改变选取对象的前提下复制一个对象。

仅复制表达式：仅复制动画属性中的表达式这部分。

粘贴：将剪切或复制的对象粘贴到指定的区域中，可以进行多次粘贴操作。

清除：清除所选对象。

重复：为选择的素材复制出一个副本。可以在"项目"面板中复制合成项目，也可以在合成项目中复制图层。

拆分图层：对所选择的图层进行分离操作。

提升工作区域：移除工作区域内被选择图层的帧画面，但是被选择图层所构成的总时间长度不变，中间会保留删除后的空隙。

提取工作区域：移除工作区域内被选择图层的帧画面，但是被选择图层所构成的总时间长度会缩短，同时图层会被剪切成两段，后段的入点将连接前段的出点，不会留下任何空隙。

全选：选择所有的素材。

全部取消选择：取消所有素材的选择。

标签：主要用来设置图层标签的颜色。

清理：可以清空缓存里面的内容，以加快计算机的运算速度，从而提高工作效率。

编辑原稿：可以打开相应的素材编辑软件来调整选择的素材。

在Adobe Audition中编辑：在Adobe Audition软件中编辑音频素材。

模板：输出渲染模板设置和输出模块设置。

首选项：用于设置After Effects的基本参数，如图1-32所示。

图1-32

1.3.3 合成菜单

"合成"菜单中的命令主要用于设置合成的相关参数以及对合成的一些基本操作，如图1-33所示。

图1-33

新建合成：新建一个合成项目。

合成设置：设置合成项目的所有参数，如图1-34所示。

图1-34

设置海报时间：将当前合成"项目"面板中的内容设置为标时帧，这样在"项目"面板中单击合成文件就可以显示出当前设置的标时帧画面，如图1-35所示。

图1-35

将合成裁剪到工作区：用于剪切超出工作区域的素材图层。

裁剪合成到目标区域：将区域预览的尺寸设置为合成的尺寸。

添加到渲染队列：将当前选择的合成添加到渲染队列中。

添加输出模块：为当前渲染队列中选择的序列新增一个输出组件，这样就可以将同一个合成项目设置成两种或两种以上的输出文件，以适应不同发布媒体的需要，如图1-36所示。

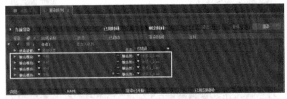

图1-36

预览：预览合成效果。

帧另存为：输出"合成"窗口中当前时间的单帧画面，可以只输出一帧的图像文件，也可以输出当前帧"合成"窗口中的所有图层文件。

预渲染：渲染渲染队列对话框中的多个序列文件。

保存当前预览：将当前存储的内存预览保存为视频。

合成流程图：执行该命令可以显示当前合成的流程图，如图1-37所示。

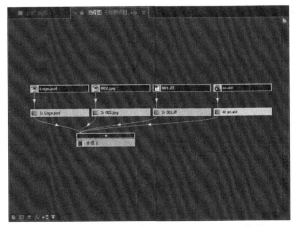

图1-37

合成微型流程图：单击合成微型流程图上的合成名，可以在"时间轴"面板中打开相应的合成，这样就可以快速在各个嵌套的合成中进行切换操作。

1.3.4 图层菜单

"图层"菜单中包含了与图层相关的大部分命令，如图1-38所示。

图1-38

新建：新建图层。通过其子命令可以创建固态层、灯光、摄像机、文字、调节层、形状图层、空物体图层和Photoshop文件图层等。

图层设置：对所选择的图层进行相关设置。

打开图层：打开"图层"面板，可以在"图层"面板中对图层的出点和入点进行编辑操作。

打开图层源：在"时间轴"面板中选择图层后，执行该命令可以观看到素材的来源文件。

蒙版：创建蒙版或对蒙版进行基本设置。

蒙版和形状路径：设置遮罩路径的形状，以及控制是否闭合路径和设置路径的起始点。

品质：设置图层显示的精细程度。

开关：设置图层的所有开关。

变换：设置图层的变换属性，包括锚点、位置、缩放、旋转、不透明度、图层的大小以及自动朝向等。

时间：设置图层是否重新映射时间、反转时间、拉伸时间或冻结时间。

帧混合：设置所选图层的混合模式，使它们之间的过渡效果更加平滑。

3D图层：将所选图层转换为3D图层。

参考线图层：将所选图层设置为网格层。参考线图层可以在"合成"面板中显示出来，但是在渲染时却是透明的。

添加标记：在图层的当前时间位置添加一个标记点，可以在这个标记点上双击鼠标左键，在弹出的对话框中输入标记内容，如图1-39所示。设置标记注释在团队合作项目中非常有用。

图1-39

保持透明度：在合成过程中保持画面在背景透明区域的透明度，如果背景不是透明的，那么画面将保持原来的颜色。将图1-40所示的红色五角星图层设置为"保持透明度"模式后，与五角星相交的圆形显示出来，并且继承了五角星的颜色。

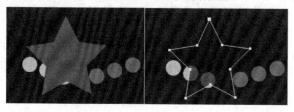

图1-40

混合模式：设置上下图层之间的混合模式。

下一混合模式：将当前混合模式按菜单顺序选择下一个混合模式。

上一混合模式：将当前混合模式按照菜单顺序选择上一个混合模式。

跟踪遮罩：在层与层之间加入遮罩效果。

图层样式：为图层设置图层样式（类似于Photoshop的图层样式），这样就可以直接导入Adobe Photoshop的图层样式数据，并且可以进行修改。

组合形状：将矢量图形进行成组操作，成组后的图形可以拥有同一个变换属性。

取消组合形状：解散成组的图形。

排列：在"时间轴"面板中对所选图层的上下位置关系进行调整，共有4种方式，如图1-41所示。

将图层置于顶层	Ctrl+Shift+]
使图层前移一层	Ctrl+]
使图层后移一层	Ctrl+[
将图层置于底层	Ctrl+Shift+[

图1-41

将图层置于顶层：将选择的图层调整到图层堆栈的最上层。

使图层前移一层：将选择的图层在图层堆栈中上移一层。

使图层后移一层：将选择的图层在图层堆栈下移一层。

将图层置于底层：将选择的图层调整到图层堆栈的最底层。

转换为可编辑文本：将Photoshop文本图层转换为可编辑文字。

从文本创建形状：根据文字轮廓创建矢量形状图层。

从文本创建蒙版：根据文字的轮廓创建图层蒙版，这样可以为蒙版应用滤镜，比如3D描边（3D Stroke）滤镜等。

自动追踪：设置所选择图层的当前帧、工作区、公差和通道等信息。

预合成：将"时间轴"面板中选择的图层组合成为一个新图层。

1.3.5 效果菜单

"效果"菜单中包含制作常见特效的一些命令，如图1-42所示。

图1-42

效果控件：打开图层的"效果控件"面板。

上一个效果：在"效果控件"面板中激活当前滤镜的上一个滤镜。

全部移除：删除所选图层中的所有滤镜。

3D通道：对三维软件输出的含有Z通道、材质ID号等信息的素材文件进行景深、雾效和材质ID提取等处理的滤镜集合。

CINEMA 4D：可导入CINEMA 4D文件。

表达式控制：该滤镜不会直接对图像产生作用，只有在图层添加了表达式的情况下，才能通过该滤镜来统一控制图层中相应滤镜的参数值，每个滤镜专门控制表达式的一个属性数值或状态。

风格化：在素材中添加辉光、浮雕、杂色和纹理等效果的滤镜集合。

过渡：用于制作各种转场切换的滤镜集合。

过时：这个组里面的滤镜主要是为了兼容之前版本的After Effects，其中包含的4个滤镜都和已存在的滤镜或工具的功能相重复。

键控：进行键控抠像的滤镜集合。

模糊和锐化：对素材进行各种模糊和锐化设置的滤镜集合。

模拟：用来模拟雨、雪、粒子、气泡等效果的滤镜集合。

扭曲：对素材进行变形处理的滤镜集合。

生成：创建一些诸如闪电、勾边等特殊效果的滤镜集合。

时间：为素材加入重影、招贴画和时间置换等效果的滤镜集合。

实用工具：调节高像素比特素材的滤镜集合。

通道：对色彩通道、Alpha通道等进行色阶、混合等处理的滤镜集合。

透视：用于模拟三维立体透视效果的滤镜集合。

文本：创建各种包括时间码和路径文字的滤镜集合。

颜色校正：调节视频画面色彩的滤镜集合。

音频：处理音频的一些滤镜集合。

杂色和颗粒：创建噪点和颗粒效果的滤镜集合。

遮罩：使用遮罩方式抠像的滤镜集合。

1.3.6 动画菜单

"动画"菜单中的命令主要用于设置动画关键帧以及关键帧的属性等，如图1-43所示。

图1-43

保存动画预设：保存当前所选择的动画关键帧，以备以后调用。

将动画预设应用于：对当前所选图层应用预设动画。

最近动画预设：显示最近使用过的动画预设，可以直接调用这些动画预设。

浏览预设：使用Adobe Bridge打开默认的动画预设文件夹来浏览预设动画效果，如图1-44所示。

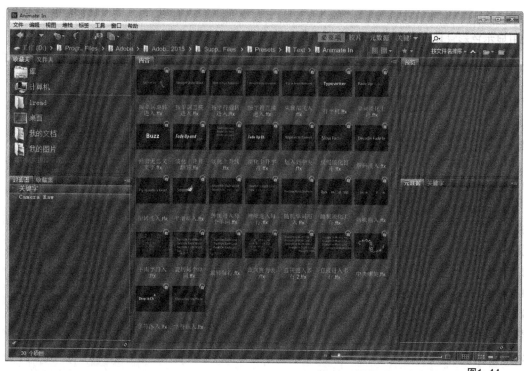

图1-44

添加关键帧：为当前选择的图层动画属性添加一个关键帧。

切换定格关键帧：使当前关键帧与其后的关键帧之间的数值产生一种类似于"突变"的效果。

关键帧插值：修改关键帧的差值方式。

关键帧速度：调整关键帧的速率。

关键帧辅助：设置关键帧的出入等效果。

动画文本：为文字添加各种动画属性。

添加文本选择器：为文字图层添加一个选择器，通过该命令可以对一组字幕中的部分文本设置动画。

移除所有的文本动画器：删除字幕的所有动画效果。

添加表达式：在动画属性中添加表达式来控制动画。

单独尺寸：该功能可以独立"位置"属性的维度，这样可以对"位置"属性的3个维度的动画进行单独调整。

变形稳定器VFX：校正视频的不稳定效果。

跟踪运动：对素材的某一个或多个特定点进行动态跟踪。

跟踪此属性：跟踪指定的属性。

显示动画的属性：在"时间轴"面板中展开图层中设置了关键帧的动画属性。

显示所有修改的属性：在"时间轴"面板中展开被修改过的动画属性。

1.3.7 视图菜单

"视图"菜单中的命令主要用来设置视图的显示方式，如图1-45所示。

图1-45

新建查看器：为合成项目中的预览窗口创建一个新视图。

放大：放大当前视图。

缩小：缩小当前视图。

分辨率：设置当前视图的分辨率。

使用显示色彩管理：如果设置了当前合成项目的颜色，可以通过该命令来设置是否使用之前设置的颜色管理模式。

模拟输出：对使用了颜色显示管理的合成进行各种模拟输出。

显示标尺：在"合成"窗口中显示出标尺，以方便设置图像的位置。

显示参考线：在"合成"窗口中显示出辅助线。在设置辅助线时，应该参考"信息"面板中的信息来进行设置。

对齐到参考线：在移动图层时，可以使用该命令将图层吸附到辅助线的范围内。

锁定参考线：锁定视图中的辅助线。

清除参考线：清除视图中的辅助线。

显示网格：在视图中显示出网格，这个网格是之前已经设置好的网格（可以通过执行"编辑>首选项>网格和参考线"菜单命令来设置网格效果）。

对齐到网格：在移动图层时，可以使用该命令将图层吸附到网格的范围内。

视图选项：设置在视图中可以显示的元素，如图1-46所示。

图1-46

显示图层控件：在图层中显示诸如蒙版边缘等效果。

重置3D视图：重新设置三维视图。

切换3D视图：将当前视图切换为三维视图。

将快捷键分配给"活动摄像机"：为活动的摄像机视图设置快捷键，以达到快速切换视图的目的。

切换到上一个3D视图：将当前三维视图切换到最后使用过的三维视图。

查看选定图层：让被选择的图层面朝摄像机进行显示。

查看所有图层：让所有的图层都面朝着摄像机进行显示。

转到时间：使当前时间指示滑块移动到指定的时间处。

1.3.8 窗口菜单

"窗口"菜单中的命令主要用于打开或关闭浮动窗口或面板，如图1-47所示。

图1-47

工作区：选择预设的工作界面，也可以新建和删除设置好了的工作界面或重置工作界面。

将快捷键分配给"标准"工作区：为"标准"工作区设置快捷键，这样可以快速切换到该工作界面。

信息：执行该命令可以打开"信息"面板。

元数据：执行该命令可以打开"元数据"面板，在该面板中可以查看到素材的元数据信息。

动态草图：执行该命令可以打开"动态草图"面板。

字符：执行该命令可以打开"字符"面板。

对齐：执行该命令可以打开"对齐"面板，通过该面板可以对多个图层进行对齐和平均分布操作。

工具：执行该命令可以打开"工具"面板。

平滑器：执行该命令可以打开"平滑器"面板。

摇摆器：执行该命令可以打开"摇摆器"面板。

效果和预设：执行该命令可以打开"效果和预设"面板。

段落：执行该命令可以打开"段落"面板。

画笔：执行该命令可以打开"画笔"面板，通过该面板可以设置笔刷的大小、颜色和不透明度等信息。

绘画：执行该命令可以打开"绘画"面板。

蒙版插值：执行该命令可以打开"蒙版插值"面板。

跟踪器：执行该命令可以打开"跟踪器"面板。

音频：执行该命令可以打开"音频"面板。

预览：执行该命令可以打开"预览"面板。

合成：执行该命令可以打开"合成"面板。

图层：执行该命令可以打开"图层"面板。

效果控件：执行该命令可以打开"效果控件"面板。

时间轴：执行该命令可以打开"时间轴"面板。

流程图：执行该命令可以打开"流程图"面板。

渲染队列：执行该命令可以打开"渲染队列"面板。

素材：执行该命令可以打开"素材"面板。

项目：执行该命令可以打开"项目"面板。

1.3.9 帮助菜单

"帮助"菜单如图1-48所示。

图1-48

关于After Effects：显示After Effects的版本信息。

After Effects帮助：打开After Effects的帮助文档。

脚本帮助：打开脚本帮助文档。

表达式引用：打开表达式参考文档。

效果参考：打开滤镜参考文档。

动画预设：打开动画预设文档。

键盘快捷键：打开键盘快捷键参考文档。

欢迎屏幕：打开"欢迎使用Adobe After Effects"对话框。

启用日志记录：切换自动记录日志功能。

显示日志记录文件：打开记录日志所在的文件夹。

登录：打开Adobe账户登录对话框。

更新：在线更新软件。

1.4 窗口和面板

1.4.1 项目面板

"项目"面板主要用于管理素材与合成（如归类、删除等），如图1-49所示。在"项目"面板中可以查看到每个合成或素材的尺寸、持续时间、帧速率等信息。

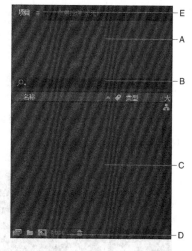

图1-49

A区域：这里显示的是素材信息，当某个素材处于选择状态时，其素材信息就会显示在这个区域。

B区域：素材搜索工具，可以通过文件名称快速搜索到"项目"面板中的素材。

C区域：这里是"项目"面板的主要部分，因为所有导入的素材以及合成、固态层、摄像机等都会显示在这个区域中。

D区域：这里主要是管理"项目"面板的一些工具按钮。

解释素材：通过该工具可以对选择的素材进行解释。

新建文件夹：通过该工具可以在"项目"面板中新建一个文件夹，以便于管理各类素材。

新建合成：通过该工具可以快速创建一个新合成。

8 bpc：通过该工具可以设置项目的颜色深度。执行"文件>项目设置"菜单命令，也可以达到相同的效果。

删除所选项目：在"项目"窗口中选择需要删除的素材、合成或文件夹，将其拖曳到该工具上可以将其删除，按Delete键也可以达到相同的效果。

E区域：这是"项目"面板的面板菜单，如图1-50所示。

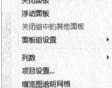

图1-50

列数：设置是否将素材的类型、大小等信息显示在显示栏中。

项目设置：设置项目的时间码显示模式、颜色和声音等属性。

缩览图透明网格：设置是否将素材背景在缩略图中以透明网格的方式显示出来，主要针对带有Alpha通道的素材，如图1-51所示。

图1-51

1.4.2 时间轴面板

"时间轴"面板是进行后期特效处理和动画制作的主要窗口，"时间轴"面板中的素材是以图层的形式进行排列的，顶层图层的透明区域会显示出下面图层的内容，如图1-52所示。在"时间轴"面板中还可以制作各种关键帧动画、设置每个图层的出入点、图层之间的叠加模式以及制作图层蒙版等。

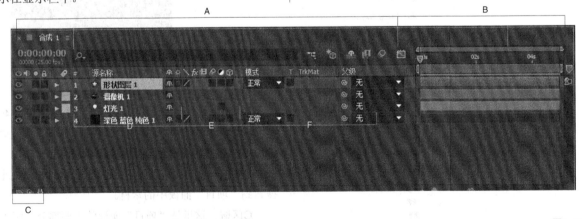

图1-52

A区域：这里是"时间轴"面板的工作栏，包括当前时间显示工具、查询工具以及图层的控制开关工具。

显示时间指示滑块所在的当前时间，按快捷键Alt+Shift+J可以打开"转到时间"对话框，在该对话框中可以设置指定的时间点，如图1-53所示。

图1-53

图1-55

技巧与提示

如果要到达0:00:05:00的时间位置，可以输入500或5.；如果要到达0:05:00:00的时间位置，只需要输入5..即可，因为"时间轴"面板中的每个单位可以使用.来划分。

时间码还支持+（加法）运算，例如，输入+5.，时间线就会在原来的基础上向前前进5秒时间；如果输入5..，实际上就在当前时间上加上了5分钟。如果要使当前时间指示滑块后退，可以使用-号，即增加一个负数。

如果按住Ctrl键的同时单击当前时间码，可以切换时间码、帧和"英寸+帧"3种显示方式。

：使用该工具可以快速定位图层、图层属性或滤镜属性。

：合成微型流程图的开关。

：开启这个开关将不显示阴影和灯光效果。

：使用这个开关可以暂时隐藏设置了"消隐"状态的图层，但是并不会影响到合成的预览和渲染效果。

：使用这个开关可以让应用了"帧混合"的图层产生特殊效果。

：使用这个开关可以让应用了"运动模糊"属性的图层产生特效效果。

：通过这个开关可以对"时间轴"面板区域中的图层关键帧编辑环境和动画曲线编辑器进行切换。

B区域：这里是时间线图层的编辑区域。在这个区域可以设置图层的出入点，也可以设置图层属性和滤镜属性。编辑图层动画有两种模式，分别是图层关键帧编辑模式（如图1-54所示）和动画曲线编辑模式（如图1-55所示）。

图1-54

技巧与提示

无论是图层关键帧模式还是图层动画曲线编辑模式，"时间轴"面板的图层编辑区域都有时间标尺和当前时间指示滑块。

时间标尺：以平均刻度的方式展示动画的进行时间，可以通过这个刻度尺来设置图层的出入点以及合成的长度。

当前时间指示滑块：表示当前动画所处的时间位置。

C区域：这里是快速切换面板的开关。

：快速打开或关闭图层属性面板。

：快速打开或关闭图层模式面板。

：快速打开或关闭素材时间控制面板。

D区域：这里是图层特征开关和图层源名称面板。

视频：决定当前层在整个合成中是否可视。

音频：决定是否启用当前层的音频。

独奏：当至少有一个图层激活了这个开关时，那么只有激活了该开关的图层才可以在合成图像中显示出来。

锁定：激活了这个开关的图层将不能进行任何操作。

标签：在这个栏里可以为不同的图层设置不同的标签颜色，以方便快速找到归类的图层。

：显示图层在整个图层堆栈中的位置。

源名称：显示图层的名字和源素材的名字。

E区域：这里是图层属性的面板开关。

消隐：使用这个开关可以隐藏某些图层，但是隐藏的图层仍然在合成中产生作用。

：激活这个开关可以提高被嵌套的项目的质量，以减少渲染时间，但是合成中的部分特效和蒙版将失去作用。

质量和采样 ：设置图层的画面质量。 方式的质量最高，在显示和渲染时将采用反锯齿和子像素技术； 方式是草图质量，不使用反锯齿和子像素技术。

效果 ：激活这个开关时，所有的特效才能起作用；关闭这个开关，将不显示图层的特效，但是并没有删除特效。

帧混合 ：结合"帧混合启用开关" 一起使用。当素材的帧速率低于合成项目的帧速率时，After Effects通过在连续的两个画面之间加入中间融合图像来产生更柔和的过渡效果。

运动模糊 ：结合"运动模糊启用开关" 一起使用，可以利用运动模糊技术来模拟真实的运动效果。运动模糊只能对After Effects里面所创建的运动效果起作用，对动态素材将不起作用。

调节图层 ：激活了这个开关的图层会变成调节层。调节层能够一次性调节当前图层下面的所有图层。

3D 图层 ：激活这个开关时，可以将一般图层转换成三维图层。

F区域 ：这个区域是图层模式面板，通过这些面板可以控制图层的混合模式、蒙版和父子关系。

模式 ：控制图层之间的叠加混合关系，图1-56所示是使用"相加"混合模式去掉火焰黑背景后的效果。

图1-56

跟踪遮罩（TrkMat） ：通过TrkMat功能可以在图层堆栈里将上一个图层设置为下一个图层的跟踪遮罩，蒙版的依据可以是图层的Alpha通道信息或亮度信息，如图1-57所示。

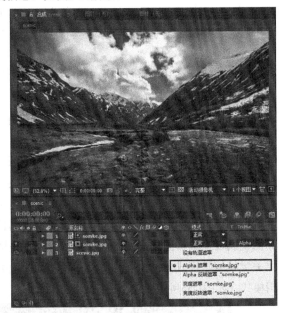

图1-57

? **技巧与提示**

从图1-56和图1-57中的雾气效果可以观察到，图层混合模式和图层跟踪遮罩都可以去掉雾气素材中的黑色背景，但是它们的原理是不一样的，这也是为什么雾气效果有所差异的原因（在后面的内容中将进行详细讲解）。

父级：将一个图层设置为父图层时，对父图层的操作将影响到它的子图层，而对子图层的操作则不会影响到父图层。

技巧与提示

父子图层犹如一个太阳系，如图1-58所示。在太阳系中，行星围绕着恒星（太阳）旋转，太阳带着这些行星在银河系中运动，因此太阳就是这些行星的父图层，而行星就是太阳的子图层。

图1-58

1.4.3 合成面板

"合成"面板是使用After Effects创作作品时的眼睛，因为在制作作品时，最终效果都需要在"合成"面板中进行预览，如图1-59所示。在"合成"面板中还可以设置画面的显示质量，同时合成效果还可以分通道来显示各种标尺、网格和辅助线。

图1-59

技巧与提示

灵活掌握"合成"面板的运用方法是非常有必要的。比如在预览合成效果时设置合适的画面尺寸和画面质量，可以利用有限的内存尽可能多地预览合成的内容。

：在多视图情况下预览内存时，无论当前窗口中激活的是哪个视图，总是以激活的视图作为默认内存的动画预览视图。

50%：设置显示区域的缩放比例。如果选择其中的"适合"选项，无论怎么调整窗口大小，窗口内的视图都将自动适配画面的大小。

技巧与提示

可以使用鼠标滑轮在"合成"面板中对预览画面进行缩放操作；使用快捷键Ctrl+=可以对预览画面进行放大操作；使用快捷键Ctrl+-可以对预览画面进行缩小操作；使用Alt+/组合键可以让画面在预览窗口中进行"适合大小（最大100%）"显示；使用快捷键Shift+/可以对预览窗口中的画面进行"适合"显示操作。

：控制是否在合成预览窗口显示安全框和标尺等。在图1-60中，矩形框显示的是图像的Title/Action Safe（标题/安全框）；绿色方格显示的是"网格"；人物上下左右的4条蓝色线显示的是"参考线"；整个预览窗口边缘显示的是"标尺"，这些设置都可以通过执行"编辑>首选项>网格和参考线"菜单命令来完成。

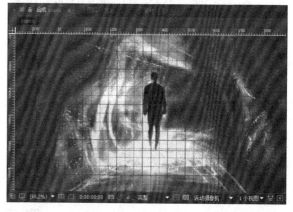

图1-60

（蒙版和形状路径）：控制是否显示蒙版和形状路径的边缘，在编辑蒙版时必须激活该按钮。

0:00:00:00：设置当前预览视频所处的时间位置。

（快照/显示快照）：单击"快照"按钮可以拍摄当前画面，并且可以将拍摄好的画面转存到内存中；单击"显示快照"按钮可以显示最后拍摄的快照。After Effects最多允许存储4张快照画面，拍摄的快捷键为Shift+F5到Shift+F8，重新调用画面的快捷键为F5到F8。

■（红色/绿色/蓝色和Alpha等通道开关）：
选择相应的颜色可以分别查看红色、绿色、蓝色和
Alpha通道，如图1-61所示。在窗口边缘可以看到当
前所处色彩通道的颜色轮廓线，配合最下面的"彩
色化"选项可以单独显示红色、绿色和蓝色通道。

图1-61

 ：设置预览分辨率。用户可以通过
"自定义"命令来设置预览分辨率，如图1-62所示。

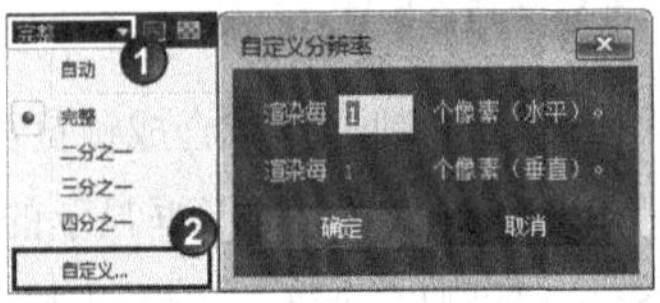

图1-62

❓ **技巧与提示**

在After Effects CC中，用户还可以将分辨率设置为"自
动"方式，这样After Effects CC就会根据计算机的硬件配置
和合成的复杂程度来自动设置合适的分辨率。

■：仅渲染选定的某部分区域。区域渲染在预
览复杂的动画时可以减少渲染时间和预览空间，如
图1-63所示。

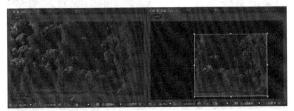

图1-63

■：使用这种方式可以很方便地查看具有Alpha
通道的图像的边缘，如图1-64所示。

图1-64

活动摄像机 ：改变当前被激活的视图角度，主
要是针对三维视图，如图1-65所示。

图1-65

1个视图▼：切换多视图显示的组合方式，如图
1-66所示。

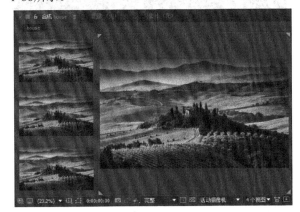

图1-66

■：如果启用该功能，After Effects将自动调节像
素的宽高比。

■：可以设置不同的渲染引
擎，如图1-67所示。

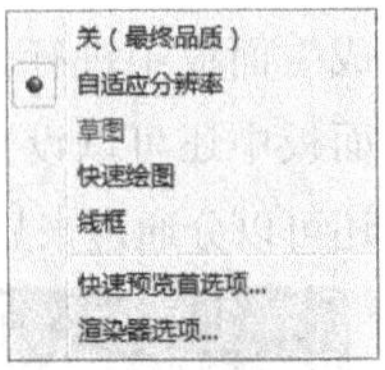

图1-67

自适应分辨率：为了维持稳定的播放速度，该
命令可以自适应降低图层的分辨率。

线框：以矩形线框的模式显示出每个图层，这
样可以加快视频播放的速度。当一个静帧图像带有
蒙版或具有Alpha通道时，该图层的线框显示为遮罩
或Alpha通道的轮廓。

快速预览首选项：可以根据计算机的显卡配置
进行设置。

■：快速从当前的"合成"面板激活对应的
"时间轴"面板。

■：切换到相对应的"流程图"面板。"流程
图"面板也可以通过执行"窗口>流程图"菜单命令
进行打开，如图1-68所示。

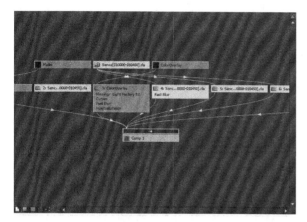

图1-68

1.4.4 预览面板

预览合成时可以通过"预览"面板来控制播放效果，如图1-69所示。

图1-69

播放/停止 ▶：播放当前窗口中的动画，快捷键是Space键（即空格键）。

下一帧 ▶｜：跳转到下一帧，快捷键为Page Up键。

上一帧 ｜◀：跳转到上一帧，快捷键为Page Down键。

最后一帧 ▶▶｜：将当前时间跳至时间末尾处。

第一帧 ｜◀◀：将当前时间跳至时间起始处。

静音 ◀）：决定是否播放音频效果。

⬚：决定是否循环播放动画和设置循环播放的模式。"播放一次" ▷为仅播放一次；"循环" ⟳为按顺序循环播放。

1.4.5 图层面板/素材面板

"图层"面板、"素材"面板与"合成"面板比较类似，如图1-70所示。通过这两个窗口可以设置图层的出入点，同时也可以查看图层的遮罩、运动路径等信息。

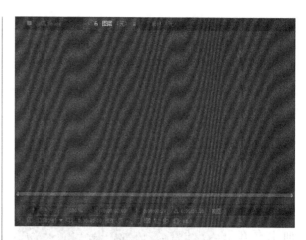

图1-70

📷 0:00:00:00 ：设置素材的入点。

📷 0:04:12:11 ：设置素材的出点。

△ 0:04:12:12 ：显示素材的持续时间。

❓ **技巧与提示**

对于在合成中创建的纯色层、空对象图层等，可以通过双击时间线堆栈里的图层来打开该图层的"图层"面板，但是在合成中创建的文本图层和矢量绘图工具创建的图层则不能采用这种方式来打开其"图层"面板。

1.4.6 效果控件面板

"效果控件"面板主要用来显示图层应用的滤镜。在"效果控件"面板中，可以设置滤镜的参数值，也可以结合"时间轴"面板为滤镜参数制作关键帧动画。

"效果控件"面板中包括滤镜单元栏、滑动块、位置点控制器、角度控制器、颜色选取框、吸管工具和图表控制等，如图1-71所示。

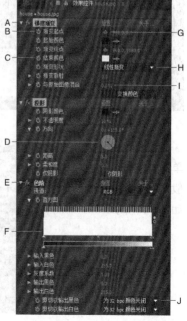

图1-71

A（滤镜单元栏）：用于展开或收缩特效单元。

B（关键帧码表）：单击它可以生成关键帧或消除关键帧。

C（颜色选取框）：用于显示所选取的颜色，如图1-72所示。单击这个选取框可以打开"颜色选择器"对话框，在该对话框中可以设置对象的颜色，也可以使用选取框后面的吸管工具来提取界面上存在的颜色。

图1-72

D（角度控制器）：按住鼠标左键的同时拖曳角度控制器上的角度线可以改变角度值。

E（滤镜显示开关）：关闭这个开关可以使滤镜不产生作用，但是滤镜的设置仍然保持不变。

F（图表控制面板）：通过这个图表可以很直观地观察和设置滤镜的相关参数。

G（位置点控制器）：使用 ⊕ 按钮可以在"合成"面板中的合适位置添加位置点，如图1-73所示，也可以通过调节其后面的数值来设置位置点。

图1-73

H（下拉参数选择菜单）：调节所选参数，一般不能设置关键帧动画，如图1-74所示。

图1-74

I（下划线数值控制栏）：这是滤镜控制的最常见方式，可以直接在这里输入数值来控制滤镜效果，也可以通过拖曳鼠标左键来递增或递减参数值。如果在拖曳鼠标左键的同时按住Ctrl键，可以逐步调整数值；如果在拖曳鼠标左键的同时按住Shift键，可以用间隔跳跃的方式来调整参数值。

J（复选框控制）：用来设置动画的Hold（静止）关键帧，可以产生类似突变的动画效果。

1.4.7 信息面板

"信息"面板主要用来显示视频窗口的颜色和坐标，以及显示当前所选择图层的信息，如图1-75所示。

图1-75

"信息"面板主要分为3个区域，左边显示的光标所处位置的R、G、B颜色信息和透明度信息（A是Alpha的缩写），可以通过面板右上角的下拉菜单来选择颜色属性值的显示方式；"信息"面板右边部分显示的是光标所处位置的坐标信息；"信息"面板的下面部分显示的是当前选择图层的相关信息。

1.4.8 字符面板

"字符"面板主要用来设置字符的相关参数，如图1-76所示。这里面的所有参数都可以使用源文本来制作关键帧动画。

图1-76

Adobe 黑体 Std：设置文字的字体（字体必须是用户计算机中已经存在的字体）。

■：设置字体的样式。

✎：通过这个工具可以吸取当前计算机界面上的颜色，吸取的颜色将作为字体颜色或勾边颜色。

■：单击相应的色块可以快速将字体或勾边颜色设置为纯黑或纯白色。

◪：单击这个图标可以不对文字或勾边填充颜色。

⇄：快速切换填充颜色和勾边颜色。

：设置填充颜色和勾边颜色。

：设置文字的大小。

：设置上下文本之间的行间距。

：增大或缩小当前字符之间的间距。

：设置当前选择文本的间距。

：设置文字勾边的粗细。

：设置勾边的方式，共有"在描边上填充""在填充上描边""全部填充在全部描边之上"和"全部描边在全部填充之上"4个选项。

：设置文字的高度缩放比例。

：设置文字的宽度缩放比例。

：设置文字的基线。

：设置中文或日文字符之间的比例间距。

：设置文本为粗体。

：设置文本为斜体。

：强制将所有的文本变成大写。

：无论输入的文本是否有大小写区别，都强制将所有的文本转化成大写，但是对小写字符采取较小的尺寸进行显示。

／：设置文字的上下标，适合制作一些数学单位。

1.4.9 段落面板

"段落"面板主要用来设置文字的对齐方式、文字的缩进方式以及竖行段落的排版方向等，如图1-77所示。

图1-77

：分别为"左对齐文本""居中对齐文本"和"右对齐文本"。

：分别为"最后一行左对齐""最后一行居中对齐"和"最后一行右对齐"。

：强制文本两边对齐。

：设置文本的左侧缩进量。

：设置文本的右侧缩进量。

：设置段前间距。

：设置段末间距。

：设置段落的首行缩进量。

1.4.10 对齐面板

"对齐"面板主要用来设置图层的对齐和分布方式，如图1-78所示。"对齐"面板的上部是"将图层对齐到"的一些工具，下部是"分布图层"的一些工具。

图1-78

：分别为"水平靠左对齐""水平居中对齐"和"水平靠右对齐"。

：分别为"垂直靠上对齐""垂直居中对齐"和"垂直靠下对齐"。

：为图层垂直平均分布。对齐分布的依据分别为"垂直靠上分布""垂直居中分布"和"垂直靠下分布"。

：为图层水平平均分布。对齐分布的依据分别为"水平靠左分布""水平居中分布"和"水平靠右分布"。

1.4.11 绘画面板

当使用"画笔工具"或"仿制图章工具"时就需要使用到"绘画"面板，如图1-79所示。使用"绘画"面板可以调节画笔的颜色、不透明度、画笔绘画的通道以及仿制图像等各种信息（这里的知识将在后面的内容中进行详细讲解）。

图1-79

1.4.12 笔刷（Brushes）面板

"笔刷"面板主要用来设置画笔的尺寸、画笔笔触的边缘风格等信息，如图1-80所示（这里的知识将在后面的内容中进行详细讲解）。

图1-80

1.4.13 效果和预设面板

通过"效果和预设"面板可以快速查找到需要使用的滤镜或预设动画，也可以通过面板中的菜单来对所有的滤镜和预设动画进行分类显示，如图1-81所示。

图1-81

技巧与提示

使用面板上的搜索栏可以迅速查找到滤镜，通过面板菜单可以对滤镜进行过滤操作，以简化文件结构。此外，用户还可以将自己制作的一些滤镜组作为预设进行保存，以方便在实际工作中调用。

1.4.14 动态草图面板

"动态草图"面板主要用来捕获对图层所进行的位移操作信息，同时系统会自动对图层设置相应的位置关键帧，图层将根据光标运动的快慢沿光标路径进行移动，并且该功能不会影响图层的其他属性所设置的关键帧，如图1-82所示（这里的知识将在后面的内容中进行详细讲解）。

图1-82

1.4.15 蒙版插值面板

使用"蒙版插值"面板可以创建平滑的遮罩变形动画，从而创建出平滑的"蒙版形状"动画，这样可以使整个"蒙版形状"动画更加流畅，如图1-83所示。

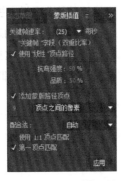

图1-83

1.4.16 平滑器面板

具有多个关键帧的时间或空间动画属性，可以通过"平滑器"面板设置一定的容差对关键帧进行平滑处理，这样就可以使关键帧之间的动画显得更加平滑，如图1-84所示。

图1-84

1.4.17 摇摆器面板

当对图层进行拖曳操作时，"摇摆器"面板可以对属性添加关键帧或在现有的关键帧中进行随机插值，使原来的属性值产生一定的偏差，这样就可以生成随机的运动效果，如图1-85所示。

图1-85

1.4.18 工具面板

无论在"工作区"中定制何种模式的工作区域，"工具"面板、"合成"面板和"时间轴"面板都将被保留下来，如图1-86所示（这里的相关知识将在后面的内容中进行详细讲解）。

图1-86

1.4.19 跟踪器面板

跟踪控制主要有两个目的，一个是为了稳定画面，另一个是为了跟踪画面上的某些特定目标，如图1-87所示（这里的知识将在后面的内容中进行详细讲解）。

图1-87

1.4.20 流程图面板

通过"流程图"面板可以观察到当前的工作流程，这样可以更加容易控制整个项目，如图1-88所示。

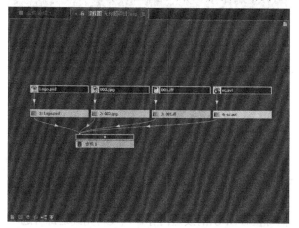

图1-88

1.4.21 渲染队列面板

创建完合成后进行渲染输出时，就需要使用到"渲染队列"面板，因为几乎所有的输出设置都是在"渲染队列"面板中进行设置的，如图1-89所示。

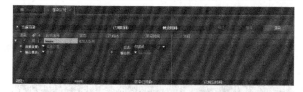

图1-89

1.5 基本参数设置

使用After Effects CC的默认参数设置就能制作出比较优秀的特效和动画，但是掌握基本参数的设置可以帮助用户最大化地利用有限资源。基本参数设置对话框可以通过执行"编辑>首选项"菜单中的子命令来打开，如图1-90所示。

图1-90

1.5.1 常规类别

"常规"类别主要用来设置After Effects CC的运行环境，包括After Effects自身界面的显示设置以及与整个操作系统的协调性设置，如图1-91所示。

图1-91

显示工具提示：控制是否显示工具提示。选择该选项后，将光标移动到工具按钮上时会显示出当前工具的相关信息。

在合成开始时创建图层：在创建图层时，设置是否将图层放置在合成的时间起始处。

开关影响嵌套的合成：如果一个合成中的图层存在运动模糊，那么该选项用来设置是否将运动模糊和图层质量等继承到嵌套合成中。

默认的空间插值为线性：设置是否将空间插值方式设置为默认的线性插值法。

在编辑蒙版时保持固定的顶点和羽化点数：设置在操作遮罩时是否保持顶点的数量不变。如果设置了保持遮罩顶点数不变，那么在制作遮罩形状关键帧动画时，并且在某个关键帧处增加一个顶点，这时在所有的关键帧处也会增加相应的顶点，以保持顶点的总数不变。

同步所有相关项目的时间：设置当前时间指示滑块在不同的合成中是否保持同步。如果选择该选项，那么在不同的"合成"窗口中进行切换时，当前时间滑块所处的时间点位置将保持不变，这对于制作相同步调的动画关键帧非常有用。

以简明英语编写表达式拾取：在使用"表达式拾取"时，该选项用来设置在表达式书写框中自动产生的表达式是否使用简洁的表达方式。

在原始图层上创建拆分图层：在分离图层时，该选项用来设置分离的两个图层的上下位置关系。

允许脚本写入文件并访问网络：设置脚本是否能连接到网络并修改文件。

启用JavaScript调试器：设置是否使用JavaScript调试器。

使用系统拾色器：设置是否采用系统的颜色取样工具来设置颜色。

1.5.2 预览类别

"预览"类别主要用来设置预览画面的相关参数，如图1-92所示。

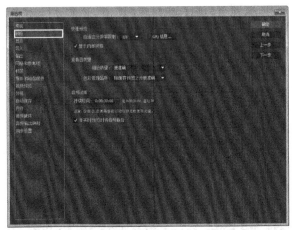

图1-92

自适应分辨率限制：设置自适应分辨率的级别。

GPU 信息：打开"GPU 信息"对话框，该对话框可检查GPU 的纹理内存，以及将光线追踪首选项设置为 GPU（如果可用）。

非实时预览时将音频静音：选择当帧速率比实时速度慢时是否在预览期间播放音频。当帧速率比实时速度慢时，音频会出现断续情况以保持同步。

1.5.3 显示类别

"显示"类别主要用来设置运动路径、图层缩略图等信息的显示方式，如图1-93所示。

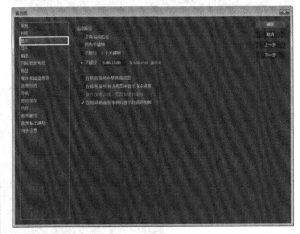

图1-93

运动路径：设置运动路径的显示方式。

没有运动路径：设置运动路径的显示方式为不显示。

所有关键帧：设置运动路径的显示方式为显示所有关键帧。

不超过_个关键帧：设置关键帧的显示个数。

不超过_：设置在一定时长范围内显示的关键帧数。

在项目面板中禁用缩略图：选择该选项时，将在"项目"面板中关闭缩略图的显示。

在信息面板和流程图中显示渲染进度：设置是否在"信息"面板和"合成"面板下方显示出渲染进度。

硬件加速合成、图层和素材面板：设置是否显示出硬件加速"合成""图层"和"素材"面板。

1.5.4 导入类别

"导入"类别主要用来设置静帧素材在导入合成中显示出来的长度以及导入序列图片时使用的帧速率，同时也可以标注带有Alpha通道的素材的使用方式等，如图1-94所示。

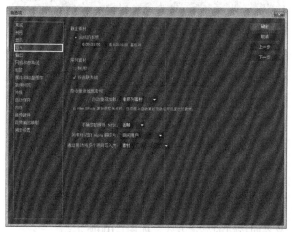

图1-94

静止素材：设置静帧素材导入"时间轴"面板中的显示长度。

合成的长度：将导入到"时间轴"面板中的静帧素材的长度设置为合成的长度。

`0:00:01:00`：将导入到"时间轴"面板中的素材的长度设置为一个固定时间值。

帧/秒：设置导入的序列图像的帧速率。

1.5.5 输出类别

"输出"类别可以设置序列输出文件的最大数量以及影片输出的最大容量等，如图1-95所示。

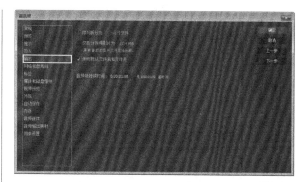

图1-95

拆分序列为：设置输出序列文件的最多文件数量。

仅拆分视频影片为：设置输出的影片片段最多可以占用的磁盘空间大小。

使用默认文件名和文件夹：设置是否使用默认的输出文件名和文件夹。

音频块持续时间：设置音频输出的长度。

1.5.6 网格和参考线类别

"网格和参考线"类别主要用来设置网格和辅助线的颜色以及线条数量和线条风格等，如图1-96所示。

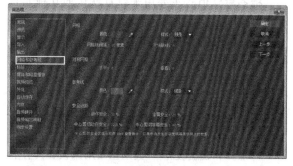

图1-96

网格：设置网格的相关参数。

颜色：设置网格的颜色。

网格线间隔：设置网格线之间的间隔像素值。

样式：设置网格线的样式，共有"线条""虚线"和"点"3种样式。

次分隔线：设置网格线之间的细分数值。

对称网格：设置对称网格的相关参数。

水平：设置在水平方向上均衡划分网格的数量。

垂直：设置在垂直方向上均衡划分网格的数量。

参考线：设置辅助线的相关参数。

颜色：设置辅助线的颜色。

样式：设置辅助线的样式。

安全边距：设置安全框的相关参数。

动作安全：设置活动图像的安全框的安全参数。

字幕安全：设置字幕安全框的安全参数。

1.5.7 标签类别

"标签"类别主要用来设置各种标签的颜色以及名称，如图1-97所示。

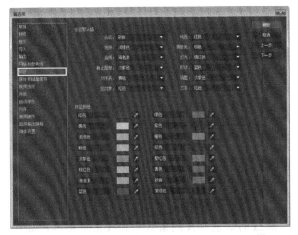

图1-97

标签默认值：主要用来设置默认的几种元素的标签颜色，这些元素包括"合成""视频""音频""静止图像""文件夹"和"空对象"。

标签颜色：主要用来设置各种标签的颜色以及标签的名称。

1.5.8 媒体和磁盘缓存类别

"媒体和磁盘缓存"类别主要用来设置内存和缓存的大小，如图1-98所示。

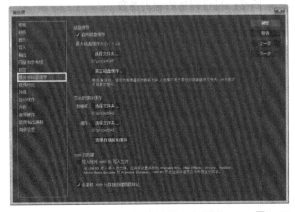

图1-98

磁盘缓存：设置是否开启磁盘缓存以及磁盘缓存的路径和容量。

启用磁盘缓存：选择该选项时，可以设置磁盘缓存的大小和指定磁盘缓存的路径。

最大磁盘缓存大小：设置磁盘缓存的最大值。

符合的媒体缓存：设置媒体缓存的位置等信息。

数据库：设置数据的存储位置。

缓存：设置缓存的存储位置。

清除数据库和缓存：清除数据和缓存内容。

XMP元数据：设置XMP元数据的相关信息。

1.5.9 视频预览类别

"视频预览"类别主要用来设置视频预览输出的硬件配置以及输出的方式等，如图1-99所示。

图1-99

1.5.10 外观类别

"外观"类别主要用来设置用户界面的颜色以及界面按钮的显示方式，如图1-100所示。

对图层手柄和路径使用标签颜色：设置是否对图层的操作手柄和路径应用标签颜色。

图1-100

循环蒙版颜色：设置是否让不同的蒙版使用不同的标签颜色。

使用渐变色：设置是否让按钮或界面颜色产生渐变的立体感效果。

亮度：设置用户界面的亮度，将滑块拖曳到最右侧后的效果如图1-101所示。

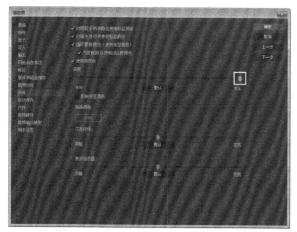

图1-101

影响标签色：设置是否让标签的颜色也受界面颜色亮度的影响。

1.5.11 自动保存类别

"自动保存"类别主要用来设置自动保存工程文件的时间间隔和文件自动保存的最大个数，如图1-102所示。

图1-102

自动保存项目：控制是否开启文件自动保存功能。

保存间隔_分钟：设置文件自动保存的时间间隔。

最大项目版本：设置可以自动保存的最大项目数量。

1.5.12 内存类别

"内存"类别主要用来设置是否使用多处理器进行渲染，这个功能是基于当前设置的存储器和缓存设置，如图1-103所示。

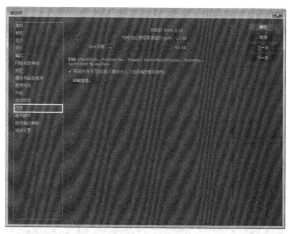

图1-103

为其他应用程序保留的RAM：为其他程序设置预留的内存空间。

1.5.13 音频硬件类别

"音频硬件"类别主要用来设置使用的声卡，如图1-104所示。

图1-104

1.5.14 音频输出映射类别

"音频输出映射"类别主要用来对音频输出的左右声道进行映射，如图1-105所示。

图1-105

1.5.15 同步设置类别

"同步设置"类别可通过 Creative Cloud 同步首选项和设置，如图1-106所示。

图1-106

1.6 本章小结

本章对After Effects CC的工作界面进行了详细的介绍，同时对菜单栏、各个窗口和面板中的大部分参数也进行了通俗易懂的讲解。

本章是全书的基础部分，比较重要，读者在学习的时候应该放慢速度，仔细理解每一句话的含义。在后面章节的学习中，遇到有参数不了解含义的地方，可回到本章来找到相应的参数介绍再温习一遍。

第2章

After Effects的工作流程

工作流程是指工作的顺序和步骤。在After Effects中，无论是为视频制作一个简单的字幕，还是制作一段复杂的动画，都应该遵循一个基本的工作流程。

课堂学习目标

掌握素材的导入及管理方法

掌握合成的创建方法

掌握滤镜的添加方法

掌握动画的制作方法

掌握渲染的基本流程

2.1 素材的导入及管理

After Effects的基本工作流程如图2-1所示，从图中可以看出，素材是After Effects的基本构成元素。创建完一个项目后的第一件事情就是在"项目"面板中导入素材，可导入的素材包括动态视频、静帧图像、静帧图像序列、音频文件、Photoshop分层文件、Illustrator文件、After Effects工程中的其他合成、Adobe Premiere Pro工程文件以及Flash输出的swf文件等。将素材导入到After Effects的过程中，After Effects会自动解析大部分的媒体格式，另外还可以通过自定义解析媒体的方式来改变媒体的帧速率和像素宽高比等。

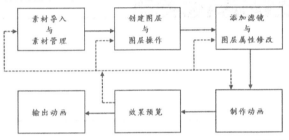

图2-1

技巧与提示

在After Effects工程中导入素材时，其实并没有把素材拷贝到工程文件中。After Effects采取了一种被称为Reference Link（参考链接）的方式将素材进行导入，因此素材还是在原来的文件夹里面，这样可以大大节省硬盘空间。在After Effects中可以对素材进行重命名、删除等操作，但是这些操作并不会影响到硬盘中的素材，这就是参考链接的好处。如果硬盘中的素材被删除，或者被移动到其他地方，After Effects工程中被调用的素材将出现斜线，文件名将以斜体字体现出来，参考链接的数据也会丢失，此时可以通过双击丢失的素材来选择新的链接。

2.1.1 将素材导入到"项目"面板

将素材导入到"项目"面板的方法有很多种，可以选择一次性导入全部素材，也可以选择多次导入素材。

1.一次性导入一个或多个素材

执行"文件>导入>文件"菜单命令或按快捷键Ctrl+I打开"导入文件"对话框，然后在磁盘中选择

需要导入的素材，接着单击"导入"按钮，即可将素材导入到"项目"面板中。

此外，在"项目"面板中的空白区域单击鼠标右键，然后在打开的菜单中选择"导入>文件"命令，也可以导入素材；或者是直接在"项目"面板的空白区域双击鼠标左键，也可以达到相同的效果，如图2-2所示。

图2-2

2.连续导入单个或多个素材

执行"文件>导入>多个文件"菜单命令或按快捷键Ctrl+Alt+I打开"导入多个文件"对话框，然后选择需要的单个或多个素材，接着单击"导入"按钮，即可导入素材。

此外，在"项目"面板的空白区域单击鼠标右键，然后在打开的菜单中选择"导入>多个文件"命令，也可以达到相同的效果，如图2-3所示。

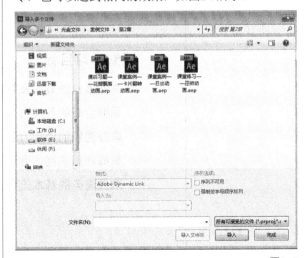

图2-3

3.以拖曳方式导入素材

在Windows系统资源管理器或Adobe Bridge窗口中，选择需要导入的素材文件或文件夹，然后直接将其拖曳到"项目"面板中，就可以完成导入操作。

当然，用户也可以执行"文件>在Bridge中浏览"菜单命令来浏览素材，然后通过双击素材的方法将素材导入到"项目"面板中。

2.1.2 导入序列文件

序列文件是由若干幅按一定顺序命名排列的图片组成，每幅图片代表一帧画面(在动画原理中，动画是基于人的视觉残留效应，如果人在很短的时间内看到一系列相关联的画面，因为视觉残留效应，人眼就会觉得这些画面是连贯的，每幅单独的画面就是一帧)，如图2-4所示。

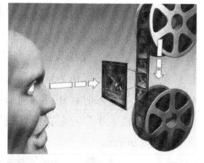

图2-4

如果需要导入序列素材，可以在"导入文件"对话框中选择"序列"选项，这样就可以以序列的方式导入素材。如果只需导入序列文件中的一部分，可以在选择"序列"选项后，框选需要导入的部分素材，然后单击"导入"按钮即可，如图2-5所示。

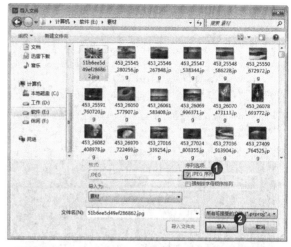

图2-5

在导入序列素材的过程中，用户可以对素材的帧速率进行设置。所谓帧速率，就是指1秒钟展示的画面帧数（即帧/秒，缩写为fps）。

执行"编辑>首选项>导入"菜单命令，打开"首选项"对话框，在"序列素材"选项组下的"帧/秒"属性中即可设置帧速率，如图2-6所示。

图2-6

另外，将序列文件导入到"项目"面板后，也可以改变素材的帧速率。具体操作方法是在序列素材上单击鼠标右键，然后在打开的菜单中选择"解释素材>主要"命令，接着在打开的"解释素材"对话框中的"帧速率"选项组下选择"假定此帧速率"选项，这样就可以设置序列文件的帧速率，如图2-7所示。

图2-7

2.1.3 导入含有图层的素材

在导入含有图层的素材文件时，After Effects可以保留文件中的图层信息，比如Photoshop的psd文件和Illustrator的ai文件。

在导入含有图层信息的素材时，可以选择以"素材"或是以"合成"的方式导入，如图2-8所示。

图2-8

1.以合成方式导入素材

当以"合成"方式导入素材时，After Effects会将整个素材作为一个合成。在合成里面，原始素材的图层信息可以得到最大限度的保留，用户可以在这些原有图层的基础上再次制作一些特效和动画，也可以将图层样式的信息保留下来，或者将图层样式合并到素材中。

此外，如果导入的是Photoshop素材文件，并且文件中含有三维图层时，还可以选择以Live Photoshop 3D（Photoshop实时3D模型）的方式进行导入，这样Photoshop中的三维图层就可以在After Effects CC中再次得到应用。

2.以素材方式导入素材

如果以"素材"方式导入素材，用户可以选择以"合并图层"的方式将原始文件的所有图层合并后一起进行导入，也可以通过"选择图层"的方式选择某些特定的图层作为素材导入。选择单个图层作为素材进行导入时，还可以选择导入的素材尺寸是按照"文档大小"还是按照"图层大小"进行导入，如图2-9所示。

图2-9

技巧与提示

以"合成"方式导入含有图层样式的文件时，如果将这些含有图层样式的图层转化为3D图层，那么这些图层样式将不起作用。

2.1.4 替换素材

如果当前素材不是很合适，需要将其替换掉，可以使用以下两种方法来完成操作。

第1种：在"项目"面板中选择需要替换的素材，然后执行"文件>替换素材>文件"菜单命令，打开"替换素材文件"对话框，接着选择需要替换的素材即可。

第2种：直接在需要被替换的素材上单击鼠标右键，然后在打开的菜单中选择"替换素材>文件"命令，如图2-10所示，接着在打开的"替换素材文件"对话框中选择需要替换的素材即可。

图2-10

替换素材以后，被替换的素材在时间线上的所有操作都将被保留下来。另外，除了将现有的素材替换为其他素材以外，还可以将当前的大容量素材设置为Placeholder（占位符）或纯色层，以减少预览过程中为计算机硬件带来的压力。

2.1.5 素材的使用原则

在导入素材之前，首先应该确定最终输出的是什么格式的媒体文件，这对于选择何种素材来进行创作是非常重要的。例如，如果想导入一张图片作为合成的背景，这时用户就要先在Photoshop中设置好图片的尺寸和像素比。因为如果素材尺寸过大，会增加渲染压力；如果素材尺寸过小，渲染出来的清晰度就会失真。总体来说，在使用素材时，要遵循以下3大基本原则。

第1点：尽可能使用无压缩的素材。因为压缩率越小的素材，使用抠像或运动跟踪产生的效果就越好。比如用户使用的素材是经过DV压缩编码后的素材，那么它的一些较小的颜色差别信息就会被压缩掉，因此建议在中间输出过程中都应该采用无损压缩，在最终输出时再根据实际需要来进行有损压缩。

第2点：在情况允许的条件下，尽可能使素材的帧速率和输出的帧速率保持一致，这样就没必要在After Effects CC中重新设置帧混合了。

第3点：即使是制作标准清晰度的影音，如果条件允许，在前期都应尽量使用高清晰度的格式来进行拍摄。因为这样可以在后期合成中为用户提供足够的创作空间，比如通过缩放画面的方式来模拟摄像机的推拉和摇摆动画。

2.2 创建合成域

在After Effects中，一个工程项目允许创建多个合成，而且每个合成都可以作为一段素材应用到其他的合成中。一个素材可以在单个合成中被多次使用，也可以在多个不同的合成中同时被使用，但是不能在一个合成中使用该合成本身，如图2-11所示。

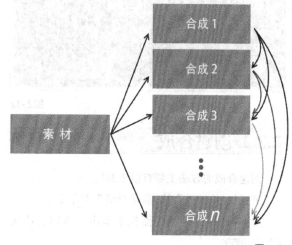

图2-11

2.2.1 项目设置

在启动After Effects CC后，系统会自动创建一个项目。在这个项目中，用户可以只创建一个合成，也可以创建多个合成来完成整个项目。正确的项目设置可以帮助用户在输出影片时避免发生一些不必要的错误和结果。

执行"文件>项目设置"菜单命令打开"项目设置"对话框，该对话框中的参数主要分为3个部分，分别是时间显示、颜色管理和声音取样率。其中，颜色设置是在设置项目时必须考虑的，因为它决定了导入的素材的颜色将如何被解析，以及最终输出的视频颜色数据将如何被转换，如图2-12所示。

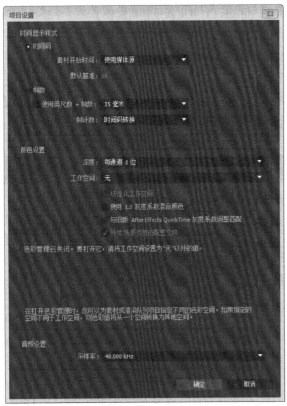

图2-12

2.2.2 创建合成

创建合成的方法主要有以下3种。

第1种：执行"合成>新建合成"菜单命令。

第2种：在"项目"面板中单击"新建合成工具"按钮 。

第3种：直接按快捷键Ctrl+N。

创建合成时，AE会打开"合成设置"对话框，如图2-13所示。

图2-13

1.基本参数

合成名称：设置要创建的合成的名字。

预设：选择预设的影片类型，用户也可以选择Custom（自定义）选项来自行设置影片类型。

宽度/高度：设置合成的尺寸，单位为px（即像素）。

锁定长宽比：选择该选项时，将锁定合成尺寸的宽高比，这样当调节"宽度"和"高度"的其中一个参数时，另外一个参数也会按照比例自动进行调整。

技巧与提示

国内PAL标准清晰度电视制式的视频像素尺寸为720像素×576像素。

像素长宽比：用于设置单个像素的宽高比例，可以在右侧的下拉列表中选择预设的像素宽高比，如图2-14所示。

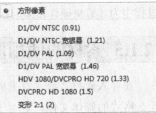

图2-14

国内PAL标准清晰度电视制式的像素宽高比为1.07，通过计算可以得知屏幕的宽高比为（720×1.07）:（576×1）=4:3，也就是常说的4:3标准屏幕。

分辨率：设置合成的分辨率，共有4个预设选项，分别是"完整""二分之一""三分之一"和"四分之一"。另外，用户还可以通过"自定义"选项来自行设置合成的分辨率。

开始时间码：设置合成项目开始的时间码，默认情况下从第0帧开始。

持续时间：设置合成的总共持续时间。

2.高级参数

在"合成设置"对话框中单击"高级"选项卡，切换到"高级"参数设置面板，如图2-15所示。

图2-15

锚点：设置合成图像的轴心点。当修改合成图像的尺寸时，锚点位置决定了如何裁剪和扩大图像范围。

渲染器：设置渲染引擎。用户可以根据自身的显卡配置来进行设置，其后的"选项"属性可以设置阴影的尺寸来决定阴影的精度。

在嵌套时或在渲染队列中，保留帧速率：选择该选项后，在进行嵌套合成或在渲染队列中时可以继承原始合成设置的帧速率。

在嵌套时保留分辨率：选择该选项后，在进行嵌套合成时可以保持原始合成设置的图像分辨率。

快门角度：如果开启了图层的运动模糊开关，"快门角度"可以影响到运动模糊的效果。图2-16所示为同一个圆制作的斜角位移动画，在开启了运动模糊后，不同的"快门角度"产生的运动模糊效果也是不相同的（当然运动模糊的最终效果还取决于对象的运动速度）。

快门角度=0（最小值）　　快门角度=180（最大值）　　快门角度=720（最小值）

图2-16

快门相位：设置运动模糊的方向。

每帧样本：用于控制3D图层、形状图层和包含有特定滤镜图层的运动模糊效果。

自适应采样限制：当二维图层运动模糊需要更多的帧取样时，可以通过提高该数值来增强运动模糊效果。

快门角度和快门速度之间的关系可以用"快门速度=1/帧速率×（360/快门角度）"这个公式来表达。例如，快门角度为180°，Pal的帧速率为25帧/秒，那么快门速度就是1/50。

2.3　添加滤镜域

After Effects CC中自带有200多个滤镜，将不同的滤镜应用到不同的图层中，可以产生各种各样的效果。所有的滤镜都存放在After Effects CC安装路径下的Adobe After Effects CC/Support Files/Plug-ins文件夹中，因为所有的滤镜都是以插件的方式引入到After Effects CC中的，所以可以在After Effects CC的Plug-ins文件夹中添加各种各样的滤镜（前提是滤镜必须与当前版本相兼容），这样在重启After Effects CC时，系统就会自动将添加的滤镜加载到"效果和预设"面板中。

2.3.1 滤镜的添加方法

添加滤镜的方法有很多种，下面主要讲解最常见的6种方法。

第1种：在"时间轴"面板中选择需要添加滤镜的图层，然后选择"效果"菜单中的子命令。

第2种：在"时间轴"面板中选择需要添加滤镜的图层，然后单击鼠标右键，接着在打开的菜单中选择"效果"菜单中的子命令，如图2-17所示。

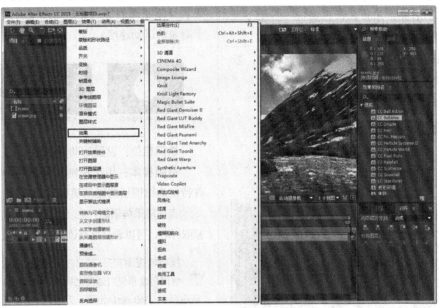

图2-17

技巧与提示

由于编者的AE安装了第三方插件，因此"效果"菜单中的滤镜非常多。

第3种：在"效果和预设"面板中选择需要使用的滤镜，然后将其拖曳到"时间轴"面板内需要使用滤镜的图层中，如图2-18所示。

图2-18

　　第4种：在"效果和预设"面板中选择需要使用的滤镜，然后将其拖曳到需要添加滤镜的图层的"效果控件"面板中，如图2-19所示。

图2-19

　　第5种：在"时间轴"面板中选择需要添加滤镜的图层，然后在"效果控件"面板中单击鼠标右键，接着在打开的菜单中选择要应用的滤镜即可，如图2-20所示。

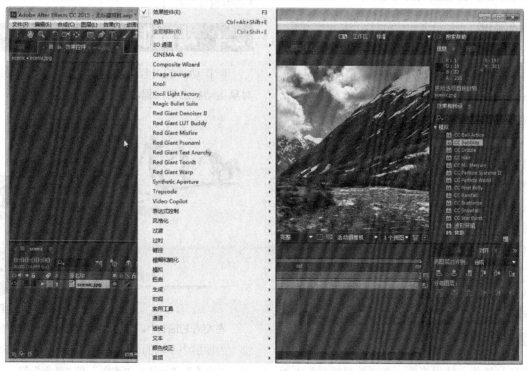

图2-20

第6种：在"效果和预设"面板中选择需要使用的滤镜，然后将其拖曳到"合成"面板中需要添加滤镜的图层中（在拖曳的时候要注意"信息"面板中显示的图层信息），如图2-21所示。

图2-21

2.3.2 复制和删除滤镜

1.复制滤镜

复制滤镜有两种情况，一种是在同一图层内复制滤镜，另一种是将一个图层的滤镜复制到其他图层中。

第1种：在"效果控件"面板或"时间轴"面板中选择需要复制的滤镜，然后按快捷键Ctrl+D即可在同一图层中复制滤镜。

第2种：将一个图层的滤镜复制到其他图层中，可以参照以下操作步骤。

（1）在"效果控件"面板或"时间轴"面板中选中图层的一个或多个滤镜。

（2）执行"编辑>复制"菜单命令或按快捷键Ctrl+C复制滤镜。

（3）在"时间轴"面板中选择目标图层，然后执行"编辑>粘贴"菜单命令或按快捷键Ctrl+V粘贴滤镜。

2.删除滤镜

删除滤镜的方法很简单，在"效果控件"面板或"时间轴"面板中选择需要删除的滤镜，然后按Delete键即可删除。

2.4 动画制作域

制作动画的过程其实就是在不同的时间段改变对象运动状态的过程，如图2-22所示。

图2-22

在After Effects中，制作动画其实就是在不同的时间里，为图层中不同的参数制作动画的过程。这些参数包括"位置""旋转""遮罩"和"效果"等。

After Effects可以使用关键帧技术、表达式、关键帧助手和曲线编辑器等来对滤镜里面的参数或图层属性制作动画。另外，After Effects还可以使用变形稳定器和跟踪控制来制作关键帧，并且可以将这些关键帧应用到其他图层中产生动画，同时也可以通过嵌套关系来让子图层跟随父图层产生动画。

2.5 预览

预览是为了让用户确认制作效果，如果不通过预览，用户就没有办法确认制作效果是否达到要求。在预览的过程中，可以通过改变播放帧速率或画面的分辨率来改变预览的质量和预览的速度。

对于一个合成、图层或素材，它们的时间概念是通过时间尺来展示的，而当前时间指示器显示的就是当前正在预览或编辑的帧。

预览合成效果是通过"合成>预览"菜单中的子命令来完成的，如图2-23所示。

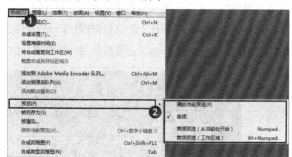

图2-23

播放当前预览： 对视频和音频进行内存预览，内存预览的时间跟合成的复杂程度以及内存的大小相关，其快捷键为0键。

音频预览（从当前处开始）/音频预览（工作区域）： 对声音进行单独预览，所不同的是"音频预览（从当前处开始）"是对当前时间指示滑块之后的声音进行渲染，其快捷键为.键，而"音频预览（工作区域）"是对整个工作区的声音进行渲染，其快捷键是Alt+.。

技巧与提示

如果要在"时间轴"面板中实现简单的视频和音频同步预览，可以在拖曳当前时间指示滑块的同时按住Ctrl键。

2.6 渲染

创建完合成以后，就可以设置渲染输出了。After Effects在进行渲染输出时，合成中每个图层的蒙版、滤镜和图层属性将被逐帧渲染到一个或多个输出文件中。

根据每个合成的帧的大小、质量、复杂程度和输出的压缩方法，输出影片可能会花费几分钟甚至数小时的时间。当把一个合成添加到渲染队列中时，它作为一个渲染项目在渲染队列里等待渲染。当After Effects开始渲染这些项目时，用户不能在After Effects中进行任何其他的操作。

After Effects将合成项目渲染输出成视频、音频或序列文件的方法主要有以下两种。

第1种：通过执行"文件>输出"菜单命令输出单个的合成项目。

第2种：通过执行"合成>添加到渲染队列"菜单命令，可以将一个或多个合成添加到渲染队列中进行批量输出。

2.6.1 标准渲染顺序

After Effects渲染合成的顺序可以影响到最终的输出效果，所以掌握After Effects的渲染顺序对后期制作有很大的帮助。

1.渲染所有二维图层

在渲染全部的二维图层合成时，After Effects将根据图层在"时间轴"面板中的排列顺序，从最下面的图层开始渲染，逐渐渲染到最上面的图层，如图2-24所示。

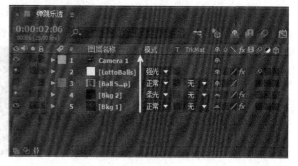

图2-24

2.渲染每个图层

在对每个图层进行渲染时，After Effects将遵循先渲染蒙版，然后渲染滤镜，接着渲染Transform（变换）属性的顺序，最后才对混合模式和轨道蒙版进行渲染，如图2-25所示。

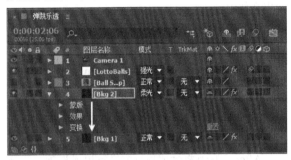

图2-25

3.渲染多个滤镜和多个蒙版

对多个滤镜和多个蒙版进行渲染时，After Effects将遵循从上向下依次渲染的顺序，如图2-26所示。

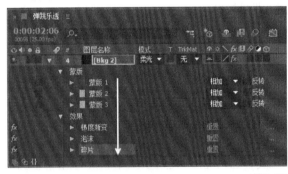

图2-26

4.渲染所有三维图层和多个蒙版

在渲染所有的三维图层时，After Effects将根据三维图层z轴的远近顺序依次进行渲染，先渲染离z轴最远的三维图层，然后依次进行渲染，如图2-27所示。

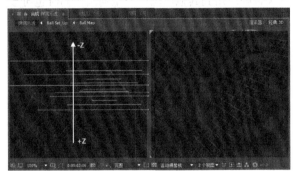

图2-27

5.混合渲染二维和三维图层

在对二维图层和三维图层进行混合渲染时，首先从最下层往最上层开始渲染，当遇到三维图层时，连续的几个三维图层将作为一个独立的组按照由远到近的渲染顺序进行渲染，接着继续往上渲染二维图层，如果再次遇到三维图层，After Effects又会遵循前面的原则进行渲染，如图2-28所示。

图2-28

2.6.2 改变渲染顺序

在某些特殊情况下，仅仅通过默认的渲染顺序并不能达到理想的视觉效果。例如，要让一个物体进行旋转并且要产生投影效果，如果使用了"旋转"变换属性和"投影"滤镜，那么After Effects将按照默认的渲染顺序先渲染"投影"滤镜，然后渲染"旋转"变换属性，这样得到的最终效果就是错误的，如图2-29所示。

图2-29

虽然不能改变After Effects的默认渲染顺序，但是仍然有以下3种方法可以改变渲染顺序。

1.应用变换滤镜和多个蒙版

如果要让滤镜比"变换"属性先渲染，这时可以对图层应用"变换"滤镜，然后将"变换"滤镜放置在最上面，这样就可以先渲染"变换"效果。

2.应用调整图层和多个蒙版

当对调整图层应用滤镜时，After Effects首先渲染调整图层下面所有图层的所有属性，然后才渲染调整图层的属性。

3.预合成

将带有"变换"动作的图层进行"预合成"并进行嵌套合成后，这时为嵌套合成应用滤镜，可以首先渲染"变换"属性，然后渲染滤镜，如图2-30所示。

图2-30

2.6.3 渲染合成的步骤

1.添加到渲染队列

在"项目"面板中选择需要渲染的合成文件，然后执行"合成>添加到渲染队列"菜单命令或按快捷键Ctrl+M输出影片，如图2-31所示。

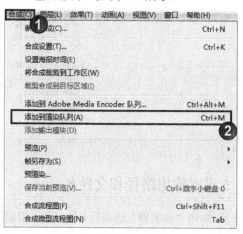

图2-31

执行"合成>添加到渲染队列"菜单命令，打开"渲染队列"面板，然后将需要进行渲染输出的合成拖曳到"渲染队列"面板中，如图2-32所示。

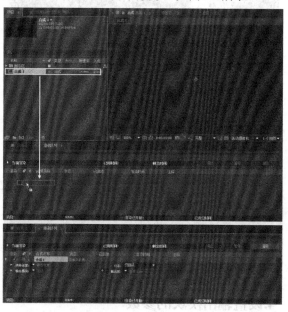

图2-32

2.渲染设置

在"渲染队列"面板中的"渲染设置"选项后面单击"最佳设置"选项,可以打开"渲染设置"对话框,在该对话框中可以设置渲染的相关参数,如图2-33所示。

图2-33

技巧与提示

单击"渲染设置"选项后面的■按钮,在弹出的菜单中可以选择不同的"渲染设置"选项,如图2-34所示。

图2-34

3.选择日志类型

日志用来记录After Effects处理时文件的信息,从"日志"选项后面的下拉列表中选择日志类型,如图2-35所示。

图2-35

4.设置输出模块的参数

在"渲染队列"面板中的"输出模块"选项后

面单击"无损"选项,打开"输出模块设置"对话框,在该对话框中可以设置输出模块的相关参数,如图2-36所示。

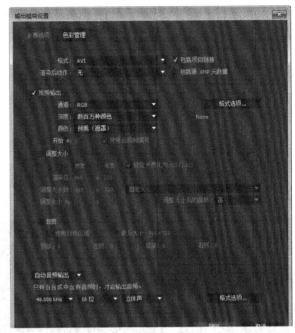

图2-36

技巧与提示

单击"输出模块"蓝色字样后面的■按钮,然后在打开的菜单中选择"自定义"命令,也可以打开"输出模块设置"对话框。另外,该菜单中还提供了一些常用的输出组件设置,如图2-37所示。

图2-37

5.设置输出路径和文件名

单击"输出到"选项后面的"尚未指定"选项,可以打开"将影片输出到"对话框,在该对话框中可以设置影片的输出路径和文件名,如图2-38所示。

图2-38

6.开启渲染

在"渲染"栏下选择要渲染的合成，这时"状态"栏中会显示为"已加入队列"状态，如图2-39所示。

图2-39

7.渲染

单击"渲染"按钮进行渲染输出，如图2-40所示。

图2-40

2.6.4 压缩影片的方法

在很多情况下，为了适合更多播放媒体的需求，必须要对影片进行压缩或拉伸操作，这时如何选择一个较好的压缩或拉伸方法就很重要了。

1.嵌套合成

嵌套合成是以更小的尺寸创建一个新合成，然后将原来大尺寸的合成嵌套进去进行合成。

例如，创建了一个640像素×480像素的合成，

如果需要将其嵌套进一个320像素×240像素的合成，首先应该在"时间轴"面板按快捷键Ctrl+N新建一个合成，然后对其进行命名，接着再设置合成尺寸为400像素×320像素，如图2-41所示。

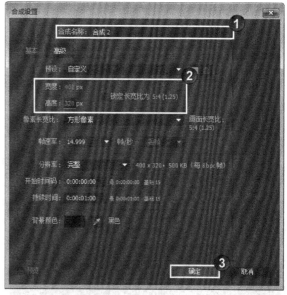

图2-41

其次，在"项目"面板中将需要进行压缩的合成以素材的方式拖曳到新合成的"时间轴"面板中，然后选择图层，执行"图层>变换>适合复合"命令，将大尺寸的合成自动适配到小尺寸的合成（快捷键为Ctrl+Alt+F，也可以在新合成的"时间轴"面板中单击鼠标右键，然后在打开的菜单中执行"变换>适合复合"命令），如图2-42所示。

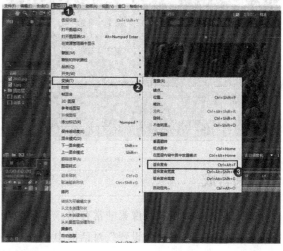

图2-42

执行"图层>开关>折叠"菜单命令，对视频的质量进行优化，然后选择新合成，按快捷键Ctrl+M将其添加到渲染队列中，接着单击"渲染"按钮进行渲染输出。

2.调整合成大小

使用"调整大小"功能可以生成最高质量的压缩影片，但是比嵌套合成的渲染速度要慢。

例如，创建了一个640像素×480像素的合成，并且设置为"完整"分辨率进行渲染时，可以在"渲染队列"面板中的"输出模块"选项后面的下划线上单击鼠标左键，打开"输出模块设置"对话框，然后在"调整大小"选项组中设置尺寸为320像素×240像素，当"调整大小后的品质"为"高"时，就可以达到最优的图像压缩效果，如图2-43所示。

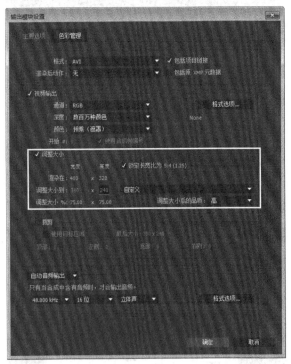

图2-43

3.裁剪合成

裁剪合成对减少视频像素非常有用，在"渲染队列"面板的"输出模块设置"对话框中，通过对"裁剪"选项组中的参数进行设置，可以裁剪视频的画面，如图2-44所示。裁剪后的结果可能造成原

来的视频中心点不一定在裁剪后的视频中心点，除非裁剪的时候采用相对称的方式进行等量裁剪。

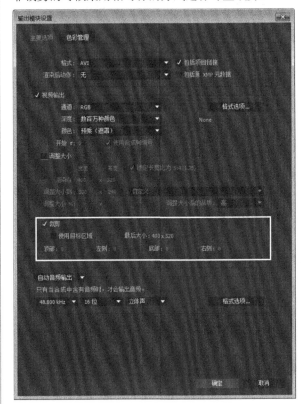

图2-44

4.对区域渲染进行裁剪

在合成窗口中设置好区域渲染后，在"渲染队列"面板里的"输出模块设置"对话框中的"裁剪"选项组中选择"使用目标区域"选项，这样可以裁剪视频的画面，如图2-45所示。经过裁剪后的视频画面只显示原来视频画面的一部分。

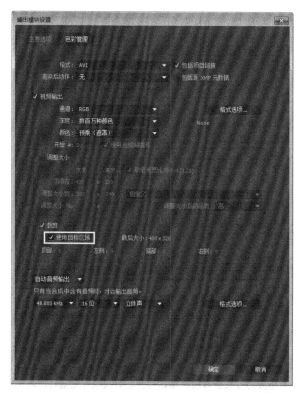

图2-45

5.降低影片分辨率

降低影片分辨率是压缩影片的最快捷方法。例如，创建了一个400像素×320像素的合成，如果设置其分辨率为原来的一半，这样渲染出来的合成尺寸就变成了200像素×160像素，如图2-46所示。这种方法一般都用于预览视频。

图2-46

2.6.5 拉伸影片的方法

拉伸影片也是渲染输出时经常遇到的情况，拉伸影片的方法和压缩影片的方法相反，主要也有以下3种。

1.嵌套合成

嵌套合成是以更大的尺寸创建一个新合成，然后将原来小尺寸的合成嵌套进去进行合成。例如，创建了一个320像素×240像素的合成，将其嵌套进一个640像素×480像素的合成，然后使用"适合复合"功能将小尺寸的合成自动适配到大尺寸的合成（快捷键为Ctrl+Alt+F），接着执行"图层>开关>折叠"菜单命令，这样渲染出来的视频质量就要优于单纯拉伸像素渲染出来的效果（渲染速度会变慢）。

2.调整合成大小

假如已经创建了一个320像素×240像素的合成，并且设置为"完整"分辨率进行渲染时，可以在"渲染队列"的"输出模块设置"对话框中的"调整大小"选项组中设置拉伸尺寸为640像素×480像素（即拉伸了200%），这样渲染出来的影片效果就要好一些。

3.裁剪合成

在"渲染队列"面板的"输出模块设置"对话框中的"裁剪"选项组中使用负数可以拉伸裁剪视频画面。例如要将视频尺寸加大2像素，可以在其中的一个裁剪输入框中输入－2。

课堂案例

日出动画

案例位置	案例文件>第2章>课堂案例——日出动画.aep
素材位置	素材>第2章>课堂案例——日出动画
难易指数	★★☆☆☆
学习目标	学习导入素材、创建合成、制作动画以及输出影片的方法

日出动画效果如图2-47所示。

图2-47

57

01 启动After Effects CC，在"项目"面板中双击鼠标左键打开"导入文件"对话框，然后找到下载资源中的"素材>第2章>课堂案例——日出动画>白云.ai"文件，接着单击"导入"按钮将其导入，如图2-48所示。

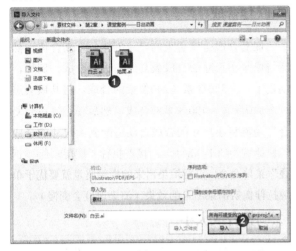

图2-48

02 使用相同的方法导入"地面.ai"文件，然后在"项目"面板的空白处单击鼠标右键，接着在打开的菜单中选择"新建文件夹"命令，最后将新建的文件夹命名为Footage，如图2-49所示。

图2-49

03 将"白云.ai"和"地面.ai"文件拖曳到Footage文件夹中，然后再创建一个Comp文件夹，如图2-50所示。

图2-50

04 按快捷键Ctrl+S打开"另存为"对话框，然后设置好文件的保存路径和保存类型，接着设置文件的保存名称为"课堂案例——日出动画"，最后单击"保存"按钮进行保存，如图2-51所示。

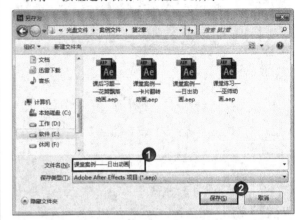

图2-51

技巧与提示

养成良好的文件管理习惯，可以帮助用户在制作动画和特效的过程中理清思路，避免在查找项目元素时出现一些没有必要的错误。在制作的过程中也要养成随时保存工程文件的习惯，虽然After Effects CC可以自动保存工程文件，但是经常手动保存可以避免一些意外情况的发生，比如断电情况等。

05 在"项目"面板中选择Comp文件夹，然后按快捷键Ctrl+N新建一个合成，接着设置"合成名称"为"日出动画"、"预设"为PAL D1/DV、"分辨率"为"完整"、"持续时间"为5秒，最后单击"确定"按钮，如图2-52所示。

图2-52

06 在"项目"面板中依次选择"白云.ai"和"地面.ai"素材，然后将其拖曳到"时间轴"面板中，如图2-53所示。

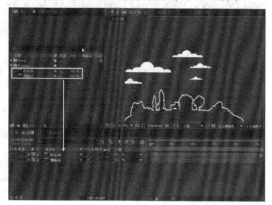

图2-53

07 完成合成的创建后，接着就可以制作动画了。在"时间轴"面板中选择"地面.ai"图层，然后按P键展开"位置"属性，接着设置"位置"为（360，484），如图2-54所示。

图2-54

08 在"时间轴"面板中选择"白云.ai"图层，按P键展开"位置"属性，然后在第0帧处设置"位置"为（245，254），接着单击"位置"属性前面的◎按钮，最后将时间滑块拖曳到第4秒24帧处，并设置"位置"为（343，254），如图2-55所示。

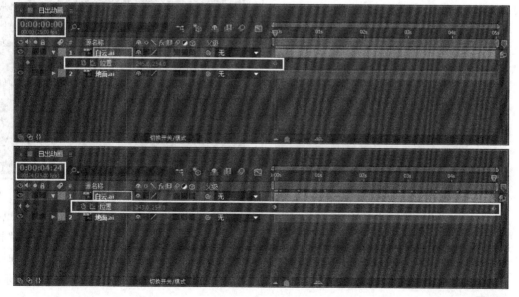

图2-55

09 按快捷键Ctrl+Y新建一个纯色层，然后设置"名称"为"天空"，接着单击"制作合成大小"按钮，使纯色层的尺寸与合成尺寸保持一致，最后单击"确定"按钮，如图2-56所示。

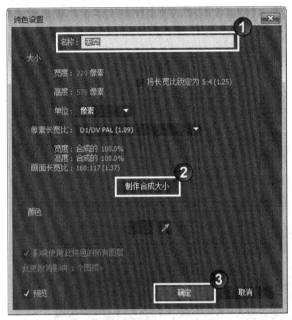

图2-56

10 在"时间轴"面板中选择"天空"纯色层，然后将其拖曳到底层，接着执行"效果>生成>梯度渐变"菜单命令，最后在"效果控件"面板中设置"起始颜色"为（R:12，G:27，B:221）、"结束颜色"为（R:241，G:233，B:9），如图2-57所示。画面效果如图2-58所示。

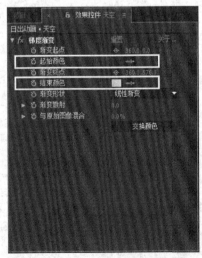

图2-57

图2-58

技巧与提示

"梯度渐变"滤镜主要用来制作图像的颜色渐变效果，可以设置为"线性渐变"和"径向渐变"两种方式。

11 按快捷键Ctrl+Y新建一个纯色层，然后设置"名称"为"太阳"，接着单击"制作合成大小"按钮，再设置"颜色"为（R:242，G:84，B:54），最后单击"确定"按钮，如图2-59所示。

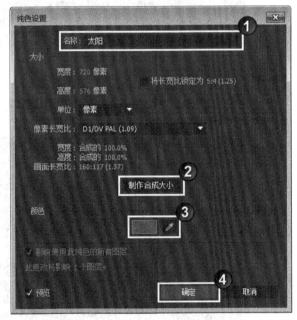

图2-59

12 在"时间轴"面板中将"太阳"纯色层拖曳到"地面.ai"和"天空"图层之间，然后选择"工具"面板中的"椭圆工具"按钮◯，接着按住Shift键的同时在"太阳"纯色层中绘制一个圆形蒙版，如图2-60所示。

图2-60

⑬ 使用"选取工具"选择"太阳"纯色层,然后连续按两次M键展开蒙版属性,接着设置"蒙版羽化"为(10,10),如图2-61所示。太阳效果如图2-62所示。

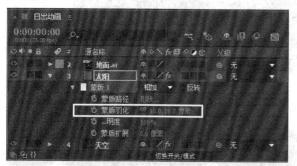

图2-61

图2-62

技巧与提示

关于蒙版的相关知识,将在后面的章节中进行详细讲解。

⑭ 选择"太阳"图层,按P键展开"位置"属性,然后在第0帧处设置"位置"为(333.9,456.8),接着单击 按钮激活关键帧,最后在第4秒24帧处设置"位置"为(333.9,136.8),如图2-63所示。

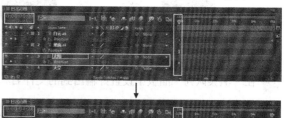

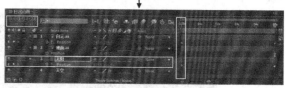

图2-63

⑮ 选择"太阳"图层,然后执行"效果>风格化>发光"菜单命令,接着设置"发光半径"为179,如图2-64所示。

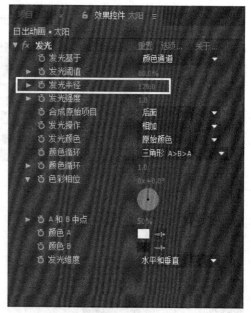

图2-64

技巧与提示

"发光"滤镜可以通过查找图像中比较亮的像素,然后将这些像素及其周边的一些像素变亮,从而模拟出散射的光晕效果。"发光"滤镜也可以模拟出强光照射下,物体产生的过度曝光的效果。

⑯ 按快捷键Ctrl+M，将当前合成添加到"渲染队列"面板中，然后设置"输出模块"为AVI DV PAL 48kHz，如图2-65所示。

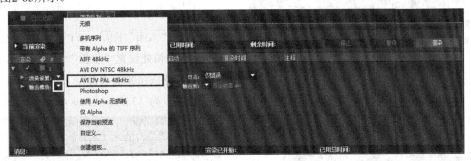

图2-65

⑰ 在"渲染队列"面板中设置好输出到的文件名和路径，如图2-66所示。

图2-66

⑱ 单击"渲染"按钮进行渲染，最终效果如图2-67所示。

图2-67

◎课堂案例

卡片翻转动画

案例位置　案例文件>第2章>课堂案例——卡片翻转动画.aep
素材位置　素材>第2章>课堂案例——卡片翻转动画
难易指数　★★☆☆☆
学习目标　学习导入素材、创建合成、制作动画以及输出影片的方法

　　卡片翻转动画效果如图2-68所示。

图2-68

01 在"项目"面板中双击鼠标左键,打开"导入文件"对话框,接着导入下载资源中的"素材>第2章>课堂案例——卡片翻转动画>图片1.jpg、图片2.jpg、底纹.jpg"文件,如图2-69所示。

图2-69

02 在"项目"面板中选择Comp文件夹,然后按快捷键Ctrl+N新建一个合成,接着设置"合成名称"为Card Wipe、"宽度"为640px、"高度"为480px、"持续时间"为4秒,最后单击"确定"按钮,如图2-70所示。

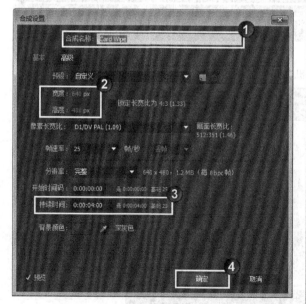

图2-70

03 将导入的3张图片拖曳到"时间轴"面板中,然后调整图层的位置,如图2-71所示。

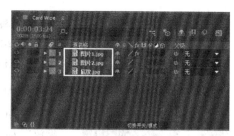

图2-71

04 单击"图片2.jpg"图层前面的"视频"按钮 关闭该图层的显示,然后选择"图片2.jpg"图层,按S键展开"缩放"属性并设置"缩放"为(177,117%),如图2-72所示,接着设置"图片1.jpg"图层的Scale(缩放)属性为(79,90%),如图2-73所示。

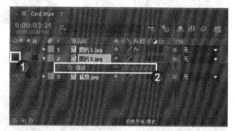

图2-72

图2-73

05 选择"图片1.jpg"图层,然后执行"效果>过渡>卡片擦除"菜单命令添加滤镜特效,默认状态下的预览效果如图2-74所示。在"效果控件"面板中设置滤镜的参数,如图2-75所示。

图2-74

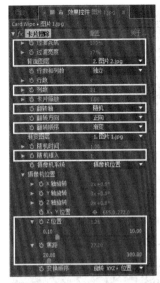

图2-75

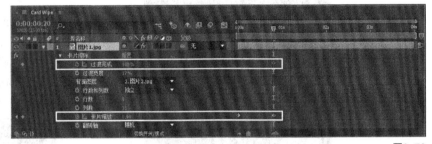

技巧与提示

从图2-74中可以看到,图像的左边部分被分割成一些卡片的形状,下面要通过对"卡片擦除"滤镜特效进行详细的设置来实现翻转过渡的图像效果。

06 在"时间轴"面板中展开"图片1.jpg"图层下面的"卡片擦除"滤镜,然后在第0帧处激活"卡片缩放"属性的关键帧,接着在第20帧处设置"卡片缩放"为0.94,激活"过渡完成"属性的关键帧,如图2-76所示。

图2-76

07 在第3秒24帧处设置"过渡完成"为0%、"卡片缩放"为1.00,如图2-77所示。

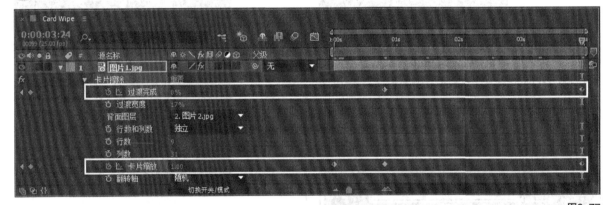

图2-77

08 设置完毕后播放动画,可以看到两张图片在卡片的随机翻转中实现了过渡,图2-78所示的是动画的中间状态。

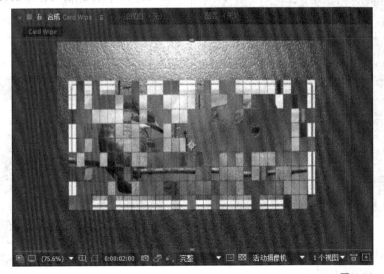

图2-78

⑨ 选择"图片1.jpg"图层，然后执行"效果>透视>投影"菜单命令添加滤镜特效，接着在"效果控件"面板中设置其属性，如图2-79所示。

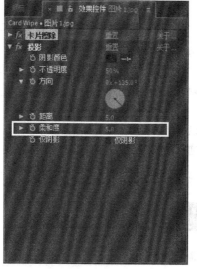

图2-79

⑩ 添加阴影效果后，按数字0键预览动画，效果如图2-80所示。

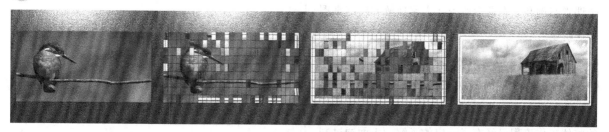

图2-80

巫师动画

案例位置	案例文件>第2章>课堂练习——巫师动画.aep
素材位置	素材>第2章>课堂练习——巫师动画
难易指数	★★★☆☆
学习目标	练习After Effects CC的工作流程

巫师动画效果如图2-81所示。

图2-81

操作提示

第1步：打开"素材>第2章>课堂练习——巫师动画>课堂练习——巫师动画_I.aep"项目合成。

第2步：调整闪电的位置和方向。

先导入下载资源中的"素材>第2章>课堂案例——巫师动画>wizard with lightning.ai"素材文件，导入时注意设置导入类型为"合成"，这样导入后就会自动生成一个名字为wizard with lightning的合成。

接着制作眉毛和八字胡的"位置"动画，再制作闪电的动画效果（添加"高级闪电"滤镜特效）。

最后预览并输出动画，由于本例动画没有设置背景，因此需要输出带Alpha通道的动画（带Alpha通道的动画可以在其他软件中进行背景合成）。

2.7 本章小结

本章主要对After Effects的工作流程进行了详细的讲解，包括素材的导入方法、创建合成和添加滤镜的技巧以及预览和渲染的方法等，另外还通过两个课堂案例和一个课堂练习让大家理解并熟练掌握工作流程。

2.8 课后习题

通过本章介绍的内容，相信大家对After Effects的整体工作流程已经有了一定的了解，下面通过制作一个花瓣飘落动画来强化这些知识。

案例位置	案例文件>第2章>课后习题——花瓣飘落动画.aep
素材位置	素材>第2章>课后习题——花瓣飘落动画
难易指数	★★☆☆☆
练习目标	练习After Effects CC的工作流程

花瓣飘落动画效果如图2-82所示。

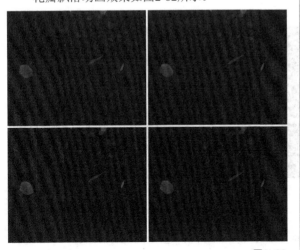

图2-82

操作提示

第1步：打开"素材>第2章>课后习题——花瓣飘落动画>课后习题——花瓣飘落动画_I.aep"项目合成。

第2步：加载合成。

第3步：设置渲染属性。

第3章

图层应用

在After Effects中制作特效和动画时，其直接操作对象就是图层，无论是创建合成、动画还是特效，都离不开图层。

课堂学习目标

了解图层的种类

掌握图层的创建方法

了解图层属性的相关知识

掌握图层的顺序

掌握设置图层时间的方法

掌握对齐、分布、提取、挤出和分离图层的方法

了解图层的各种混合模式

3.1 图层的种类域

After Effects中的图层和Photoshop中的图层一样，在"时间轴"面板上可以直观地观察到图层的分布。图层按照从上到下的顺序依次叠放，上一层的内容部分将遮住下层的内容，如果上一层没有内容，将直接显示出下一层的内容，并且上下图层还可以进行各种混合，以产生特殊的效果，如图3-1所示。

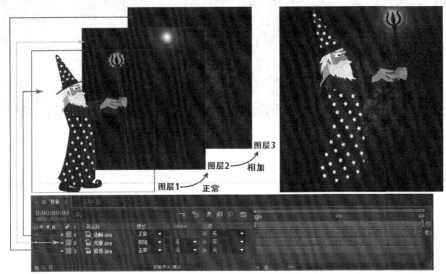

图3-1

After Effects可以自动为合成中的图层进行编号。在默认情况下，这些编号显示在"时间轴"面板靠近图层名字的左边。图层编号决定了图层在合成中的叠放顺序，当叠放顺序发生改变时，这些编号也会自动发生改变。

能够用在After Effects中的合成元素非常多，这些合成元素体现为各种图层，在这里将其归纳为以下9种。

第1种："项目"面板中的素材（包括声音素材）。

第2种：项目中的其他合成。

第3种：文本图层。

第4种：纯色图层、摄像机图层和灯光图层。

第5种：形状图层。

第6种：调整图层。

第7种：已经存在图层的复制层（即副本图层）。

第8种：分离的图层。

第9种：空对象图层。

3.2 图层的创建方法

After Effects为用户提供了多种创建图层的方法，下面介绍几种不同类型图层的创建方法。

3.2.1 素材图层和合成图层

素材图层和合成图层是After Effects中最常见的图层。要创建素材图层和合成图层，只需要将"项目"面板中的素材或合成项目拖曳到"时间轴"面板中即可。

如果要一次性创建多个素材或合成图层，可以在"项目"面板中按住Ctrl键的同时连续选择多个素材图层或合成项目，然后将其拖曳到"时间轴"面板中。"时间轴"面板中的图层将按照之前选择素材的顺序进行排列。另外，按住Shift键也可以选择多个连续的素材或合成项目。

3.2.2 颜色纯色图层

在After Effects中，可以创建任何颜色和尺寸（最大尺寸可达30000像素×30000像素）的纯色图层。与其他素材图层一样，在颜色纯色图层上可以制作"蒙版"，也可以修改图层的"变换"属性，并且还可以对其应用滤镜。创建颜色纯色图层的方法主要有以下两种。

第1种：执行"文件>导入>纯色"菜单命令，如图3-2所示。此时创建的颜色纯色图层只显示在"项目"面板中作为素材使用。

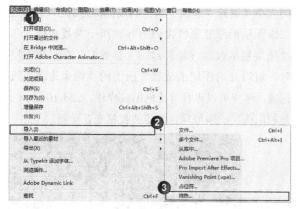

图3-2

第2种：执行"图层>新建>纯色"菜单命令或按快捷键Ctrl+Y，如图3-3所示。纯色图层除了显示在"项目"面板的"固态层"文件夹中以外，还会自动放置在当前"时间轴"面板中的顶层位置。

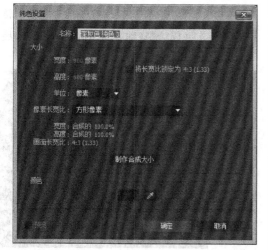

图3-3

通过以上两种方法创建纯色图层时，系统都会弹出"纯色设置"对话框，在该对话框中可以设置纯色图层相应的尺寸、像素比例、层名字以及层颜色等，如图3-4所示。

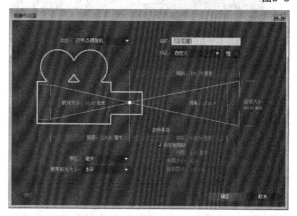

图3-4

3.2.3 灯光、摄像机和调节层等

灯光、摄像机和调整图层的创建方法与纯色图层的创建方法类似，可以通过"图层>新建"菜单下面的子命令来完成。

在创建这类图层时，系统也会弹出相应的参数对话框。图3-5和图3-6所示分别为"灯光设置"和"摄像机设置"对话框（这部分知识点将在后面的章节内容中进行详细讲解）。

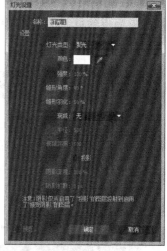

图3-5

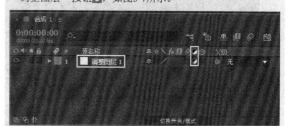

图3-6

技巧与提示

在创建调整图层时，除了可以通过执行"图层>新建>调整图层"菜单命令来完成外，还可以通过"时间轴"面板来把选择的图层转换为调整图层，其方法就是单击图层后面的"调整图层"按钮，如图3-7所示。

图3-7

3.2.4 Photoshop图层

执行"图层>新建>Adobe Photoshop文件"菜单命令，可以创建一个和当前合成尺寸一致的Photoshop图层，该图层会自动放置在当前"时间轴"面板的最上层，并且系统会自动打开这个Photoshop文件。

3.3 图层属性

在After Effects中，图层属性在制作动画特效时占据着非常重要的地位。除了单独的音频图层以外，其余的所有图层都具有5个基本"变换"属性，分别是"锚点""位置""缩放""旋转"和"不透明度"，如图3-8所示。通过在"时间轴"面板中单击▶按钮，可以展开图层变换属性。

图3-8

3.3.1 位置属性

"位置"属性主要用来制作图层的位移动画（展开"位置"属性的快捷键为P键）。普通的二维图层包括x轴和y轴两个参数（三维图层包括x轴、y轴和z轴3个参数）。图3-9所示的是利用图层的"位置"属性制作的鹅游水动画。

图3-9

3.3.2 缩放属性

"缩放"属性可以以轴心点为基准来改变图层的大小（展开"缩放"属性的快捷键为S键）。普通二维图层的缩放属性由x轴和y轴两个参数组成（三维图层包括x轴、y轴和z轴3个参数）。在缩放图层时，可以开启图层缩放属性前面的"约束比例"按钮，这样可以进行等比例缩放操作。图3-10所示的是利用图层的缩放属性制作的权杖光芒动画。

图3-10

3.3.3 旋转属性

"旋转"属性是以轴心点为基准旋转图层（展开"旋转"属性的快捷键为R键）。普通二维图层的旋转属性由"圈数"和"度数"两个参数组成，如（1×+45°）就表示旋转了1圈又45°。图3-11所示的是利用"旋转"属性制作的武士手臂旋转动画。如果当前图层是三维图层，那么该图层有4个旋转属性，分别是"方向"（可同时设定x轴、y轴和z轴3个方向）、"X旋转"（仅调整x轴方向的旋转）、"Y旋转"（仅调整y轴方向的旋转）和"Z旋转"（仅调整z轴方向的旋转）。

图3-11

3.3.4 锚点属性

图层的轴心点坐标。图层的位置、旋转和缩放都是基于锚点来操作的，展开"锚点"属性的快捷键为A键。当进行位移、旋转或缩放操作时，选择不同位置的轴心点将得到完全不同的视觉效果。图3-12所示是将"锚点"位置设在树根部，然后通过设置"缩放"属性制作圣诞树生长动画。

图3-12

3.3.5 不透明度属性

"不透明度"属性是以百分比的方式，来调整图层的不透明度（展开"不透明度"属性的快捷键为T键）。图3-13所示是利用不透明度属性制作的渐变动画。

图3-13

技巧与提示

在一般情况下，按一次图层属性的快捷键每次只能显示一种属性。如果要显示多种属性，那么按住Shift键并按其他图层属性的快捷键，这样就可以显示出多个属性。

3.4 图层的基本操作

图层的基本操作包括改变图层的排列顺序、对齐和分布图层、设置图层时间以及分离、挤出和提取图层等。

3.4.1 改变图层的排列顺序

图层的排列顺序可以在"时间轴"面板中观察到。合成中最上面的图层显示在"时间轴"面板的最上层，然后依次为第2层、第3层……如果改变"时间轴"面板中的图层顺序，将改变合成的最终输出效果。

当改变调整图层的排列顺序时，位于调节层下面的所有图层的效果都将受到影响。在三维图层中，由于三维图层的渲染顺序是按照z轴的远近深度来进行渲染，所以在三维图层组中，即使改变这些图层在"时间轴"面板中的排列顺序，显示出来的最终效果还是不会改变的。

改变图层的排列顺序有以下两种方法。

第1种：在"合成"面板或"时间轴"面板中选择一个或多个图层，然后执行"图层>排列"菜单下的子命令，就可以调整图层的顺序，如图3-14所示。

图3-14

将图层置于顶层：可以将选择的图层调整到最上层，快捷键为Ctrl+Shift+]。

使图层前移一层：可以将选择的图层向上移动一层，快捷键为Ctrl+]。

使图层后移一层：可以将选择的图层向下移动一层，快捷键为Ctrl+[。

将图层置于底层：可以将选择的图层调整到最底层，快捷键为Ctrl+Shift+[。

第2种：在"时间轴"面板中选择需要改变顺序的图层，然后使用鼠标左键将其拖曳到相应的位置（这种方法是调整图层顺序最常用的方法），如图3-15所示。

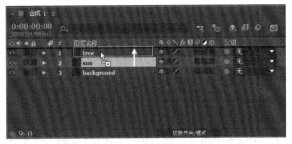

图3-15

3.4.2 在二维空间中对齐和分布图层

使用"对齐"面板可以对图层进行对齐和平均分布操作。执行"窗口>对齐"菜单命令，可以打开"对齐"面板，如图3-16所示。

图3-16

对图层进行对齐和分布操作的方法比较简单，选择需要对齐或平均分布的图层后，在"对齐"面板中单击需要使用的对齐和分布按钮即可。图3-17所示是将图层进行左边垂直对齐后的效果，图3-18所示是将图层平均分布后的效果。

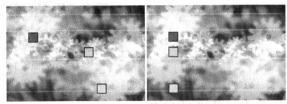

图3-17

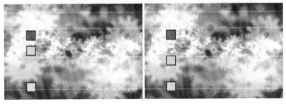

图3-18

技巧与提示

在进行对齐和分布图层操作时有一些问题需要注意。

第1点：在对齐图层时，至少需要选择两个图层；在平均分布图层时，至少需要选择3个图层。

第2点：如果选择右边对齐的方式来对齐图层，所有图层都将以位置靠在最右边的图层为基准进行对齐；如果选择左边对齐的方式来对齐图层，所有图层都将以位置靠在最左边的图层为基准来对齐图层。

第3点：如果选择平均分布方式来对齐图层，After Effects会自动找到位于最极端的上下或左右的图层来平均分布位于其间的图层。

第4点：被锁定的图层不能与其他图层进行对齐和分布操作。

第5点：文字的对齐方式不受"对齐"面板的影响。

3.4.3 序列图层的自动排列及应用

当使用"关键帧辅助"中的"序列图层"命令来自动排列图层的入点和出点时，在"时间轴"面板中依次选择作为序列图层的图层，然后执行"动画>关键帧辅助>序列图层"菜单命令，打开"序列图层"对话框，在该对话框中可以进行两种操作，如图3-19所示。

图3-19

重叠：设置图层否则交叠。

持续时间：主要用来设置层之间相互交叠的时间。

过渡：主要用来设置交叠部分的过渡方式。

使用"序列图层"命令后，图层会依次排列，如图3-20所示。

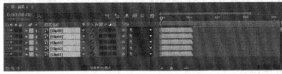

未使用【序列图层】命令的效果

使用【序列图层】命令的效果

图3-20

如果勾选"重叠"选项，序列图层的首尾将产生交叠现象，并且可以设置交叠时间和交叠之间的过渡是否产生淡入淡出效果，如图3-21所示。

图3-21

技巧与提示

选择的第1个图层是最先出现的图层，后面图层的排列顺序将按照该图层的顺序进行排列。另外，"持续时间"参数主要用来设置图层之间相互交叠的时间，"变换"参数主要用来设置交叠部分的过渡方式。

3.4.4 设置图层时间

设置图层时间的方法有很多种，可以使用时间设置栏对时间的出入点进行精确设置，也可以使用手动方式来对图层时间进行直观地操作，主要有以下两种方法。

第1种：在"时间轴"面板中的时间出入点栏的出入点数字上拖曳鼠标左键或单击这些数字，然后在打开的对话框中直接输入数值来改变图层的出入点时间，如图3-22所示。

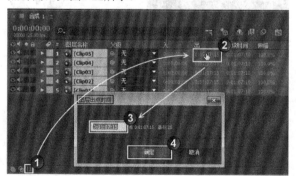

图3-22

第2种：在"时间轴"面板的图层时间栏中，通过在时间标尺上拖曳图层的出入点位置进行设置，如图3-23所示。

图3-23

技巧与提示

设置素材入点的快捷键为Alt+[，设置出点的快捷键为Alt+]。

3.4.5 拆分图层

拆分图层就是将一个图层在指定的时间处，拆分为多段图层。

选择需要分离或打断的图层，然后在"时间轴"面板中将当前时间指示滑块拖曳到需要分离的位置，如图3-24所示，接着执行"编辑>拆分图层"菜单命令或按快捷键Ctrl+Shift+D，这样就把图层在当前时间处分离开了，如图3-25所示。

图3-24

图3-25

3.4.6 提升/提取图层

在一段视频中，有时需要移除其中的某几个镜头，这时就需要使用到"提升"和"提取"命令。下面介绍"提升"和"提取"图层的操作方法。

首先，在"时间轴"面板中拖曳"时间标尺"，确定好工作区域，如图3-26所示。

图3-26

其次，选择需要提取和挤出的图层，然后执行"编辑>提升工作区域/提取工作区域"菜单命令进行相应的操作，如图3-27所示。

"提升"和"提取"命令都具备移除部分镜头的功能，但是它们也有一定的区别。

使用"提升"命令可以移除工作区域内被选择图层的帧画面，但是被选择图层所构成的总时间长度不变，中间会保留删除后的空隙，如图3-28所示。

图3-28

使用"提取"命令可以移除工作区域内被选择图层的帧画面，但是被选择图层所构成的总时间长度会缩短，同时图层会被剪切成两段，后段的入点将连接前段的出点，不会留下任何空隙，如图3-29所示。

图3-29

3.5 图层的混合模式

所谓图层混合就是将一个图层与其下面的图层进行混合，以产生特殊的效果，After Effects CC为用户提供了丰富的图层混合模式。混合模式不会影响到单独图层里的色相、亮度和饱和度，而只是将混合后的效果展示在视频预览窗口中。

在图层混合模式的下拉菜单中，按照混合的相似程度，各种混合模式被分为普通模式、变暗模式、变亮模式、叠加模式、差值模式、色彩模式、蒙版模式和共享模式8大类。

下面用两张素材来详细讲解After Effects CC的8类混合模式，一张作为混合图层的底图素材图层，如图3-30所示。另外一张Logo图案作为混合图层的源素材，如图3-31所示。

图3-30　　　　　图3-31

3.5.1 普通模式

包括"正常""溶解"和"动态抖动溶解"3种混合模式。在没有透明度影响的前提下，这种类型的混合模式产生的最终效果的颜色不会受底层像素颜色的影响，除非底层像素的不透明度小于源图层。

1.正常模式

"正常"模式是After Effects中的默认模式，当图层的不透明度为100%时，合成将根据Alpha通道正常显示当前图层，并且不受下一层的影响，如图3-32所示。当图层的不透明度小于100%时，当前图层的每个像素点的颜色将受到下一层的影响。

图3-32

2.溶解模式

当图层有羽化边缘或不透明度小于100%时，"溶解"模式才起作用。"溶解"模式是在上层选取部分像素，然后采用随机颗粒图案的方式用下层像素来取代，上层的不透明度越低，溶解效果越明显，如图3-33所示。

图3-33

技巧与提示

在图3-33中，事先将Logo图层的"不透明度"属性设置成了60%，否则"溶解"模式的效果不明显。

3.动态抖动溶解模式

"动态抖动溶解"模式和"溶解"模式的原理相似，只不过"动态抖动溶解"模式可以随时更新随机值，而"溶解"模式的颗粒随机值是不变的。

3.5.2 变暗模式

包括"变暗""相乘""颜色加深""经典颜色加深""线性加深"和"较深的颜色"6种混合模式。这种类型的混合模式都可以使图像的整体颜色变暗。

1.变暗模式

"变暗"模式是通过比较源图层和底图层的颜色亮度来保留较暗的颜色部分。比如一个全黑的图层和任何图层的"变暗"混合效果都是全黑的，而白色图层和任何颜色图层的"变暗"混合效果都是透明的，如图3-34所示。

图3-34

2.相乘模式

"相乘"模式是一种减色模式，它将基色与混合色相乘形成一种光线透过两张叠加在一起的幻灯片效果。任何颜色与黑色相乘都将产生黑色，与白色相乘将保持不变，而与中间的亮度颜色相乘可以得到一种更暗的效果，如图3-35所示。

图3-35

技巧与提示

"相乘"模式的相乘法产生的不是线性变暗效果，因为它是一种类似于抛物线变化的效果。

3.颜色加深模式

　　"颜色加深"模式是通过增加对比度来使颜色变暗（如果混合色为白色，则不产生变化），以反映混合色，如图3-36所示。

图3-36

4.经典颜色加深模式

　　"经典颜色加深"模式是通过增加对比度来使颜色变暗，以反映混合色，它要优于"颜色加深"模式，如图3-37所示。

图3-37

5.线性加深模式

　　"线性加深"模式是比较基色和混合色的颜色信息，通过降低基色的亮度来反映混合色。与"相乘"模式相比，"线性加深"模式可以产生一种更暗的效果，如图3-38所示。

图3-38

6.较深的颜色模式

　　"较深的颜色"模式与"变暗"模式的效果相似，不同的是该模式不对单独的颜色通道起作用，如图3-39所示。

图3-39

3.5.3 变亮模式

　　包括"相加""变亮""屏幕""颜色减淡""经典颜色减淡""线性减淡"和"较浅的颜色"7种混合模式。这种类型的混合模式都可以使图像的整体颜色变亮。

1.相加模式

　　"相加"模式是将上下层对应的像素进行加法运算，可以使画面变亮，如图3-40所示。

图3-40

技巧与提示

　　有时可以将黑色背景素材通过"相加"模式与背景进行叠加，这样可以去掉黑色背景，如图3-41所示。

图3-41

2.变亮模式

"变亮"模式与"变暗"模式相反,它可以查看每个通道中的颜色信息,并选择基色和混合色中较亮的颜色作为结果色(比混合色暗的像素将被替换掉,而比混合色亮的像素将保持不变),如图3-42所示。

图3-42

3.屏幕模式

"屏幕"模式是一种加色混合模式(与"相乘"模式相反),可以将混合色的互补色与基色相乘,以得到一种更亮的效果,如图3-43所示。

图3-43

4.颜色减淡模式

"颜色减淡"模式是通过减小对比度来使颜色变亮,以反映混合色(如果混合色为黑色则不产生变化),如图3-44所示。

图3-44

5.经典颜色减淡模式

"经典颜色减淡"模式是通过减小对比度来使颜色变亮,以反映混合色,其效果要优于"颜色减淡"模式,如图3-45所示。

图3-45

6.线性减淡模式

"线性减淡"模式可以查看每个通道的颜色信息,并通过增加亮度来使基色变亮,以反映混合色(如果与黑色混合,则不发生变化),如图3-46所示。

图3-46

7.较浅的颜色模式

"较浅的颜色"模式与"变亮"模式相似,略有区别的是该模式不对单独的颜色通道起作用,如图3-47所示。

图3-47

3.5.4 叠加模式

包括"叠加""柔光""强光""线性光""亮光""点光"和"纯色混合"7种叠加模式。在使用这种类型的混合模式时，都需要比较源图层颜色和底层颜色的亮度是否低于50%的灰度，然后根据不同的混合模式创建不同的混合效果。

1.叠加模式

"叠加"模式可以增强图像的颜色，并保留底层图像的高光和暗调，如图3-48所示。"叠加"模式对中间色调的影响比较明显，对于高亮度区域和暗调区域的影响不大。

图3-48

2.柔光模式

"柔光"模式可以使颜色变亮或变暗（具体效果要取决于混合色），这种效果与发散的聚光灯照在图像上很相似，如图3-49所示。

图3-49

3.强光模式

使用"强光"模式时，当前图层中比50%灰色亮的像素会使图像变亮，比50%灰色暗的像素会使图像变暗。这种模式产生的效果与耀眼的聚光灯照在图像上很相似，如图3-50所示。

图3-50

4.线性光模式

"线性光"模式可以通过减小或增大亮度来加深或减淡颜色，具体效果要取决于混合色，如图3-51所示。

图3-51

5.亮光模式

"亮光"模式可以通过增大或减小对比度来加深或减淡颜色，具体效果要取决于混合色，如图3-52所示。

图3-52

6.点光模式

"点光"模式可以替换图像的颜色。如果当前图层中的像素比50%灰色亮，则替换暗的像素；如果当前图层中的像素比50%灰色暗，则替换亮的像素，这在为图像中添加特效时非常有用，如图3-53所示。

图3-53

7.纯色混合模式

在使用"纯色混合"模式时，如果当前图层中的像素比50%灰色亮，会使底层图像变亮；如果当前图层中的像素比50%灰色暗，则会使底层图像变暗。这种模式通常会使图像产生色调分离的效果，如图3-54所示。

图3-54

3.5.5 差值模式

包括"差值""经典差值""排除""相减"和"相除"5种混合模式。这种类型的混合模式都是基于源图层和底层的颜色值来产生差异效果。

1.差值模式

"差值"模式可以从基色中减去混合色或从混合色中减去基色，具体情况要取决于哪个颜色的亮度值更高，如图3-55所示。

图3-55

2.经典差值模式

"经典差值"模式可以从基色中减去混合色或从混合色中减去基色，其效果要优于"经典差值"模式，如图3-56所示。

图3-56

3.排除模式

"排除"模式与"差值"模式比较相似，但是该模式可以创建出对比度更低的混合效果，如图3-57所示。

图3-57

4.相减模式

从基础颜色中减去源颜色，如果源颜色是黑色，则结果颜色是基础颜色，如图3-58所示。

图3-58

5.相除模式

基础颜色除以源颜色，如果源颜色是白色，则结果颜色是基础颜色，如图3-59所示。

图3-59

3.5.6 色彩模式

包括"色相""饱和度""颜色"和"发光度"4种混合模式。这种类型的混合模式会改变底层颜色的一个或多个色相、饱和度和明度值。

1.色相模式

"色相"模式可以将当前图层的色相应用到底层图像的亮度和饱和度中，可以改变底层图像的色相，但不会影响其亮度和饱和度。对于黑色、白色和灰色区域，该模式将不起作用，如图3-60所示。

图3-60

2.饱和度模式

"饱和度"模式可以将当前图层的饱和度应用到底层图像的亮度和饱和度中，可以改变底层图像的饱和度，但不会影响其亮度和色相，如图3-61所示。

图3-61

3.颜色模式

"颜色"模式可以将当前图层的色相与饱和度应用到底层图像中，但保持底层图像的亮度不变，如图3-62所示。

图3-62

4.发光度模式

"发光度"模式可以将当前图层的亮度应用到底层图像的颜色中，可以改变底层图像的亮度，但不会对其色相与饱和度产生影响，如图3-63所示。

图3-63

3.5.7 蒙版模式

包括"模板Alpha""模板亮度""轮廓Alpha"和"轮廓亮度"4种混合模式。这种类型的混合模式可以将源图层转化为底层的一个蒙版。

1.模板Alpha模式

"模板Alpha"模式可以穿过"模板Alpha"层的Alpha通道来显示多个图层，如图3-64所示。

图3-64

2.模板亮度模式

"模板亮度"模式可以穿过"模板亮度"层的像素亮度来显示多个图层，如图3-65所示。

图3-65

3.轮廓Alpha模式

"轮廓Alpha"模式可以通过源图层的Alpha通道来影响底层图像，使受影响的区域被剪切掉，如图3-66所示。

图3-66

4.轮廓亮度模式

"轮廓亮度"模式可以通过源图层上的像素亮度来影响底层图像，使受影响的像素被部分剪切或被全部剪切掉，如图3-67所示。

图3-67

3.5.8 共享模式

包括"Alpha添加"和"冷光预乘"两种混合模式。这种类型的混合模式都可以使底层与源图层的Alpha通道或透明区域像素产生相互作用。

1.Alpha添加模式

"Alpha添加"模式可以使底层与源图层的Alpha通道共同建立一个无痕迹的透明区域，如图3-68所示。

图3-68

2.冷光预乘模式

"冷光预乘"模式可以使源图层的透明区域像素与底层相互产生作用，可以使边缘产生透镜和光亮效果，如图3-69所示。

图3-69

3.6 父子图层

当移动一个图层时，如果要使其他的图层也跟随该图层发生相应的变化，可以将该图层设置为"父级"图层，如图3-70所示。当为父图层设置"变换"属性时（"不透明度"属性除外），子图层也会相对于父图层产生变化。之所以是发生相对变化，是因为父图层的变换属性会导致所有子图层发生联动变化，但是子图层的变换属性不会对父图层产生任何影响。

图3-70

技巧与提示

一个父图层可以同时拥有多个子图层，但是一个子图层只能有一个父图层。在三维空间中，图层的运动通常会使用一个空对象图层来作为一个三维图层组的父图层，利用这个空图层可以对三维图层组应用变换属性。

课堂案例

制作图层属性动画

案例位置　案例文件>第3章>课堂案例——制作图层属性动画.aep
素材位置　素材>第3章>课堂案例——制作图层属性动画
难易指数　★★★☆☆
学习目标　学习使用图层属性制作位移动画

图层属性动画效果如图3-71所示。

图3-71

01 启动After Effects CC，在"项目"面板中按快捷键Ctrl+N新建一个合成，然后设置"合成名称"为"背景"、"宽度"为1440 px、"高度"为576 px、"持续时间"为8秒，接着单击"确定"按钮，如图3-72所示。

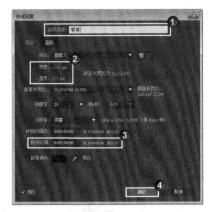

图3-72

02 按快捷键Ctrl+Y新建一个纯色图层，然后设置"名称"为"底色"，接着单击"制作合成大小"按钮，再设置"颜色"为（R:187，G:187，B:187），最后单击"确定"按钮，如图3-73所示。

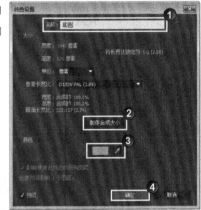

图3-73

03 按快捷键Ctrl+Y新建一个纯色图层，然后设置"名称"为"顶栏"、"宽度"为840像素、"高度"为80像素，接着设置"颜色"为（R:255，G:0，B:0），最后单击"确定"按钮，如图3-74所示。

图3-74

04 在"时间轴"面板中单击"顶栏"纯色图层色彩标签前面的▶按钮，展开图层变换属性，然后设置"位置"为（420，40），如图3-75所示。

图3-75

05 设置"位置"属性的关键帧动画。在第0帧处激活"位置"的关键帧，在第4秒处设置"位置"为（720，4），在第7秒24帧处设置"位置"为（1020，40），如图3-76所示。

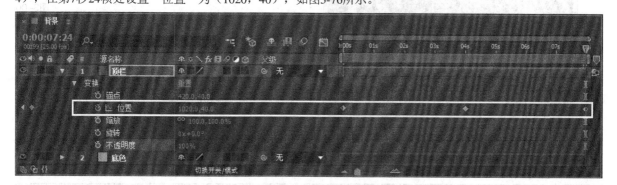

图3-76

06 设置"不透明度"属性的关键帧动画。在第0帧处激活"不透明度"的关键帧，在第4秒处设置"不透明度"为40%，在第7秒24帧处设置"不透明度"为100%，如图3-77所示。

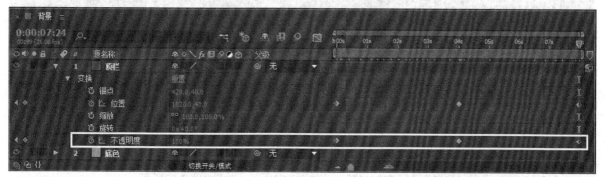

图3-77

07 播放动画，可以看到"顶栏"图层在水平方向上的移动以及透明度变化的动画，如图3-78所示。

图3-78

08 按快捷键Ctrl+Y新建一个纯色图层，然后设置"名称"为"滑块"、"宽度"为80像素、"高度"为80像素，接着设置"颜色"为（R:0，G:0，B:255），最后单击"确定"按钮，如图3-79所示。

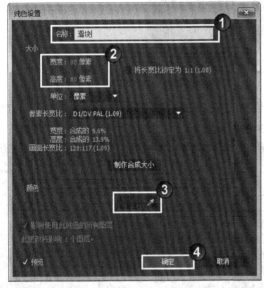

图3-79

09 复制一个"顶栏"图层，然后重命名为"底栏"，接着在"时间轴"面板中调整图层的位置，如图3-80所示。

图3-80

10 设置"底栏"的"位置"属性的关键帧动画。在第0帧处设置"位置"为（1020，536），并激活关键帧，在第4秒处设置"位置"为（720，536），在第7秒24帧处设置"位置"为（420，536），如图3-81所示。

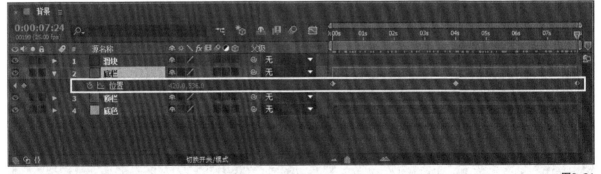

图3-81

11 设置选择"滑块"的"位置"属性的关键帧动画。在第0帧处设置"位置"为（720，150），并激活关键帧，在第7秒24帧处设置"位置"为（720，450），如图3-82所示，效果如图3-83所示。

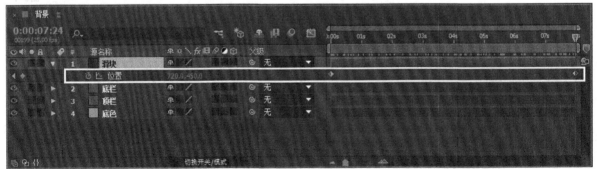

图3-82

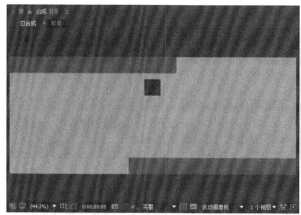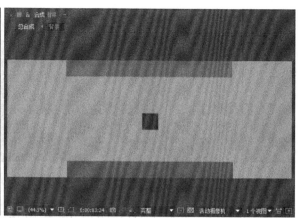

图3-83

⑫ 新建一个合成，然后设置"合成名称"为"总合成"、"预设"为PAL D1/DV、"持续时间"为8秒，最后单击"确定"按钮，如图3-84所示。

⑬ 将"背景"合成从"项目"面板中拖曳到"总合成"的"时间轴"面板中，然后设置"缩放"为（50，50%），如图3-85所示。

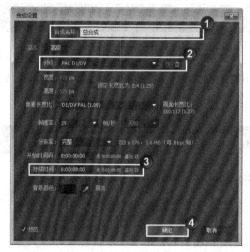

图3-84

图3-85

技巧与提示

位移动画属于最基本的动画，其制作方法都大同小异，在影视包装中经常会使用到位移动画。

⑭ 渲染并输出动画，最终效果如图3-86所示。

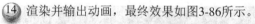

图3-86

课堂练习

制作图层变换动画

案例位置	案例文件>第3章>课堂练习——制作图层变换动画.aep
素材位置	素材>第3章>课堂练习——制作图层变换动画
难易指数	★★★☆☆
学习目标	学习设置图层的混合模式以及设置关键帧的方法等

图层变换动画效果如图3-87所示。

图3-87

操作提示

第1步：打开"素材>第3章>课堂练习——制作图层变换动画>课堂练习——制作图层变换动画_I.aep"项目合成。

第2步：调整图层的混合模式。

第3步：设置关键帧动画。

3.7 本章小结

本章主要介绍了图层的应用，包括图层的种类、图层的创建方法、图层的属性参数设置、图层的基本操作、图层的混合模式以及父子图层的概念。对于这些常用的知识，读者必须熟练掌握并能够运用自如，为后面的学习打下坚实的基础。

3.8 课后习题

本节安排了一个图层的闪烁动画来作为对本章内容的回顾和总结，希望读者能够认真完成习题。

案例位置	案例文件>第3章>课后习题——制作图层闪烁动画.aep
素材位置	素材>第3章>课后习题——制作图层闪烁动画
难易指数	★★★☆☆
练习目标	练习调整图层不透明度的方法

图层闪烁动画效果如图3-88所示。

图3-88

操作提示

第1步：打开"素材>第3章>课后习题——制作图层闪烁动画>课后习题——制作图层闪烁动画_I.aep"项目合成。

第2步：设置图层的不透明度以及关键帧动画。

第4章

关键帧与动画图表编辑器

在After Effects中，使用After Effects的表达式技术可以制作动画，但最主要的还是使用关键帧技术配合动画图表编辑器来完成动画的制作。

课堂学习目标

了解关键帧的概念

掌握激活关键帧的方法

了解关键帧导航器

掌握选择和编辑关键帧的方法

掌握插值方法

了解"图表编辑器"的使用方法

4.1 关键帧的概念

关键帧的概念来源于传统的卡通动画。在早期的迪斯尼工作室中，动画设计师负责设计卡通片中的关键帧画面（即关键帧），如图4-1所示，然后由动画师助理来完成中间帧的制作，如图4-2所示。

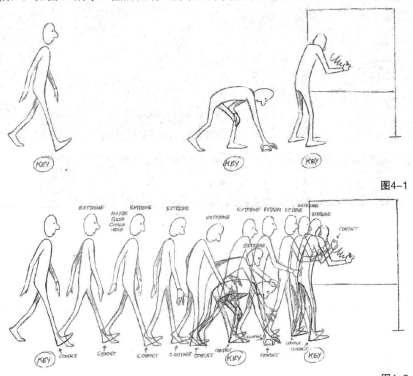

图4-1

图4-2

在计算机动画中，中间帧可以由计算机来完成，插值代替了设计中间帧的动画师，所有影响画面图像的参数都可以成为关键帧的参数。After Effects可以依据前后两个关键帧来识别动画的起始和结束状态，并自动计算中间的动画过程来产生视觉动画，如图4-3所示。

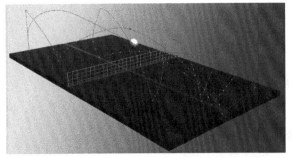

图4-3

在After Effects的关键帧动画中，至少需要两个关键帧才能产生作用。第1个关键帧表示动画的初始状态，第2个关键帧表示动画的结束状态，而中间的

动态则由计算机通过插值计算得出。在图4-4所示的钟摆动画中，1是初始状态，9是结束状态，中间的2~8是通过计算机插值来生成的中间动画状态。

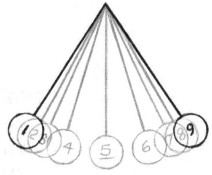

图4-4

技巧与提示

在After Effects中，还可以通过表达式来制作动画。表达式动画是通过程序语言来实现动画，它也可以结合关键帧来制作动画，也可以完全脱离关键帧，由程序语言来全力控制动画的过程。

4.2 激活关键帧

在After Effects中，每个可以制作动画的图层参数前面都有一个"时间变化秒表"按钮，单击该按钮，使其呈凹陷状态，就可以开始制作关键帧动画了。一旦激活"时间变化秒表"按钮，在"时间轴"面板中的任何时间进程都将产生新的关键帧；关闭"时间变化秒表"按钮后，所有设置的关键帧属性都将消失，参数设置将保持当前时间的参数值，图4-5所示分别是激活与未激活的"时间变化秒表"按钮。

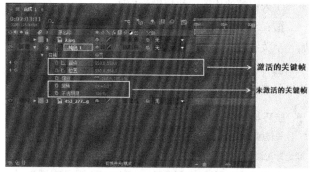

图4-5

常用的生成关键帧的方法主要有2种，一种是激活"时间变化秒表"按钮，如图4-6所示；另一种是制作动画曲线关键帧，如图4-7所示。

图4-6

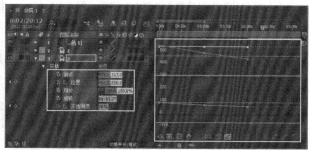

图4-7

4.3 关键帧导航器

当为图层参数设置了第1个关键帧时，After Effects会显示出关键帧导航器，通过导航器可以方便地从一个关键帧快速跳转到上一个或下一个关键帧，如图4-8所示，也可以通过关键帧导航器来设置和删除关键帧，如图4-9所示。

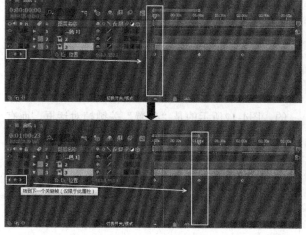

图4-8

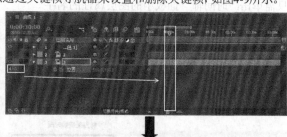

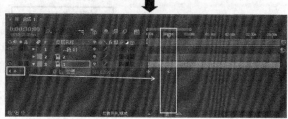

图4-9

转到上一个关键帧◀：单击该按钮可以跳转到上一个关键帧的位置，快捷键为J键。

转到下一个关键帧▶：单击该按钮可以跳转到下一个关键帧的位置，快捷键为K键。

◇：表示当前没有关键帧，单击该按钮可以添加一个关键帧。

◆：表示当前存在关键帧，单击该按钮可以删除当前选择的关键帧。

技巧与提示

关键帧导航器是针对当前属性的关键帧导航，而J键和K键是针对画面上展示的所有关键帧进行导航。

在"时间轴"面板中选择图层，然后按U键可以展开该图层中的所有关键帧属性，再次按U键将取消关键帧属性的显示。

如果在按住Shift键的同时移动当前的时间指针，那么时间指针将自动吸附对齐到关键帧上。同理，如果在按住Shift键的同时移动关键帧，那么关键帧将自动吸附对齐当前时间指针处。

4.4 选择关键帧

在选择关键帧时，主要有以下5种情况。

第1种：如果要选取单个关键帧，只需要单击关键帧即可。

第2种：如果要选择多个关键帧，可以在按住Shift键的同时连续单击需要选择的关键帧，或是按住鼠标左键拉出一个选框，就能选择选框区域内的关键帧。

第3种：如果要选择图层属性中的所有关键帧，只需单击"时间轴"面板中的图层属性的名字。

第4种：如果要选择一个图层中的属性里面数值相同的关键帧，只需要在其中一个关键帧上单击鼠标右键，然后选择"选择相同关键帧"命令即可，如图4-10所示。

图4-10

第5种：如果要选择某个关键帧之前或之后的所有关键帧，只需要在该关键帧上单击鼠标右键，然后选择"选择前面的关键帧"命令或"选择跟随关键帧"命令即可，如图4-11所示。

图4-11

4.5 编辑关键帧

在设置关键帧动画时，会有很多设置技巧，让用户高效、快速地完成项目，也可以让用户制作出复杂、酷炫的特技效果。

4.5.1 设置关键帧数值

如果要调整关键帧的数值，可以在当前关键帧上双击，然后在打开的对话框中调整相应的数值即可，如图4-12所示。另外，在当前关键帧上单击鼠标右键，在打开的菜单中选择"编辑值"命令，也可以调整关键帧的数值。

图4-12

不同图层属性的关键帧编辑对话框是不相同的，图4-12所示的是"位置"关键帧对话框，而有些关键帧没有关键帧对话框（如一些复选项关键帧或下拉列表关键帧）。

对于涉及空间的一些图层参数的关键帧，可以使用"钢笔工具"进行调整，具体操作步骤如下。

第1步：在"时间轴"面板中选择需要调整的图层参数。

第2步：在"工具"面板中单击"钢笔工具"按钮。

第3步：在"合成"面板或"图层"窗口中使用"钢笔工具"添加关键帧，以改变关键帧的插值方式。如果结合Ctrl键，还可以移动关键帧的空间位置，如图4-13所示。

图4-13

4.5.2 移动关键帧

选择关键帧后，按住鼠标左键的同时拖曳关键帧，就可以移动关键帧的位置。如果选择的是多个关键帧，在移动关键帧后，这些关键帧之间的相对位置将保持不变。

4.5.3 对一组关键帧进行时间整体缩放

同时选择3个以上的关键帧，在按住Alt键的同时使用鼠标左键拖曳第1个或最后1个关键帧，可以对这组关键帧进行整体时间缩放。

4.5.4 复制和粘贴关键帧

可以将不同图层中的相同属性或不同属性（但是需要具备相同的数据类型）关键帧进行复制和粘贴操作，可以进行互相复制的图层属性包括以下4种。

第1种：具有相同维度的图层属性，比如"不透明度"和"旋转"属性。

第2种：效果的角度控制属性和具有滑块控制的图层属性。

第3种：效果的颜色属性。

第4种：蒙版属性和图层的空间属性。

一次只能从一个图层属性中复制关键帧，把关键帧粘贴到目标图层的属性中时，被复制的第1个关键帧出现在目标图层属性的当前时间中。而其他关键帧将以被复制的顺序依次进行排列，粘贴后的关键帧继续处于被选择状态，以方便继续对其进行编辑。复制和粘贴关键帧的步骤如下。

第1步：在"时间轴"面板中展开需要复制的关键帧属性。

第2步：选择单个或多个关键帧。

第3步：执行"编辑>复制"菜单命令或按快捷键Ctrl+C复制关键帧。

第4步：在"时间轴"面板中展开需要粘贴关键帧的目标图层的属性，然后将时间滑块拖曳到需要粘贴的时间处。

第5步：选中目标属性，然后执行"编辑>粘贴"菜单命令或按快捷键Ctrl+V粘贴关键帧。

技巧与提示

如果复制相同属性的关键帧，只需要选择目标图层就可以粘贴关键帧；如果复制的是不同属性的关键帧，需要选择目标图层的目标属性才能粘贴关键帧。特别注意，如果粘贴的关键帧与目标图层上的关键帧在同一时间和位置，将覆盖目标图层上原有的关键帧。

4.5.5 删除关键帧

删除关键帧的方法主要有以下4种。

第1种：选中一个或多个关键帧，然后执行"编辑>清除"菜单命令。

第2种：选中一个或多个关键帧，然后按Delete键执行删除操作。

第3种：当时间指针对齐当前关键帧时，单击"时间变化秒表"按钮可以删除当前关键帧。

第4种：如果需要删除某个属性中的所有关键帧，只需要选中属性名称（这样就可以选中该属性中的所有关键帧），然后按Delete键或单击"时间变化秒表"按钮即可。

4.6 插值方法

插值就是在两个预知的数据之间以一定方式插入未知数据的过程，在数字视频制作中就意味着在两个关键帧之间插入新的数值，使用插值方法可以制作出更加自然的动画效果。

常见的插值方法有两种，分别是"线性"插值和"贝塞尔"插值。"线性"插值就是在关键帧之间对数据进行平均分配；"贝塞尔"插值是基于贝塞尔曲线的形状，来改变数值变化的速度。

如果要改变关键帧的插值方式，可以选择需要调整的一个或多个关键帧，然后执行"动画>关键帧插值"菜单命令，在"关键帧插值"对话框中可以进行详细设置，如图4-14所示。

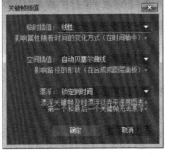

图4-14

从"关键帧插值"对话框中可以看到调节关键帧的插值有3种运算方法。

第1种："临时插值"运算方法可以用来调整与时间相关的属性、控制进入关键帧和离开关键帧时的速度变化，同时也可以实现匀速运动、加速运动和突变运动等。

第2种："空间插值"运算方法仅对"位置"属性起作用，主要用来控制空间运动路径。

第3种："漂浮"运算方法对漂浮关键帧及时漂浮以弄平速度图表，第一个和最后一个关键帧无法漂浮。

4.6.1 时间关键帧

时间关键帧可以对关键帧的进出方式进行设置，从而改变动画的状态，不同的进出方式在关键帧的外观上表现出来也是不一样的。当为关键帧设置不同的出入插值方式时，关键帧的外观也会发生变化，如图4-15所示。

图4-15

A：表现为线性的匀速变化，如图4-16所示。

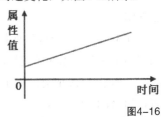

图4-16

B：表现为线性匀速方式进入，平滑到出点时为一个固定数值。

C：自动缓冲速度变化，同时可以影响关键帧的出入速度变化，如图4-17所示。

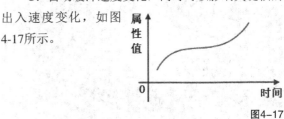

图4-17

D：进出的速度以贝塞尔方式表现出来。

E：入点采用线性方式，出点采用贝塞尔方式，如图4-18所示。

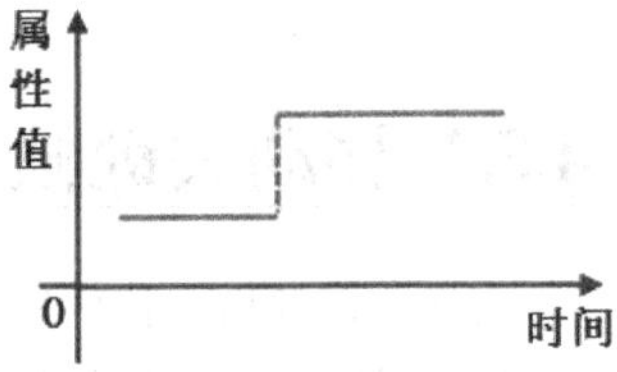

图4-18

4.6.2 空间关键帧

当对一个图层应用了"位置"动画时，可以在"合成"面板中对这些位移动画的关键帧进行调节，以改变它们的运动路径的插值方式。常见的运动路径的插值方式有以下几种，如图4-19所示。

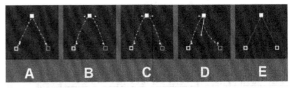

图4-19

A：关键帧之间表现为直线的运动状态。

B：运动路径为光滑的曲线。

C：这是形成位置关键帧的默认方式。

D：可以完全自由地控制关键帧两边的手柄，这样可以更加随意地调节运动方式。

E：运动位置的变化以突变的形式直接从一个位置消失，然后出现在另一个位置上。

4.6.3 自由平滑关键帧

漂浮关键帧主要用来平滑动画。有时关键帧之间的变化比较大，关键帧与关键帧之间的衔接也不自然，这时就可以使用漂浮对关键帧进行优化，如图4-20所示。可以在"时间轴"面板中选择关键帧，然后单击鼠标右键，接着在打开的菜单中选择"漂浮穿梭时间"命令。

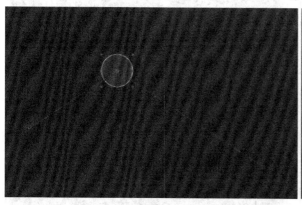 

图4-20

4.7 动画图表编辑器

无论是时间关键帧还是空间关键帧，都可以使用动画"图表编辑器"来进行精确调整。使用动画关键帧除了可以调整关键帧的数值外，还可以调整关键帧动画的出入方式。

选择图层中应用了关键帧的属性名，然后单击"时间轴"面板中的"图表编辑器"按钮，打开图表编辑器，如图4-21所示。

图4-21

：单击该按钮可以选择需要显示的属性和曲线。

显示选择的属性：显示被选择属性的运动属性。

显示动画属性：显示所有包含动画信息属性的运动曲线。

显示图表编辑器集：同时显示属性变化曲线和速度变化曲线。

：浏览指定的动画曲线类型的各个菜单选项

和是否显示其他附加信息的各个菜单选项。

自动选择图表类型：选择该选项时，可以自动选择曲线的类型。

编辑值图表：选择该选项时，可以编辑属性变化曲线。

编辑速度图表：选择该选项时，可以编辑速度变化曲线。

显示参考图表：选择该选项时，可以同时显示属性变化曲线和速度变化曲线。

显示音频波形：选择该选项时，可以显示出音频的波形效果。

显示图层的入点/出点：选择该选项时，可以显示出图层的入点/出点标志。

显示图层标记：选择该选项时，可以显示出图层的标记点。

显示图表工具技巧：选择该选项时，可以显示出曲线工具的提示。

显示表达式编辑器：选择该选项时，可以显示出表达式编辑器。

：当激活该按钮后，在选择多个关键帧时可以形成一个编辑框。

：当激活该按钮后，可以在编辑时使关键帧与出入点、标记、当前指针及其他关键帧等进行自动吸附对齐等操作。

/ / ：调整"图表编辑器"的视图工具，依次为"自动缩放图表高度""使选择适于查看"和"使所有图表适于查看"。

：单独维度按钮，在调节"位置"属性的动画曲线时，单击该按钮可以分别单独调节位置属性各个维度的动画曲线，这样就能获得更加自然平滑的位移动画效果。

：从其下拉菜单选项中选择相应的命令，可以编辑选择的关键帧。

/ / ：关键帧插值方式设置按钮，依次为"将选择的关键帧转换为定格""将选择的关键帧转换为线性"和"将选择的关键帧转换为自动贝塞尔曲线"。

/ / ：关键帧助手设置按钮，依次为"缓动""缓入"和"缓出"。

4.8 变速剪辑

在After Effects中，可以很方便地对素材进行变速剪辑操作。在"图层>时间"菜单下提供了4个对时间进行变速的命令，如图4-22所示。

启用时间重映射	Ctrl+Alt+T
时间反向图层	Ctrl+Alt+R
时间伸缩(C)...	
冻结帧	

图4-22

启用时间重映射： 这个命令的功能非常强大，它差不多包含下面3个命令的所有功能。

时间反向图层： 对素材进行回放操作。

时间伸缩： 对素材进行均匀变速操作。

冻结帧： 对素材进行定帧操作。

▒ 课堂案例

落日动画

案例位置	案例文件>第4章>课堂案例——落日动画.aep
素材位置	素材>第4章>课堂案例——落日动画
难易指数	★★★☆☆
学习目标	学习编辑关键帧的方法

落日动画效果如图4-23所示。

图4-23

① 新建合成，然后设置"预设"为PAL D1/DV、"持续时间"为5秒，接着单击"确定"按钮，如图4-24所示。

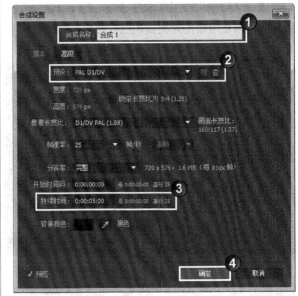

图4-24

② 导入下载资源中的"素材>第4章>课堂案例——落日动画/009.jpg"文件，然后将该文件拖曳至"时间轴"面板中，如图4-25所示，接着设置"缩放"为（55，55%），如图4-26所示。

图4-25

图4-26

③ 新建一个纯色图层，然后设置"名称"为"落日"、"颜色"为（R:233，G:63，B:0），接着单击"确定"按钮，如图4-27所示。

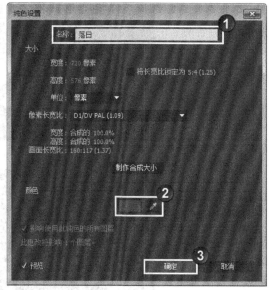

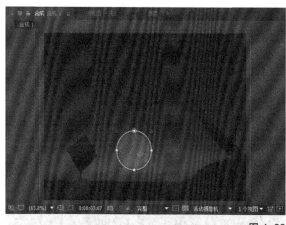

图4-28

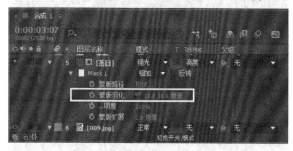

图4-27

图4-29

04 单击"工具"面板中的"椭圆工具"按钮 ，然后按住Shift键的同时在"落日"纯色图层中绘制一个圆形蒙版，如图4-28所示，接着设置"蒙版羽化"为（18，18），如图4-29所示。

05 选择"落日"图层，然后在第0帧处设置"位置"为（340.6，247.0），并激活该属性的关键帧，再在第4秒24帧处设置"位置"为（340.6，602），如图4-30所示，效果如图4-31所示。

图4-30

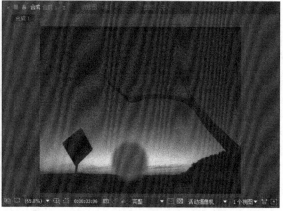

图4-31

⑥ 选择"落日"图层，然后设置其混合模式为"强光"，如图4-32所示，接着选择009.jpg图层，按快捷键Ctrl+D进行复制，再将新图层重命名为"蒙版"，最后将"蒙版"图层移动至顶层，如图4-33所示。

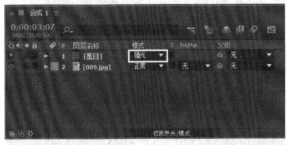

图4-32

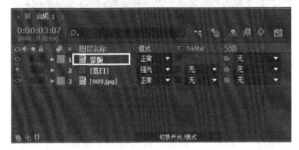

图4-33

技巧与提示

在"项目"面板中选择素材、合成或图层，然后按Enter键激活输入框，即可修改选择对象的名称。

⑦ 选择"蒙版"图层，然后执行"效果>颜色校正>色阶"菜单命令，接着在"效果控件"面板中设置"输入黑色"为28、"输入白色"为46，如图4-34所示，效果如图4-35所示。

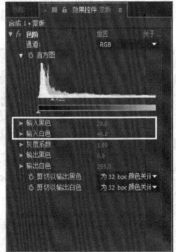

图4-34

图4-35

⑧ 选择"蒙版"图层，然后执行"效果>模糊和锐化>高斯模糊"菜单命令，接着在"效果控件"面板中设置"模糊度"为2，如图4-36所示。

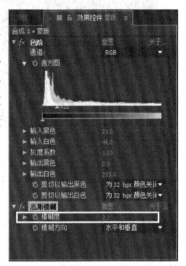

图4-36

⑨ 选择"落日"图层，然后设置"落日"图层的"跟踪遮罩"为"亮度遮罩'蒙版'"，如图4-37所示，效果如图4-38所示。

图4-37

图4-38

⑩ 选择"蒙版"图层，然后按快捷键Ctrl+D复制该图层，接着新建一个纯色图层，设置其颜色为黑色，最后单击"确定"按钮，如图4-39所示。

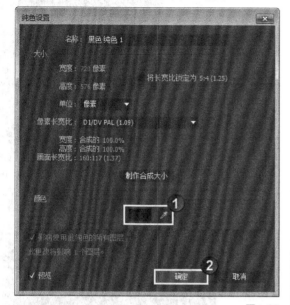

图4-39

⑪ 将复制出来的"蒙版2"图层移至顶层，然后设置黑色纯色图层的"跟踪遮罩"为"亮度反转遮罩'蒙版2'"，如图4-40所示，效果如图4-41所示。

图4-40

图4-41

⑫ 选择"黑色 纯色 1"图层，然后单击"工具"面板中的"矩形工具"按钮▣，接着绘制图4-42所示的蒙版。

图4-42

⑬ 选择"落日"图层，然后按P键展开"位置"属性，接着双击第0帧处的关键帧，在打开的"位置"对话框中设置Y为247像素，如图4-43所示。

图4-43

⑭ 选择"落日"图层，将第4秒24帧处的"位置"关键帧拖曳到第3秒24帧处，然后在第4秒24帧处设置"位置"为（340.6，602），如图4-44所示。

图4-44

⑮ 执行"图层>新建>调整图层"菜单命令创建一个调整图层，然后选择该图层执行"效果>颜色校正>曲线"菜单命令，接着在"效果控件"面板中激活"曲线"属性的关键帧，如图4-45所示。

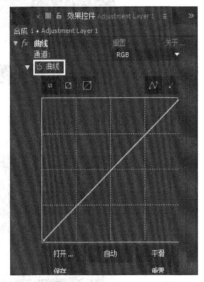

图4-45

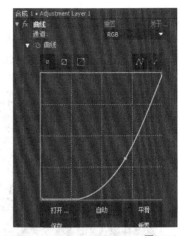

图4-46

⑯ 在第4秒24帧处调整曲线的形状，如图4-46所示，使整体画面亮度降低，效果如图4-47所示。

图4-47

⑰ 选择"009.jpg"图层，然后在第0帧处激活"不透明度"属性的关键帧，在第4秒24帧处设置"不透明度"为20%，如图4-48所示。

图4-48

⑱ 预览动画，最终效果如图4-49所示。

图4-49

球体运动动画

案例位置	案例文件>第4章>课堂案例——球体运动动画.aep
素材位置	素材>第4章>课堂案例——球体运动动画
难易指数	★★★☆☆
学习目标	学习通过改变关键帧插值的方法调整运动状态

球体运动动画效果如图4-50所示。

图4-50

01 新建合成，然后设置"预设"为PAL D1/DV、"持续时间"为10秒，接着单击"确定"按钮，如图4-51所示。

图4-51

02 新建一个纯色图层，然后设置"颜色"为白色，接着单击"确定"按钮，如图4-52所示。

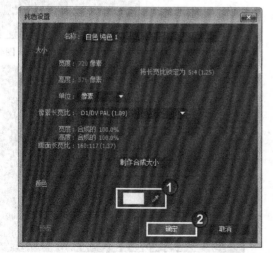

图4-52

03 在"时间轴"面板中激活纯色图层的"3D图层"功能，如图4-53所示，然后展开纯色图层的变换属性，设置"位置"为（360，511，0）、"方向"为（90°，0°，0°），接着取消"缩放"属性的"约束比例"功能 ，并设置"缩放"为（160，360，100%），如图4-54所示，效果如图4-55所示。

图4-53

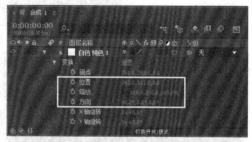

图4-54

图4-55

04 选择白色纯色图层，然后执行"效果>模糊和锐化>高斯模糊"菜单命令，接着在"效果控件"面板中设置"模糊度"为200、"模糊方向"为"水平"，如图4-56所示。

图4-56

05 选择白色纯色图层，然后执行"效果>过渡>线性擦除"菜单命令，接着在"效果控件"面板中设置"过渡完成"为25%、"擦除角度"为"0°"、"羽化"为200，如图4-57所示，效果如图4-58所示。

图4-57

图4-58

06 选择纯色图层，然后将其重命名为"地面"，如图4-59所示。

图4-59

07 新建一个纯色图层，然后设置"名称"为"球"、"颜色"为（R:0，G:0，B:255），接着单击"确定"按钮，如图4-60所示。

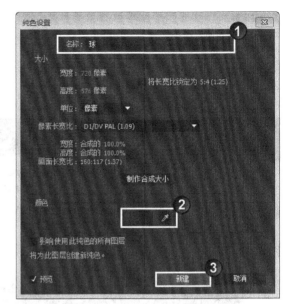

图4-60

08 选择"球"图层，然后执行"效果>透视>CC Sphere"菜单命令，接着在"效果控件"面板中设置Radius（半径）为100，如图4-61所示，效果如图4-62所示。

图4-61

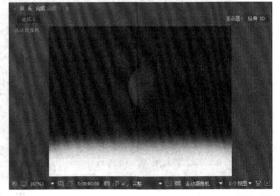

图4-62

⑨ 选择"球"图层，激活该图层的"3D图层"功能，然后在第0帧处设置"位置"为（394，225.9，167），并激活该属性的关键帧，接着在第1秒处设置"位置"为（394，404.8，167），效果如图4-63所示。

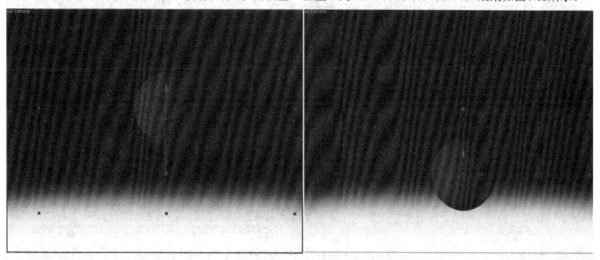

图4-63

⑩ 选择"球"图层的关键帧，然后按快捷键Ctrl+C进行复制，接着在第2秒处按快捷键Ctrl+V进行粘贴，最后在第4秒处进行粘贴，如图4-64所示。

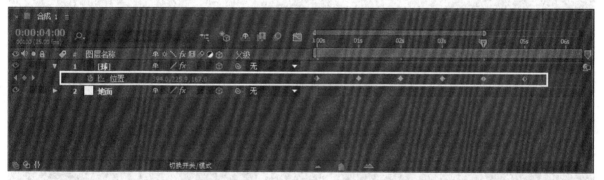

图4-64

⑪ 选择"球"图层的第1个关键帧，然后单击鼠标右键，在打开的菜单中选择"关键帧辅助>缓出"命令，接着选择第3个和第5个关键帧，并单击鼠标右键，在打开的菜单中选择"关键帧辅助>缓动"命令，如图4-65所示。

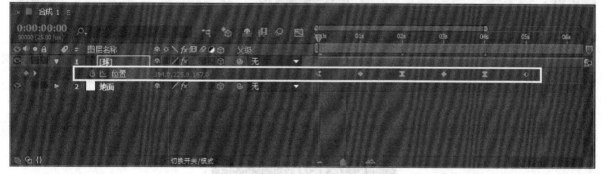

图4-65

⑫ 选择第5个和第6个关键帧，然后按快捷键Ctrl+C进行复制，接着分别在第6秒、第8秒和第9秒24帧处进行粘贴，如图4-66所示。

图4-66

⑬ 选择第5个关键帧，然后单击鼠标右键，在打开的菜单中选择"切换定格关键帧"命令，接着删除第6个关键帧，如图4-67所示，效果如图4-68所示。

图4-67

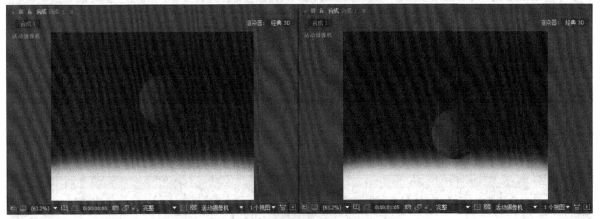

图4-68

⑭ 使用同样的方法制作出其余两个球的动画，如图4-69所示。

图4-69

⑮ 执行"图层>新建>摄像机"菜单命令创建一个摄像机图层，然后在第4秒处设置该图层的"位置"为
（1186，232，-1030.4），并激活该属性的关键帧，接着在第5秒处设置"位置"为（26，183，-1326.4），在
第6秒处设置"位置"为（-1222，134，-1062.4），如图4-70所示。

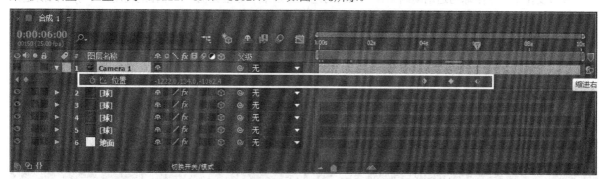

图4-70

⑯ 预览动画，最终效果如图4-71所示。

图4-71

🎬 课堂练习

运动路径动画

案例位置	案例文件>第4章>课堂练习——运动路径动画.aep
素材位置	素材>第4章>课堂练习——运动路径动画
难易指数	★★★☆☆
学习目标	学习编辑运动路径形状的方法

运动路径动画效果如图4-72所示。

图4-72

操作提示

第1步：打开"素材>第4章>课堂练习——运动路径动画>课堂练习——运动路径动画_I.aep"项目合成。

第2步：为摄像机设置摇镜头动画。

4.9 本章小结

本章主要讲解了关键帧和动画图表编辑器的相关知识，包括插值方法和变速剪辑等。在After Effects中，关键帧的作用是非常强大的，如果能够做到举一反三、灵活运用，那么制作出的动画视频将极富表现力。

4.10 课后习题

本节安排了一个小球的运动动画来作为课后习题，与本章"课堂案例——球体运动动画"所不同的是，本案例需要通过调整运动曲线（包括数值曲线和速度曲线）的形状来改变运动状态，最终由简单的关键帧实现复杂的动画效果。

案例位置	案例文件>第4章>课后习题——运动曲线动画.aep
素材位置	素材>第4章>课后习题——运动曲线动画
难易指数	★★★☆☆
练习目标	练习图表编辑器的使用方法

运动曲线动画效果如图4-73所示。

图4-73

操作提示

第1步：打开"素材>第4章>课后习题——运动曲线动画>课后习题——运动曲线动画_I.aep"项目合成。

第2步：为小球的"位置"属性设置关键帧动画。

第3步：使用动画图表编辑器调整小球的运动。

第5章

通道与蒙版

在After Effects中进行合成时，经常需要将不同的对象合成到另一个场景中，这就需要提取出不同的对象，使用Alpha通道可以非常方便地完成这个操作。但是在实际的工作中，能够使用Alpha通道进行合成的影片少之又少，这时就需要其他技巧来弥补，例如蒙版。

课堂学习目标

了解通道与蒙版的概念

掌握蒙版的创建与编辑方法

了解蒙版的属性

能够运用蒙版制作动画

掌握嵌套在影视后期中的基本运用

5.1 通道与蒙版的概念

通道就是将图层所具有的一些基本信息单独分离出来，为后期制作提供依据，如颜色里面的R、G、B信息（如图5-1所示）和H、L、S信息、三维空间中的Z通道、三维软件输出的具有可辨识的物体ID号以及图层的透明信息等，这些信息都可以作为一种通道供用户使用。

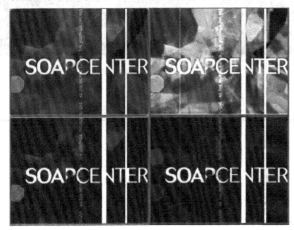

图5-1

蒙版是用路径工具绘制的封闭区域，它位于图层之上，本身不包含图像数据，只是用于控制图层的透明区域和不透明区域，当对图层进行操作时，被遮挡的部分将不会受影响，如图5-2所示。

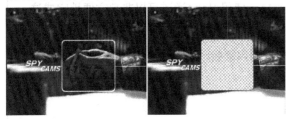

图5-2

After Effects中的蒙版其实就是一个封闭的贝塞尔曲线所构成的路径轮廓，轮廓之内或之外的区域可以作为抠像的依据。如果不是闭合曲线，那就只能作为路径来使用，比如经常使用的描边滤镜就是利用蒙版功能来开发的，如图5-3所示。

图5-3

技巧与提示

闭合路径不仅可以作为蒙版，还可以作为其他特效的操作路径，比如文字路径等，如图5-4所示。

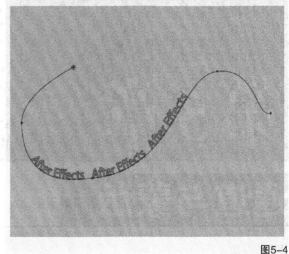

图5-4

5.2 创建与修改蒙版

创建蒙版的方法比较多，但在实际工作中主要使用以下4种方法。

5.2.1 使用蒙版工具创建蒙版

使用蒙版工具创建蒙版的方法很简单，但是可供选择的蒙版工具比较有限，这种方法的具体操作步骤如下。

第1步：在"时间轴"面板中选择需要创建蒙版的图层。

第2步：在"工具"面板中选择蒙版创建工具，可供选择的蒙版工具包括"矩形工具"▭、"圆角矩形工具"▢、"椭圆工具"⬭、"多边形工具"⬠和"星形工具"☆，如图5-5所示。

图5-5

第3步：保持对蒙版工具的选择，在"合成"面板或"图层"面板中使用鼠标左键进行拖曳就可以创建出蒙版，如图5-6所示。

图5-6

使用蒙版工具创建蒙版时，在选择好的蒙版工具上双击鼠标左键，可以在当前图层中自动创建一个最大的蒙版。如果是在"合成"面板中创建，按住Shift键的同时使用蒙版工具可以创建出等比例的蒙版形状，例如使用"矩形工具"▢可以创建出正方形的蒙版，使用"椭圆工具"◯可以创建出圆形的蒙版等。另外，如果在创建蒙版时按住Ctrl键，则可以创建一个以单击鼠标左键确定的第1个点为中心的蒙版。

5.2.2 使用钢笔工具创建蒙版

使用"钢笔工具"✎可以创建出任意形状的蒙版，具体操作步骤如下。

第1步：在"时间轴"面板中选择需要创建蒙版的图层。

第2步：在"工具"面板中选择"钢笔工具"✎。

第3步：在"合成"面板或"图层"面板中单击鼠标左键确定第1个点，然后继续单击鼠标左键绘制出一个闭合的贝塞尔曲线，如图5-7所示。

图5-7

使用"钢笔工具"✎创建蒙版时，必须使蒙版成为闭合形状，完成蒙版的创建后，可以对其形状进行调整。

在使用"钢笔工具"✎时，如果按住Ctrl键，可以对单个节点进行选择，如图5-8所示；如果同时按住Ctrl键和Shift键，可以选择多个节点；如果按住Alt键，当光标移动到相应的节点位置时会自动切换为"转换顶点工具"▷，这时可以对节点进行拐点或贝塞尔拐点调节，如图5-9所示；当光标直接移动到节点上时，光标会自动切换为"删除顶点工具"✎；当光标移动到没有节点的路径上时，光标会切换为"添加顶点工具"✎。

图5-8

图5-9

如果要对蒙版进行缩放、旋转等操作，可以使用"选择工具"▷双击蒙版的顶点，也可以按快捷键Ctrl+T对蒙版进行自由变换。在进行自由变换时，如果按住Shift键，可以对蒙版形状进行等比例缩放或以45°为单位进行旋转，也可以在水平或垂直方向上进行移动。

在创建完一个蒙版后，如果要在同一个图层中再次创建一个新的蒙版，可以按快捷键Ctrl+Shift+A结束对当前蒙版的绘制，然后使用"钢笔工具" 重新进行绘制。

5.2.3 使用新建蒙版命令创建蒙版

使用"新建蒙版"命令创建的蒙版与使用蒙版工具创建的蒙版差不多，蒙版形状都比较单一，其具体操作步骤如下。

第1步：在"时间轴"面板中选择需要创建蒙版的图层。

第2步：执行"图层>蒙版>新建蒙版"菜单命令，这时可以创建一个与图层大小一致的矩形蒙版，如图5-10所示。

图5-10

第3步：如果要对蒙版进行调节，可以使用"选择工具" 选择蒙版，然后执行"图层>蒙版>蒙版形状"菜单命令，打开"蒙版形状"对话框，在该对话框中可以对蒙版的位置、单位和形状进行相应的调节，如图5-11所示。

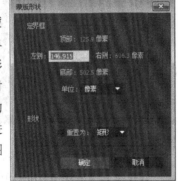

图5-11

技巧与提示
在"形状"属性组下可以选择"矩形"和"椭圆"两种形状。

5.2.4 使用自动追踪命令创建蒙版

使用"图层>自动追踪"菜单命令可以根据图层的Alpha通道、红、绿、蓝和亮度信息来自动生成路径蒙版，如图5-12所示。

图5-12

执行"图层>自动追踪"菜单命令，打开"自动追踪"对话框，如图5-13所示。

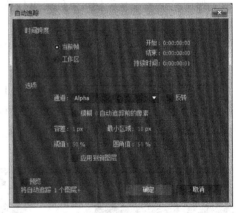

图5-13

时间跨度：设置"自动追踪"的时间区域。

当前帧：只对当前帧进行自动跟踪。

工作区：对整个工作区进行自动跟踪，使用这个选项可能需要花费一定的时间来生成蒙版。

选项：设置自动跟踪蒙版的相关参数。

通道：选择作为自动跟踪蒙版的通道，共有Alpha、"红色""绿色""蓝色"和"明亮度"5个选项。

反转：选择该选项后，可以反转蒙版的方向。

模糊：在自动跟踪蒙版之前，对原始画面进行虚化处理，这样可以使跟踪蒙版的结果更加平滑。

容差：设置容差范围，可以判断误差和界限的范围。

最小区域：设置蒙版的最小区域值。

阈值：设置蒙版的阈值范围。高于该阈值的区域为不透明区域，低于该阈值的区域为透明区域。

圆角值：设置跟踪蒙版的拐点处的圆滑程度。

应用到新图层：选择此选项时，最终创建的跟踪蒙版路径将保存在一个新建的固态层中。

预览：选择该选项时，可以预览设置的结果。

5.2.5 其他蒙版的创建方法

在After Effects中，还可以通过复制Adobe Illustrator和Adobe Photoshop的路径来创建蒙版，这对于创建一些规则的蒙版或有特殊结构的蒙版非常有用。

5.3 蒙版属性

在"时间轴"面板中连续按两次M键可以展开蒙版的所有属性，如图5-14所示。

图5-14

蒙版路径：设置蒙版的路径范围和形状，也可以为蒙版节点制作关键帧动画。

反转：反转蒙版的路径范围和形状。

蒙版羽化：设置蒙版边缘的羽化效果，这样可以使蒙版边缘与底层图像完美地融合在一起，如图5-15所示。单击"锁定"按钮，将其设置为"解锁"状态后，可以分别对蒙版的x轴和y轴进行羽化。

图5-15

蒙版不透明度：设置蒙版的不透明度，如图5-16所示。

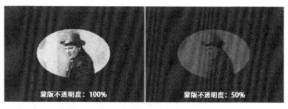

图5-16

蒙版扩展：调整蒙版的扩展程度。正值为扩展蒙版区域，负值为收缩蒙版区域，如图5-17所示。

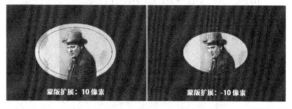

图5-17

5.4 蒙版混合模式

当一个图层中具有多个蒙版时，这时就可以通过选择各种混合模式来使蒙版之间产生混合效果，如图5-18所示。注意，蒙版的排列顺序对最终的叠加结果有很大影响，After Effects在处理蒙版的顺序时是按照蒙版的排列顺序，从上往下依次进行处理的，也就是说先处理最上面的蒙版及其叠加效果，再将结果与下面的蒙版和混合模式进行计算。另外，"蒙版不透明度"也是需要考虑的必要因素之一。

图5-18

无：选择"无"模式时，路径将不作为蒙版使用，而是作为路径存在，如图5-19所示。

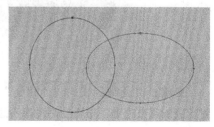

图5-19

相加：将当前蒙版区域与其上面的蒙版区域进行相加处理，如图5-20所示。

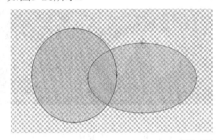

图5-20

相减：将当前蒙版上面的所有蒙版的组合结果进行相减处理，如图5-21所示。

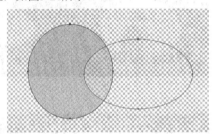

图5-21

交集：只显示当前蒙版与上面所有蒙版的组合结果相交的部分，如图5-22所示。

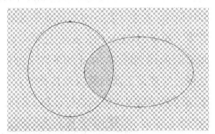

图5-22

变亮："变亮"模式与"加法"模式相同，对于蒙版重叠处的不透明度则采用不透明度较高的值，如图5-23所示。

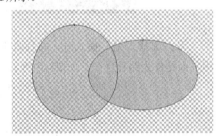

图5-23

变暗："变暗"模式与"相交"模式相同，对于蒙版重叠处的不透明度则采用不透明度较低的值，如图5-24所示。

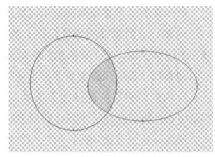

图5-24

差值：采取并集减去交集的方式，也就是先将所有蒙版的组合进行并集运算，然后再将所有蒙版组合的相交部分进行相减运算，如图5-25所示。

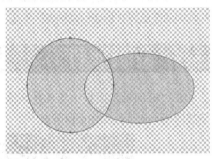

图5-25

5.5 蒙版动画

在实际工作中，经常会遇到需要突出某个重点部分内容的情况，这时就需要使用到蒙版动画，如图5-26所示。在本章后面有蒙版动画的课堂练习供读者学习，如根据操作提示无法实现，可以参考本书附带资源中的视频文件。

陆羽·《茶经》

图5-26

5.6 跟踪遮罩

跟踪遮罩可以将一个图层的Alpha信息或亮度信息作为另一个图层的透明度信息，如图5-27所示。

可以通过跟踪遮罩为具有Alpha信息的文字添加复杂的纹理效果。对于亮度对比较高的图像，使用跟踪遮罩提取透明信息将非常有用，如图5-28所示。

图5-27

图5-28

使用跟踪遮罩时，被跟踪的图层必须位于跟踪图层的上一图层，并且在应用了跟踪遮罩后，将关闭被跟踪图层的可视性，如图5-29所示。所以在移动图层顺序时，一定要将提供蒙版信息的图层以及使用了跟踪遮罩的图层一起进行移动。

图5-29

展开"图层>跟踪遮罩"菜单，可以观察到"跟踪遮罩"命令包含5个子命令，如图5-30所示。

图5-30

没有轨道遮罩： 不创建透明度，上级图层充当普通图层。

Alpha遮罩： 将蒙版图层的Alpha通道信息作为最终显示图层的蒙版参考。

Alpha反转遮罩： 与Alpha遮罩结果相反。

亮度遮罩： 将蒙版图层的亮度信息作为最终显示图层的蒙版参考。

亮度反转遮罩： 与"亮度遮罩"结果相反。

5.7 嵌套关系

嵌套就是将一个合成作为另外一个合成的一个素材进行相应操作，当希望对一个图层使用两次或两次以上的相同变换属性时（也就是说在使用嵌套时，用户可以使用两次蒙版、滤镜和变换属性），就需要使用到嵌套功能。

5.7.1 嵌套的方法

嵌套的方法主要有以下两种。

第1种：在"项目"面板中将某个合成项目作为一个图层拖曳到"时间轴"面板中的另一个合成中，如图5-31所示。

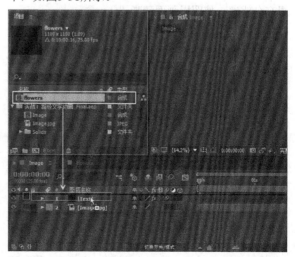

图5-31

第2种：在"时间轴"面板中选择一个或多个图层，然后执行"图层>预合成"菜单命令（或按快捷键Ctrl+Shift+C），在打开的"预合成"对话框中设置好参数后，单击"确定"按钮即可完成嵌套合成操作，如图5-32所示。

图5-32

保留"Image"中的所有属性：将所有的属性、动画信息以及效果保留在合成中，只是将所选的图层进行简单的嵌套合成处理。

将所有属性移动到新合成：将所有的属性、动画信息以及效果都移入到新建的合成中。

打开新合成：执行完嵌套合成后，决定是否在"时间轴"面板中立刻打开新建的合成。

5.7.2 折叠变换/连续栅格化功能

在进行嵌套时，如果不继承原始合成项目的分辨率，那么在对被嵌套合成制作"缩放"之类的动画时就有可能产生马赛克效果，这时就需要开启"折叠变换/连续栅格化"功能，该功能可以使图层提高分辨率，使图层画面清晰。

如果要开启"折叠变换/连续栅格化"功能，可在"时间轴"面板的图层开关栏中单击"折叠变换/连续栅格化"按钮，如图5-33所示。

图5-33

激活"折叠变换/连续栅格化"功能可以继承"变换"属性，还可以在嵌套的更高级别的合成项目中提高分辨率，如图5-34所示。

使用"折叠变换/连续栅格化"功能　未使用"折叠变换/连续栅格化"功能

图5-34

当图层中包含有Adobe Illustrator文件时，激活"折叠变换/连续栅格化"功能可以提高素材的质量。另外，在一个嵌套合成中使用了三维图层时，如果没有激活"折叠变换/连续栅格化"功能，那么在嵌套的更高一级合成项目中对属性进行变换时，低一级的嵌套合成项目还是作为一个平面素材引入到更高一级的合成项目中；如果对低一级的合成项目图层使用了"折叠变换/连续栅格化"功能，那么低一级的合成项目中的三维图层将作为一个三维组引入到新的合成中，如图5-35所示。

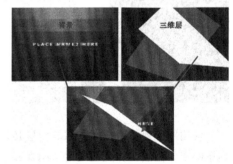

图5-35

课堂案例

使用自动跟踪创建蒙版

案例位置　案例文件>第5章>课堂案例——使用自动跟踪创建蒙版.aep
素材位置　素材>第5章>课堂案例——使用自动跟踪创建蒙版
难易指数　★★★☆☆
学习目标　学习如何使用自动跟踪功能创建蒙版

使用自动跟踪功能创建的蒙版效果如图5-36所示。

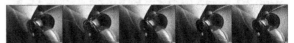

图5-36

01 导入下载资源中的"素材>第5章>课堂案例——使用自动跟踪创建蒙版>3dsj27.jpg"文件，然后新建合成，设置其"宽度"为1200px、"高度"为750px，接着单击"确定"按钮，如图5-37所示。

图5-37

02 将导入的素材拖曳到"时间轴"面板中，然后选择该图层，执行"图层>自动追踪"菜单命令，接着在打开的"自动追踪"对话框中设置"通道"为Alpha，并选择"预览"选项，最后单击"确定"按钮，如图5-38所示，效果如图5-39所示。

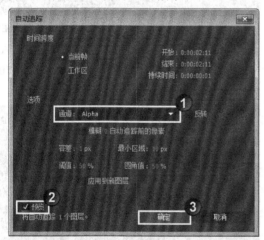

图5-38

图5-39

03 选择3dsj27.jpg图层，然后执行"图层>自动追踪"菜单命令，接着在打开的"自动追踪"对话框中设置"通道"为"红色"，最后单击"确定"按钮，如图5-40所示，效果如图5-41所示。

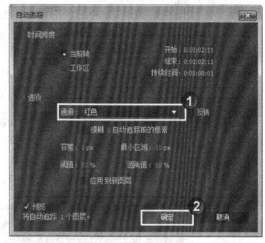

图5-40

图5-41

04 在"自动跟踪"对话框中分别设置"通道"为"绿色""蓝色"和"亮度"，预览效果如图5-42所示。

图5-42

课堂案例
制作金属立体文字

案例位置	案例文件>第5章>课堂案例——制作金属立体文字.aep
素材位置	素材>第5章>课堂案例——制作金属立体文字
难易指数	★★★☆☆
学习目标	学习遮罩与蒙版的运用方法以及背景的基本处理技巧

113

金属立体文字效果如图5-43所示。

图5-43

①1 新建合成，设置"合成名称"为"金属字"、"预设"为PAL D1/DV、"持续时间"为5秒，然后单击"确定"按钮，如图5-44所示。

图5-44

②2 单击"工具"面板中的"文字工具"按钮，然后在"合成"面板中输入"After Effects"文字，接着在"字符"面板中设置字体为"微软雅黑"、颜色为（R:235，G:235，B:235）、字号为100像素、行距为50、字符间距为0、描边宽度为1，最后选择"在描边上填充"选项，如图5-45所示。

图5-45

③3 导入下载资源中的"素材>第5章>课堂案例——制作金属立体文字>Mental.jpg"文件，然后将其拖曳到"时间轴"面板中，并放置在底层，如图5-46所示。

图5-46

④4 设置Mental.jpg图层的"轨道蒙版"为"Alpha Matte'After Effects'"、"缩放"为（700，700%），如图5-47所示。

图5-47

⑤5 展开Mental.jpg图层的"位置"属性，在第0帧处设置"位置"为（900，288），并激活关键帧，然后在第4秒24帧处设置"位置"为（-250，288），如图5-48所示。

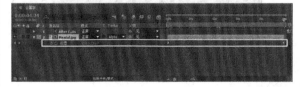

图5-48

06 选择Mental.jpg图层，然后执行"效果>模糊和锐化>高斯模糊"菜单命令，接着在"效果控件"面板中设置"模糊度"为15，效果如图5-49所示。

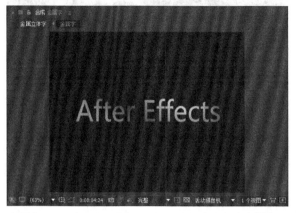

图5-49

07 新建一个名为"金属立体字"的合成，然后将"金属字"合成拖曳到"金属立体字"的"时间轴"面板中，如图5-50所示。

图5-50

08 选择"金属字"图层，然后执行"效果>透视>斜面Alpha"菜单命令，接着在"效果控件"面板中设置"边缘厚度"为5、"灯光角度"为（0×-30°）、"灯光强度"为1，如图5-51所示。

图5-51

09 选择"金属字"图层，然后执行"效果>颜色校正>色相/饱和度"菜单命令，接着在"效果控件"面板中设置"着色色相"为（0×262°）、"着色饱和度"为49、"着色亮度"为-18，如图5-52所示。

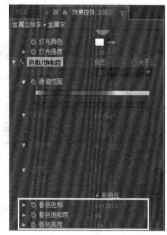

图5-52

10 选择"金属字"图层，然后执行"效果>透视>投影"菜单命令，接着在"效果控件"面板中设置"距离"为8、"柔和度"为11，如图5-53所示，效果如图5-54所示。

图5-53

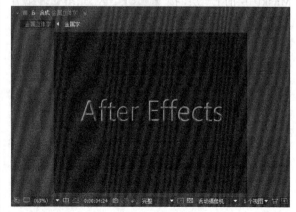

图5-54

115

⑪ 导入下载资源中的"素材>第5章>课堂案例——制作金属立体文字>PIC.jpg"文件，然后将其移至底层，接着为其添加"效果>模糊>高斯模糊"滤镜，最后在"效果控件"面板中设置"模糊度"为12，效果如图5-55所示。

图5-55

⑫ 新建一个名为Mask的黑色纯色图层，然后在"时间轴"面板中选择该图层，接着双击"工具"面板中的"椭圆工具" ⬭，为纯色图层添加一个最大的圆形蒙版，再设置"蒙版羽化"为（93，93），最后设置图层的混合模式为"叠加"，如图5-56所示。

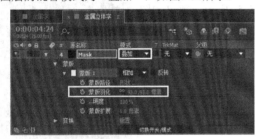

图5-56

⑬ 导入下载资源中的"素材>第5章>课堂案例——制作金属立体文字>Bgd.avi"文件，然后将其放置在Mask图层的上一层，接着为其添加"效果>颜色校正>色相/饱和度"滤镜，再在"效果控件"面板中设置"主色相"为（0×120°），如图5-57所示，最后设置该图层的混合模式为"相加"，效果如图5-58所示。

图5-57

图5-58

⑭ 在"Bgd.avi"图层的上一层新建一个名为Blinds的黑色纯色图层，然后为其添加"效果>过渡>百叶窗"滤镜，接着在"效果控件"面板中设置"过渡完成"为75%、"方向"为（0×90°）、"宽度"为5、"羽化"为3，如图5-59所示，最终效果如图5-60所示。

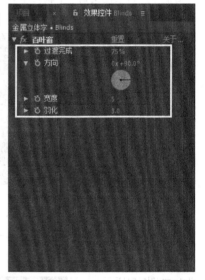

图5-59

图5-60

飞近地球动画

案例位置	案例文件>第5章>课堂案例——飞近地球动画.aep
素材位置	素材>第5章>课堂案例——飞近地球动画
难易指数	★★★☆☆
学习目标	学习嵌套功能的运用方法和技巧

飞近地球动画效果如图5-61所示。

图5-61

01 新建合成，设置"合成名称"为"地图"、"宽度"为1025 px、"高度"为512 px、"持续时间"为5秒，然后单击"确定"按钮，如图5-62所示。

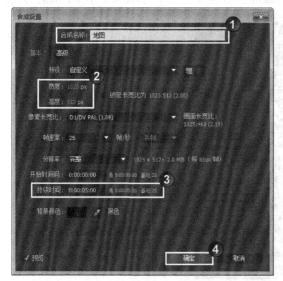

图5-62

02 导入下载资源中的"素材>第5章>课堂案例——飞近地球动画>123.jpg"文件，然后将该文件拖曳到"时间轴"面板中，接着选择123.jpg图层，再执行"效果>风格化>CC RepeTile"菜单命令，最后在"效果控件"面板中设置Expand Right（向右扩展）为1024，如图5-63所示。

图5-63

03 选择123.jpg图层，在第0帧处设置"位置"为（512,256），并激活该属性的关键帧，然后在第4秒24帧处设置"位置"为（-512,256），如图5-64所示。

图5-64

04 在"项目"面板中将"地图"合成拖曳到"新建合成工具"按钮上，生成"地图2"合成，如图5-65所示。

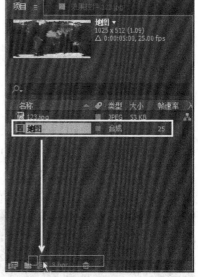

图5-65

05 在"地图2"合成中，将"地图"图层重命名为"飞近地球"，如图5-66所示，接着选择"飞近地球"图层，执行"效果>透视>CC Sphere"菜单命令，效果如图5-67所示。

117

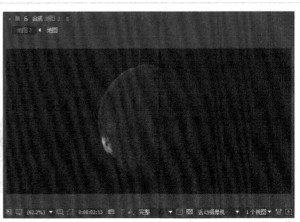

图5-66   图5-67

06 在"效果控件"面板中设置Light（灯光）属性组下的Light Intensity（灯光强度）为125、Light Height（灯光高度）为49、Light Direction（灯光方向）为（0×-53°），然后选择Shading（着色）属性组下的Transparency Falloff（透明衰减）选项，如图5-68所示。

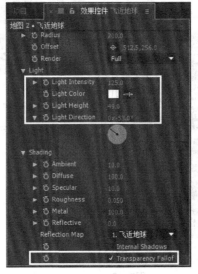

图5-68

07 选择"飞近地球"图层，然后展开CC Sphere滤镜的Radius（半径）和Offset（偏移）属性，接着在第0秒处设置Radius（半径）为10、Offset（偏移）为（889，256），并激活这两个属性的关键帧，再在第2秒处设置Offset（偏移）为（377.9，256），在第4秒24帧处设置Radius（半径）为1426、Offset（偏移）为（520，256），如图5-69所示。

图5-69

08 由于动画效果过于机械，因此还需要在图表编辑器中调整Radius（半径）和Offset（偏移）曲线，使曲线变得更加平滑。单击"图表编辑器"按钮█打开图表编辑器，然后选择Radius（半径）属性，此时的曲线效果如图5-70所示。

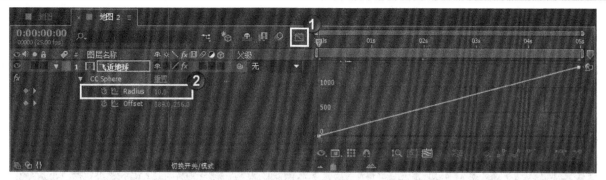

图5-70

09 在图表编辑器中选择曲线的第1个关键帧，然后单击"将选择的关键帧转换为自动贝塞尔曲线"按钮■，接着对曲线进行调整，如图5-71所示，最后选择第2个关键帧并调整其形状，如图5-72所示。

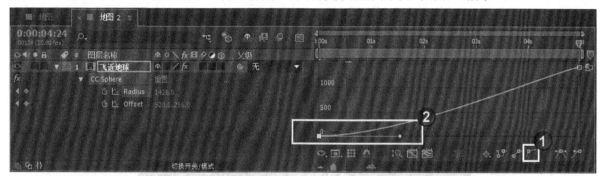

图5-71

图5-72

10 选择Offset（偏移）属性，然后单击■按钮，在打开的菜单中选择"编辑值图表"选项，接着对曲线进行调整，如图5-73所示。

图5-73

⑪ 选择"飞近地球"图层，然后执行"效果>模糊和锐化>径向模糊"菜单命令，接着在"时间轴"面板中展开该滤镜的属性，最后在第2秒处设置"数量"为0，在第4秒24帧处设置"数量"为67，如图5-74所示，效果如图5-75所示。

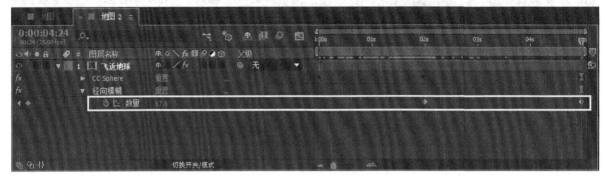

图5-74

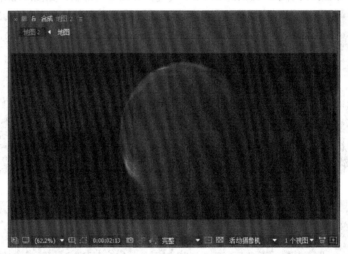

图5-75

⑫ 新建一个名为"太空"的白色纯色图层，然后将其放置在底层，接着为该图层添加"效果>模拟>CC Star Burst"滤镜，最后在"效果控件"面板中设置Speed（速度）为-0.5，如图5-76所示，效果如图5-77所示。

图5-76

图5-77

⑬ 选择"太空"图层，然后为其添加"效果>模糊和锐化>径向模糊"滤镜，接着在"效果控件"面板中设置"数量"为5，如图5-78所示，效果如图5-79所示。

 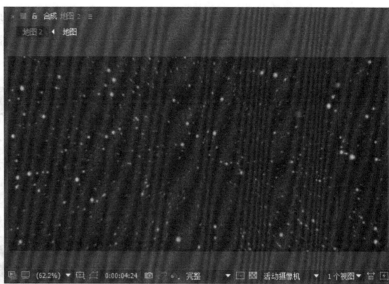

图5-78　　　　　　　　　　　　　　　　　图5-79

⑭ 渲染并输出动画，最终效果如图5-80所示。

图5-80

📖 课堂练习

蒙版动画

案例位置	案例文件>第5章>课堂练习——蒙版动画.aep
素材位置	素材>第5章>课堂练习——蒙版动画
难易指数	★★★☆☆
学习目标	学习蒙版动画的制作流程以及如何使用蒙版动画来突出重点元素

蒙版动画效果如图5-81所示。

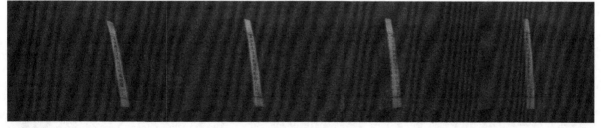

图5-81

操作提示

第1步：打开"素材>第5章>课堂练习——蒙版动画>课堂练习——蒙版动画_I.aep"项目合成。

第2步：使用"矩形工具"▇绘制蒙版。

第3步：为蒙版设置关键帧动画。

5.8 本章小结

本章主要对通道与蒙版的概念、创建与编辑方法以及动画制作方法等进行了详细的讲解，另外还介绍了嵌套功能的运用方法和技巧。大家要熟练掌握通道与蒙版的各项功能与技巧，这样在实际工作中才能做到游刃有余。

5.9 课后习题

本节安排的课后习题涉及的知识点较多，除了包含本章的内容外，也包含前面几章的一些知识。

案例位置	案例文件>第5章>课后习题——邦德007动画.aep
素材位置	素材>第5章>课后习题——邦德007动画
难易指数	★★★★☆
练习目标	练习如何制作位移动画和蒙版动画

邦德007动画效果如图5-82所示。

图5-82

操作提示

第1步：打开"素材>第5章>课后习题——邦德007动画>课后习题——邦德007动画_I.aep"项目合成。

第2步： 绘制蒙版。

第3步：为蒙版制作关键帧动画。

第6章

文字动画

在After Effects CC中，文本的动画预设十分丰富，可以制作多种文字的特效，包括入画、出画和字幕版式等，应用也比较方便，还可以预览动画样式。

课堂学习目标

掌握文字的创建方法

了解文字设置面板的功能

掌握文字动画选择器的运用方法

掌握常用文字特效的制作方法

6.1 创建文字

文字在影视特效制作中不仅担负着标题、说明性文字的任务，而且还在不同的语言环境中扮演着中介交流的角色，如图6-1所示。在后期制作中，文字的制作方法非常多，三维、平面、矢量和位图等制作软件都提供了相应的文字制作工具。

图6-1

在After Effects CC中，创建文字的方法也比较多，可以通过文字工具来创建文字，也可以使用菜单命令来创建文字，还可以使用滤镜来创建文字。

6.1.1 使用文字工具创建文字

在"工具"面板中提供了两种文字创建工具，分别是"横排文字工具" T 和"直排文字工具" T，如图6-2所示。

图6-2

选择相应的文字工具后，在"合成"面板单击鼠标左键确定第1个文字的输入位置，接着输入相应的文字，最后按小键盘上的Enter键即可完成文字的输入，如图6-3所示。

图6-3

另外，选择好文字工具后，也可以使用鼠标左键拉出一个选框来输入文字，这时输入的文字分布在选框内部，称为"段落文本"，如图6-4所示；如果直接输入文字，所创建的文字称为"点文本"。

图6-4

如果要在"点文本"和"段落文本"之间进行转换，可采用下面的步骤来完成操作。

第1步：使用"选择工具" 在"合成"面板中选择文本图层。

第2步：选择"文本工具" T，然后在"合成"面板中单击鼠标右键，接着在打开的菜单中选择"转换为段落文本"或"转换为点文本"命令即可完成相应的操作。

6.1.2 通过菜单命令创建文字

激活"时间轴"面板，执行"图层>新建>文本"菜单命令，此时在"时间轴"面板中会自动产生一个文本图层，如图6-5所示，并且"合成"面板中也会自动产生一个插入文字的光标符号，在这个光标符号后面输入文字即可完成操作。

图6-5

🎬 课堂案例

使用文字工具创建文字动画

案例位置　案例文件>第6章>课堂案例——使用文字工具创建文字动画.aep
素材位置　素材>第6章>课堂案例——使用文字工具创建文字动画
难易指数　★★☆☆☆
学习目标　学习使用文字工具创建文字的方法

使用文字工具创建的文字动画效果如图6-6所示。

图6-6

① 在"项目"面板中导入下载资源中的"素材>第6章>课堂案例——使用文字工具创建文字动画>IMAGE062.jpg"文件，然后将素材文件拖曳到"时间轴"面板中，将其作为文字的背景，如图6-7所示。

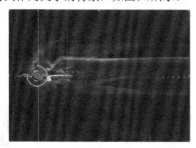

图6-7

② 单击"工具"面板中的"横排文字工具" ⊤，然后在"合成"面板的中间位置单击左键，确定第1个文字的输入位置，如图6-8所示。

图6-8

③ 在文本框中输入"影视特效"，然后在"字符"面板中设置字体为"微软雅黑"、颜色为（R:254，G:239，B:0）、字号为300像素，如图6-9所示。

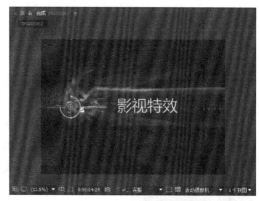

图6-9

④ 为文本图层制作一段位移关键帧动画，然后输出动画，最终效果如图6-10所示。

图6-10

🎬 课堂案例

通过菜单命令创建文字动画

案例位置　案例文件>第6章>课堂练习——通过菜单命令创建文字动画.aep
素材位置　素材>第6章>课堂练习——通过菜单命令创建文字动画
难易指数　★★☆☆☆
学习目标　学习通过菜单命令创建文字的方法

通过菜单命令创建的文字动画效果如图6-11所示。

图6-11

操作提示

第1步：打开"素材>第6章>课堂练习——通过菜单命令创建文字动画>课堂练习——通过菜单命令创建文字动画_I.aep"项目合成。

第2步：创建文字。

第3步：为文本图层设置位移动画。

6.1.3 使用滤镜创建文字

在After Effects 中，可以使用滤镜来创建文字，即在选择的图层上应用"效果>文本"菜单中的子命令来创建文字效果。可以用来创建文字的滤镜主要有以下两个。

1.编号滤镜

"编号"滤镜主要用来创建各种数字效果，尤其对创建数字的变化效果非常有用，如图6-12所示。

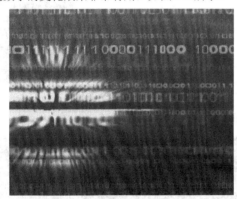

图6-12

2.时间码滤镜

"时间码"滤镜主要用来创建各种时间码动画，与"编号"滤镜中的时间码效果比较类似，如图6-13所示。

图6-13

6.2 文字设置面板

在创建文字或是创建完文字以后，一般都需要根据一定的要求对文字进行修改，这时就需要使用到文字设置面板了。After Effects CC中的文字设置面板主要包括"字符"面板和"段落"面板。

6.2.1 字符面板

执行"窗口>字符"菜单命令，打开"字符"面板，如图6-14所示。

图6-14

字体：设置文字的字体（字体必须是用户计算机中已经存在的字体）。

字体样式：设置字体的样式。

吸管工具：通过这个工具可以吸取当前计算机界面上的颜色，吸取的颜色将作为字体的颜色或描边的颜色。

纯黑/纯白颜色：单击相应的色块可以快速地将字体或描边的颜色设置为纯黑或纯白色。

不填充颜色：单击这个图标可以不对文字或描边填充颜色。

颜色切换：快速切换填充颜色和描边的颜色。

字体/描边颜色：设置字体的填充、描边颜色。

文字大小：设置文字的大小。

文字行距：设置上下文本之间的行间距。

字偶间距：增大或缩小当前字符之间的间距。

文字间距：设置文本之间的间距。

勾边粗细：设置文字描边的粗细。

描边方式：设置文字描边的方式，共有"在描边上填充""在填充上描边""全部填充在全部描边之上"和"全部描边在全部填充之上"4个选项。

文字高度：设置文字的高度缩放比例。

文字宽度：设置文字的宽度缩放比例。

文字基线：设置文字的基线。

比例间距：设置中文或日文字符之间的比例间距。

文本粗体：设置文本为粗体。

文本斜体：设置文本为斜体。

强制大写：强制将所有的文本变成大写。

强制大写但区分大小：无论输入的文本是否有大小写区别，都强制将所有的文本转化成大写，但是对小写字符采取较小的尺寸进行显示。

文字上下标：设置文字的上下标，适合制作一些数学单位。

6.2.2 段落面板

执行"窗口>段落"命令，可打开"段落"面板，如图6-15所示。

图6-15

对齐文本：分别为文本居左、居中、居右对齐。

最后一行对齐：分别为文本居左、居中、居右对齐，并且强制两边对齐。

两端对齐：强制文本两边对齐。

缩进左边距：设置文本的左侧缩进量。

缩进右边距：设置文本的右侧缩进量。

段前添加空格：设置段前间距。

段后添加空格：设置段末间距。

首行缩进：设置段落的首行缩进量。

技巧与提示

当选择"直排文字工具" 时，"段落"面板中的属性也会随即发生变化，如图6-16所示。

图6-16

6.3 制作文字动画

After Effects 为文本图层提供了单独的文字动画选择器，这无疑为创建丰富多彩的文字效果提供了更多的选择。

6.3.1 文字动画的制作方法

在实际工作中，制作文字动画的方法主要有以下4种。

第1种：为文本图层的"变换"属性制作动画，与制作其他图层的变换动画的方法相同。

第2种：为"源文本"属性制作动画。可以对源文本的内容、段落格式等制作动画，不过这种动画只能是突变性的动画。

第3种：使用文本图层自带的基本动画与选择器相结合制作单个文字动画或文本动画，这是后面将要重点进行讲解的文字动画。

第4种：套用文本动画中的预设动画，然后对其进行个性化修改。

6.3.2 动画属性

动画属性主要用来设置文字动画的主要参数（所有的动画属性都可以单独对文字产生动画效果），单击"动画"属性后面的 按钮，打开动画属性菜单，如图6-17所示。

图6-17

启用逐字3D化：控制是否开启三维文字功能。如果开启了该功能，在文本图层属性中将新增一个"材质选项"，用来设置文字的漫反射、高光以及是否产生阴影等效果，同时"变换"属性也会从二维变换属性转换为三维变换属性。

锚点：用于制作文字中心定位点的变换动画。

位置： 用于制作文字的位移动画。

缩放： 用于制作文字的缩放动画。

倾斜： 用于制作文字的倾斜动画。

旋转： 用于制作文字的旋转动画。

不透明度： 用于制作文字的不透明度变化动画。

全部变换属性： 将所有的属性一次性添加到"动画制作工具"中。

填充颜色： 用于制作文字的颜色变化动画，包括RGB、"色相""饱和度""亮度"和"不透明度"5个选项。

描边颜色： 用于制作文字描边的颜色变化动画，包括RGB、"色相""饱和度""亮度"和"不透明度"5个选项。

描边宽度： 用于制作文字描边粗细的变化动画。

字符间距： 用于制作文字之间的间距变化动画。

行锚心： 用于制作文字的对齐动画。值为0%时，表示左对齐；值为50%时，表示居中对齐；值为100%时，表示右对齐。

行距： 用于制作多行文字的行距变化动画。

字符位移： 按照统一的字符编码标准（即Unicode标准）为选择的文字制作偏移动画。比如设置英文bathell的"字符位移"为5，那么最终显示的英文就是gfymjqq（按字母表顺序从b往后数，第5个字母是g；从字母a往后数，第5个字母是f，以此类推），如图6-18所示。

图6-18

字符值： 按照Unicode文字编码形式，用设置的"字符值"所代表的字符统一替换原来的文字。比如设置"字符值"为100，那么使用文字工具输入的文字都将以字母d进行替换，如图6-19所示。

图6-19

模糊： 用于制作文字的模糊动画，可以单独设置文字在水平和垂直方向的模糊数值。

为文字添加动画属性的方法主要有以下两种。

第1种：单击"动画"属性后面的 ▶ 按钮，然后在打开的菜单中选择相应的属性，此时会生产一个"动画制作工具"属性组，如图6-20所示。除了"字符位移"等特殊属性外，一般的动画属性设置完成后都会在"动画制作工具"属性组中产生一个"范围选择器"属性组。

图6-20

第2种：如果文本图层中已经存在"动画制作工具"属性组，那么还可以在这个"动画制作工具"属性组中添加动画属性，如图6-21所示。使用这个方法添加的动画属性可以使几种属性共用一个"范围选择器"属性组，这样就可以很方便地制作出不同属性的相同步调的动画。

图6-21

6.3.3 动画选择器

每个"动画制作工具"属性组中都包含一个"范围选择器"属性组，可以在一个"动画制作工具"组中继续添加"范围选择器"属性组或是在一个"范围选择器"属性组中添加多个动画属性。如果在一个"动画制作工具"中添加了多个"范围选择器"属性组，那么可以在这个动画器中对各个选择器进行调节，这样可以控制各个范围选择器之间相互作用的方式。

添加选择器的方法是在"时间轴"面板中选择一个"动画制作工具"属性组，然后在其右边的"添加"选项后面单击 ▶ 按钮，接着在打开的菜单中选择需要添加的范围选择器，包括"范围""摆动"和"表达式"3种，如图6-22所示。

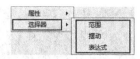

图6-22

1.范围选择器

"范围选择器"可以使文字按照特定的顺序进行移动和缩放，如图6-23所示。

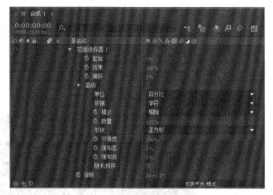

图6-23

起始：设置选择器的开始位置，与"字符""词"或"行"的数量及"单位""依据"选项的设置有关。

结束：设置选择器的结束位置。

偏移：设置选择器的整体偏移量。

单位：设置选择范围的单位，有"百分比"和"索引"两种。

依据：设置选择器动画的基于模式，包含"字符""排除空格字符""词"和"行"4种模式。

模式：设置多个选择器范围的混合模式，包括"相加""相减""相交""最小值""最大值"和"差值"6种模式。

数量：设置"属性"动画参数对选择器文字的影响程度。0%表示动画参数对选择器文字没有任何作用，50%表示动画参数只能对选择器文字产生一半的影响。

形状：设置选择器边缘的过渡方式，包括"正方形""上斜坡""下斜坡""三角形""圆形"和"平滑"6种方式。

平滑度：在设置"形状"类型为"正方形"方式时，该选项才起作用，它决定了一个字符到另一个字符过渡的动画时间。

缓和高：特效缓入设置。例如，当设置"缓和

高"值为100%时，文字特效从完全选择状态进入部分选择状态的过程就很平缓；当设置"缓和高"值为-100%时，文字特效从完全选择状态到部分选择状态的过程就会很快。

缓和低：原始状态缓出设置。例如，当设置"缓和低"值为100%时，文字从部分选择状态进入完全不选择状态的过程就很平缓；当设置"缓和低"值为-100%时，文字从部分选择状态到完全不选择状态的过程就会很快。

随机排序：决定是否启用随机设置。

> **技巧与提示**
>
> 在设置选择器的起始和结束位置时，除了可以在"时间轴"面板中对"起始"和"结束"选项进行设置外，还可以在"合成"面板中通过范围选择器光标进行设置，如图6-24所示。

图6-24

2.摆动选择器

使用"摆动选择器"可以让选择器在指定时间段产生摇摆动画，如图6-25所示，其参数选项如图6-26所示。

图6-25

图6-26

模式：设置"摆动选择器"与其上层"选择器"之间的混合模式，类似于多重遮罩的混合设置。

最大/最小量：设定选择器的最大/最小变化幅度。

依据：选择文字摇摆动画的基于模式，包括"字符""不包含空格的字符""词"和"行"4种模式。

摇摆/秒：设置文字摇摆的变化频率。

关联：设置每个字符变化的关联性。当其值为100%时，所有字符在相同时间内的摆动幅度都是一致的；当其值为0%时，所有字符在相同时间内的摆动幅度都互不影响。

时间/空间相位：设置字符基于时间或基于空间的相位大小。

锁定维度：设置是否让不同维度的摆动幅度拥有相同的数值。

随机植入：设置随机的变数。

3.表达式选择器

在使用"表达式选择器"时，可以很方便地使用动态方法来设置动画属性对文本的影响范围。可以在一个"动画制作工具"组中使用多个"表达式选择器"，并且每个选择器也可以包含多个动画属性，如图6-27所示。

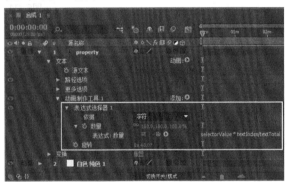

图6-27

依据：设置选择器的基于方式，包括"字符""不包含空格的字符""词"和"行"4种模式。

数量：设定动画属性对表达式选择器的影响范围。0%表示动画属性对选择器文字没有任何影响；50%表示动画属性对选择器文字有一半的影响。

6.3.4 路径动画

如果在文本图层中创建了一条路径，那么就可以利用这个路径来制作文字动画，如图6-28所示。

图6-28

技巧与提示

作为路径的蒙版可以是封闭的，也可以是开放的，但是必须要注意一点，如果使用闭合的蒙版作为路径，必须设置蒙版的模式为"无"。

在文本图层下展开"文本"属性组下面的"路径选项"属性，如图6-29所示。

图6-29

路径：在后面的下拉列表中可以选择作为路径的蒙版。

反转路径：控制是否反转路径。

垂直于路径：控制是否让文字垂直于路径。

强制对齐：将第1个文字和路径的起点强制对齐，或与设置的"首字边距"对齐，同时让最后1个文字和路径的结尾点对齐，或与设置的"末字边距"对齐。

首字边距：设置第1个文字相对于路径起点处的位置，单位为像素。

末字边距：设置最后1个文字相对于路径结尾处的位置，单位为像素。

课堂案例

使用动画控制器制作文字动画

案例位置	案例文件>第6章>课堂案例——使用动画控制器制作文字动画.aep
素材位置	素材>第6章>课堂案例——使用动画控制器制作文字动画
难易指数	★★☆☆☆
学习目标	学习如何使用"动画控制器"制作文字动画

使用动画控制器制作的文字动画效果如图6-30所示。

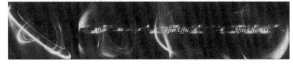

图6-30

01 新建合成，设置"预设"为PAL D1/DV、"持续时间"为2秒，然后单击"确定"按钮，如图6-31所示。

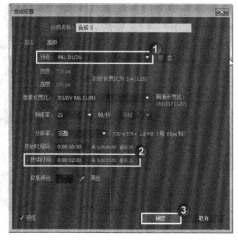

图6-31

02 在"项目"面板中导入下载资源中的"素材>第6章>使用动画控制器制作文字动画>Light002.avi"文件，然后将素材文件拖曳到"时间轴"面板中，效果如图6-32所示。

图6-32

03 使用"横排文字工具"■创建文本"After Effects CC"，如图6-33所示。

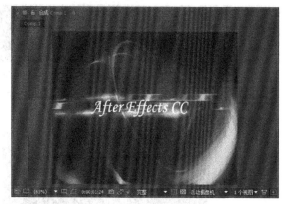

图6-33

04 展开文本图层的"文本"属性组，然后单击"动画"选项后面的■按钮，接着在弹出的菜单中选择"不透明度"命令，最后设置"不透明度"为0%，如图6-34所示。

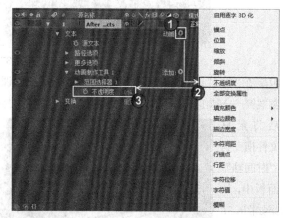

图6-34

05 展开"范围选择器1"选项组，然后在第0帧处设置"起始"为0%，接着在第1秒24帧处设置"起始"为100%，使文字逐渐从完全透明变为完全不透明，最终效果如图6-35所示。

图6-35

Ⓒ 课堂案例

制作文字抖动动画

案例位置　案例文件>第6章>课堂案例——制作文字抖动动画.aep
素材位置　素材>第6章>课堂案例——制作文字抖动动画
难易指数　★★☆☆☆
学习目标　学习制作表达式选择器动画的方法

使用表达式制作的文字抖动动画效果如图6-36所示。

图6-36

01 新建合成，设置"预设"为PAL D1/DV、"持续时间"为4秒，然后单击"确定"按钮，如图6-37所示。

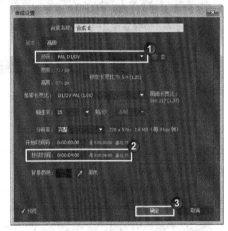

图6-37

02 在"项目"面板中导入下载资源中的"素材>第6章>课堂案例——制作文字抖动动画>jxwp_032.jpg"文件，然后将素材文件拖曳到"时间轴"面板中，效果如图6-38所示。

图6-38

03 使用"横排文字工具"T输入文本"textanimation"，如图6-39所示。

图6-39

04 在"时间轴"面板中展开文本图层的属性，然后单击"动画"按钮，接着添加"位置"属性，如图6-40所示。

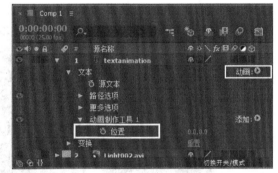

图6-40

05 在第0帧处设置"位置"为（0，0），在第1秒处设置"位置"为（0，10），在第2秒处设置"位置"为（0，20），在第3秒处设置"位置"为（0，30），在第3秒24帧处设置"位置"为（0，40），如图6-41所示。

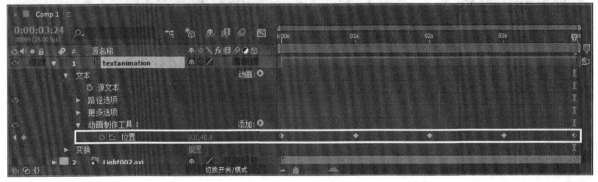

图6-41

06 单击"添加"按钮，然后执行"选择器>表达式"命令，接着展开"表达式选择器 1"属性组，最后将"数量"属性的表达式修改为下列表达式，如图6-42所示。

```
seedRandom(textIndex);
amt = linear(time, 0, 5, 800 * textIndex / textTotal, 0);
wiggle(1, amt);
```

图6-42

07 按0键预览动画，可以发现y轴的值越大，文字抖动得越厉害。接下来再为文字添加一个动态背景，导入下载资源中的"素材>第6章>课堂案例——制作文字抖动动画>Light002.avi"文件，然后将其放置在文本图层下面，接着设置该图层的混合模式为"相乘"，如图6-43所示。

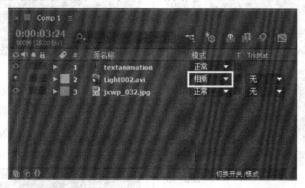

图6-43

08 渲染并输出动画，最终效果如图6-44所示。

图6-44

📖 课堂案例
制作路径文字动画

案例位置	案例文件>第6章>课堂案例——制作路径文字动画.aep
素材位置	素材>第6章>课堂案例——制作路径文字动画
难易指数	★★☆☆☆
学习目标	学习如何制作路径文字动画

使用路径功能制作的文字动画效果如图6-45所示。

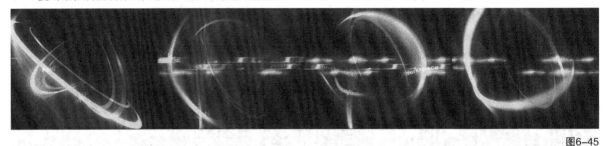

图6-45

① 新建合成，设置"合成名称"为"路径文字动画"、"预设"为PAL D1/DV、"持续时间"为5秒，然后单击"确定"按钮，如图6-46所示。

图6-46

② 使用"横排文字工具" 输入文字"Assign Shortcut to Standard Workspace"，如图6-47所示。

图6-47

③ 选择文本图层，然后使用"钢笔工具" 在"合成"面板中绘制一条曲线，如图6-48所示。

图6-48

④ 展开文本图层的"文本"属性组下的"路径选项"属性，然后在Path（路径）属性的下拉列表中选择"蒙版1"，这时可以发现文字按照一定的顺序排列在路径上，如图6-49所示。

图6-49

⑤ 在第0帧处设置"首字边距"为920，并激活该属性的关键帧，然后在第4秒24帧处设置"首字边距"为-920，这样就完成了整行文字从屏幕的右边沿着路径运动到屏幕左边的动画，如图6-50所示。

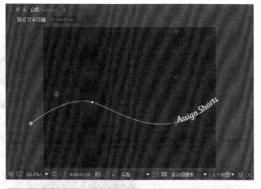

图6-50

06 在"时间轴"面板中选择文本图层，然后按5次快捷键Ctrl+D复制出多个相同的文字动画图层，接着调整每个图层的路径形状，让文字的运动路径都拥有不同的形状，如图6-51所示。

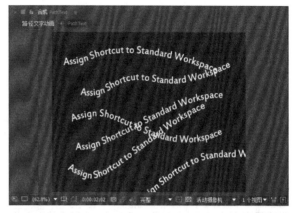

图6-51

07 将文本图层的出入点进行错位调整，让文本图层以随机方式进入屏幕，如图6-52和图6-53所示。

图6-52

图6-53

135

08 选择所有的路径文本图层，然后按快捷键 Ctrl+Shift+C，接着在打开的"预合成"对话框中设置"新合成名称"为PathText，最后单击"确定"按钮，如图6-54所示。

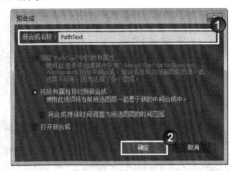

图6-54

09 导入下载资源中的"素材>第6章>课堂案例——制作路径文字动画>Light002.avi"文件，然后将其拖曳到"时间轴"面板的底层作为动态背景，如图6-55所示。

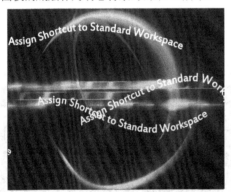

图6-55

10 选择Light002.avi图层，然后按快捷键Ctrl+D复制图层，接着将该图层放置在顶层，再执行"效果>颜色校正>亮度和对比度"菜单命令，最后在"效果控件"面板中设置"亮度"为8、"对比度"为100，并选择"使用旧版（支持HDR）"选项，如图6-56所示。

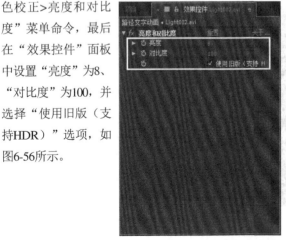

图6-56

11 选择顶层的Light002.avi图层，然后执行"效果>模糊和锐化>高斯模糊"菜单命令，接着在"效果控件"面板中设置"模糊度"为57.2，如图6-57所示。

图6-57

12 设置PathText图层的"轨道遮罩"为"[亮度遮罩 Light002.avi]"，如图6-58所示。

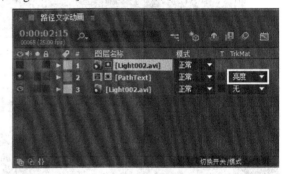

图6-58

13 选择PathText图层，然后执行"效果>扭曲>湍流置换"菜单命令，接着在"效果控件"面板中设置"数量"为94、"大小"为249，如图6-59所示。

图6-59

14 在第0帧处激活"偏移（湍流）"属性的关键帧，然后在第4秒24帧处设置"偏移（湍流）"为（720，288），如图6-60所示。

图6-60

⑮ 渲染并输出动画，最终效果如图6-61所示。

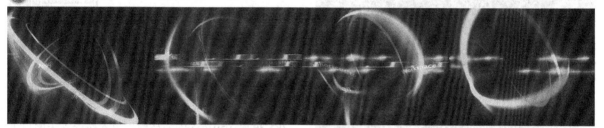

图6-61

流星雨文字动画

案例位置	案例文件>第6章>课堂案例——流星雨文字动画.aep
素材位置	素材>第6章>课堂案例——流星雨文字动画
难易指数	★★★☆☆
学习目标	学习使用遮罩制作背景以及使用范围选择器制作文字随机出现动画的方法

图6-62

① 新建合成，设置"合成名称"为"流星雨文字"、"预设"为PAL D1/DV、"持续时间"为5秒，然后单击"确定"按钮，如图6-63所示。

图6-63

② 新建一个纯色图层，设置"名称"为Back、"颜色"为（R:0, G:7, B:99），然后单击"确定"按钮，如图6-64所示。

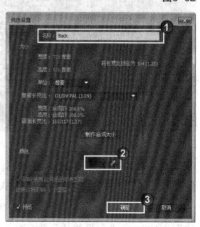

图6-64

03 使用"椭圆工具" ◯在纯色图层上绘制一个椭圆蒙版，如图6-65所示，然后设置蒙版的"蒙版羽化"为（388，388）像素、"蒙版扩展"为-168像素，如图6-66所示。

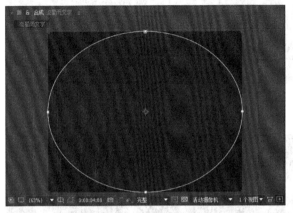

图6-65

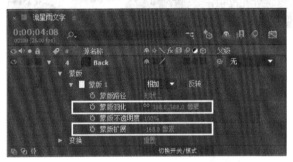

图6-66

04 使用"横排文字工具" T随机输入数字"01"，效果如图6-67所示。

图6-67

05 使用"横排文字工具" T输入"NEWS"，然后在"字符"面板中设置字体为DokChampa、颜色为（R:255，G:0，B:0）、字号为317像素、"垂直缩放"为108%、"水平缩放"为65%，如图6-68所示。

图6-68

06 根据NEWS文字的轮廓将组合数字文本图层上的其他数字删除掉，完成后的效果如图6-69所示。

图6-69

技巧与提示
在上面的操作中，一定要有耐心，必须根据NEWS文字的轮廓进行删除。

07 关闭NEWS文本图层的显示开关，然后选择组合数字图层，执行"动画>添加文本选择器>范围"菜单命令，为组合文本图层添加一个范围选择器，如图6-70所示。

图6-70

⑧ 展开文本图层的"动画制作工具 1"下的"范围选择器 1"属性，然后在第0秒处设置"偏移"为100%，并激活关键帧，接着在第3秒处设置"偏移"为-100%，如图6-71所示。

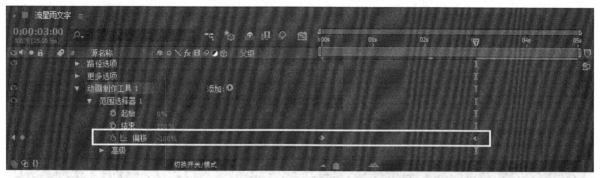

图6-71

⑨ 展开"高级"属性组，设置"形状"为"下斜坡"、"缓和高"为20%、"随机排序"为"开"、"随机植入"为98，如图6-72所示。

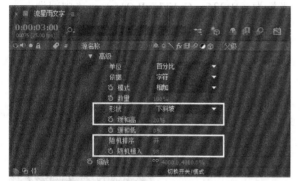

图6-72

技巧与提示

这个步骤相当重要，因为它决定了最终文字运动的随机性。

⑩ 为"动画制作工具 1"属性组添加一个"缩放"动画属性，然后设置"缩放"为（4000，4000），如图6-73所示。

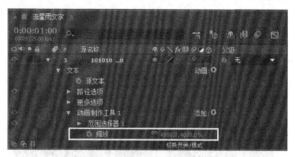

图6-73

⑪ 激活数字图层的"运动模糊"功能，然后激活"消隐"和"运动模糊"的总开关，如图6-74所示。

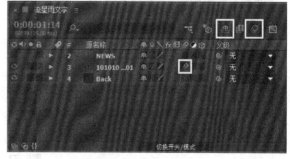

图6-74

⑫ 开启组合数字图层的运动模糊开关，然后渲染并输出动画，最终效果如图6-75所示。

图6-75

文字键入动画

案例位置　案例文件>第6章>课堂案例——文字键入动画.aep
素材位置　素材>第6章>课堂案例——文字键入动画
难易指数　★★★☆☆
学习目标　学习"窗帘"预设动画的使用方法

文字键入动画效果如图6-76所示。

图6-76

01 新建合成，设置"合成名称"为"文字键入动画"、"预设"为PAL D1/DV、"持续时间"为5秒，然后单击"确定"按钮，如图6-77所示。

图6-77

02 新建纯色图层，将其命名为Back，然后选择该图层，接着在"效果和预设"面板中搜索"窗帘"，并双击"窗帘"效果，如图6-78所示。

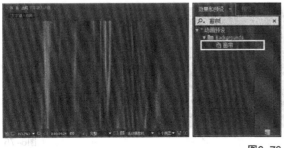

图6-78

03 选择Back图层，然后在"效果控件"面板中展开Tritone（三色调）滤镜，接着设置"高光"为（R:235，G:177，B:215）、"中间调"为（R:172，G:49，B:129）、"阴影"为（R:79，G:21，B:67），如图6-79所示。

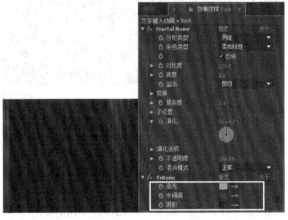

图6-79

04 使用"横排文字工具" T 在"合成"面板中输入文本，然后在"字符"面板中设置字体为"Adobe 黑体 Std"、字号为"50 像素"，如图6-80所示。

图6-80

⑤ 展开文本图层的"文本"属性，然后单击"动画"按钮▶，选择"字符值"命令，设置"字符值"为95，如图6-81所示。这样在选择器内的文字就变成了"输入光标"的形状，如图6-82所示。

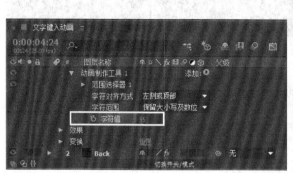
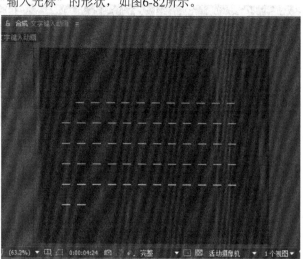

图6-81   图6-82

⑥ 选择文本图层，然后展开"文本>动画制作工具 1>范围选择器 1"属性组，接着在第0帧处激活"起始"属性的关键帧，最后在第4秒24帧处设置"起始"为100%，如图6-83所示。

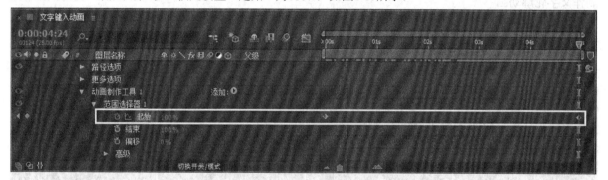

图6-83

⑦ 渲染并输出动画，最终效果如图6-84所示。

图6-84

📕 课堂练习

套用预设滤镜动画

案例位置	案例文件>第6章>课堂练习——套用预设滤镜动画.aep
素材位置	素材>第6章>课堂练习——套用预设滤镜动画
难易指数	★★☆☆☆
学习目标	学习如何套用预设滤镜动画

套用预设滤镜动画效果如图6-85所示。

图6-85

操作提示

第1步：打开"素材>第6章>课堂练习——套用预设滤镜动画>课堂练习——套用预设滤镜动画_I.aep"项目合成。

第2步：创建文字。

第3步：为文字添加预设效果。

 技巧与提示

After Effects CC提供了丰富的预设滤镜文字动画，本例套用的滤镜动画是"3D 从摄像机后下飞"。

🎯 课堂练习

制作文字轮廓动画

案例位置	案例文件>第6章>课堂练习——制作文字轮廓动画.aep
素材位置	素材>第6章>课堂练习——制作文字轮廓动画
难易指数	★★☆☆☆
学习目标	学习使用"从文本创建形状"命令创建文字轮廓动画

文字轮廓动画效果如图6-86所示。

图6-86

操作提示

第1步：打开"素材>第6章>课堂练习——制作文字轮廓动画>课堂练习——制作文字轮廓动画_I.aep"项目合成。

第2步：创建文字。

第3步：使用"从文本创建形状"命令创建形状。

第4步：为形状图层设置动画。

🎯 课堂练习

文字音量尺动画

案例位置	案例文件>第6章>课堂练习——文字音量尺动画.aep
素材位置	素材>第6章>课堂练习——文字音量尺动画
难易指数	★★★☆☆
学习目标	学习使用"梯度渐变""色光"和"百叶窗"滤镜制作音量尺动画

文字音量尺动画效果如图6-87所示。

图6-87

操作提示

第1步：打开"素材>第6章>课堂练习——文字音量尺动画>课堂练习——文字音量尺动画_I.aep"项目合成。

第2步：创建文字。

第3步：创建纯色图层，然后使用"梯度渐变""色光"和"百叶窗"滤镜根据文本图层制作音量效果。

6.4 本章小结

本章主要讲解了如何在After Effects CC中进行文字动画的制作。After Effects的文本图层在许多方面与其他种类的图层是相同的，可以对文本图层应用特效和表达式。但是，文本图层无法在自己的"图层"面板中打开。可以用特殊的文字动画属性和选择器对文本图层中的文字进行动画处理。

6.5 课后习题

本节安排了两个课后习题，主要都是通过应用滤镜来制作文字特效。

🎴 课后习题

6.5.1 扫光文字动画

案例位置	案例文件>第6章>课后习题——扫光文字动画.aep
素材位置	素材>第6章>课后习题——扫光文字动画
难易指数	★★★☆☆
练习目标	练习使用"横排文字工具"制作扫光文字动画

扫光文字动画效果如图6-88所示。

图6-88

操作提示

第1步：打开"素材>第6章>课堂练习——扫光文字动画>课堂练习——扫光文字动画_I.aep"项目合成。

第2步：创建文字。

第3步：为文字添加动画效果。

课后习题

6.5.2 火焰文字动画

案例位置	案例文件>第6章>课后习题——火焰文字动画.aep
素材位置	素材>第6章>课后习题——火焰文字动画
难易指数	★★★☆☆
练习目标	练习文字的综合使用

火焰文字动画效果如图6-89所示。

图6-89

操作提示

第1步：打开"素材>第6章>课后习题——火焰文字动画>课后习题——火焰文字动画_I.aep"项目合成。

第2步：创建文字。

第3步：为形状图层设置跟踪遮罩。

第7章

色彩校正与抠像

在影视前期拍摄中，由于客观条件的限制或主观失误，可能会造成拍摄得到的素材画面过度曝光或曝光不足，甚至严重偏色。如果要在影视制作中使用这些素材，那么必须对这些素材的色彩进行校正处理。色彩校正除了可以还原影片的真实感外，还可以增强画面的艺术感。

课堂学习目标

了解直方图的运用

掌握常用校色滤镜的运用方法

掌握校色滤镜包的运用方法

掌握常用抠像滤镜的使用方法

掌握Keylight抠像滤镜的使用方法

7.1 直方图

直方图就是用图像的方式来展示视频的影调构成。一张8bit通道的灰度图像可以显示256个灰度级，因此灰度级可以用来表示画面的亮度层次。对于彩色图像，可以将彩色图像的R、G、B通道分别用8bit的黑白影调层次来表示，而这3个颜色通道共同构成了亮度通道；对于带有Alpha通道的图像，可以用4个通道来表示图像的信息，也就是通常所说的RGB+Alpha通道。

在图7-1中，直方图表示了在黑与白的256个灰度级别中，每个灰度级别在视频中有多少个像素。从图中可以直观地发现整个画面比较偏暗，所以在直方图中可以观察到直方图的绝大部分像素都集中在0~128个级别中，其中0表示纯黑，255表示纯白。

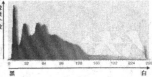

图7-1

通过直方图可以很容易地观察出视频画面的影调分布，如果一张照片中具有大面积的偏亮色，那么它的直方图的右边肯定分布了很多峰状波形，如图7-2所示；如果一张照片中具有大面积的偏暗色，那么它的直方图的左边肯定分布了很多峰状的波形，如图7-3所示。

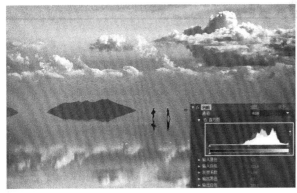

图7-2

图7-3

技巧与提示

如果要查看一张图片的直方图，必须先将这张图片导入到After Effects CC中，然后为其添加一个"色阶"滤镜，在"效果控件"面板中就可以很直观地观察到这张图片的直方图，如图7-4所示。

直方图除了可以显示图片的影调分布外，最为重要的一点是直方图还显示了画面上阴影和高光的位置。当使用"色阶"或"曲线"滤镜调整画面影调时，直方图可以寻找高光和阴影来提供视觉上的线索。除此之外，通过直方图还可以很方便地辨别出视频的画质，如果在直方图上发现直方图的顶部被平切了，这就表示视频的一部分高光或阴影由于某种原因已经发生了损失现象，如图7-5和图7-6所示；如果在直方图上发现中间出现了缺口，那么就表示对这张图片进行了多次操作，并且画质受到了严重损失，如图7-7所示。

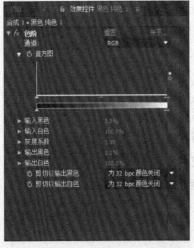

图7-4

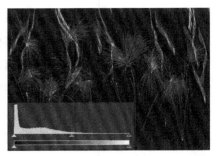

图7-5

图7-6

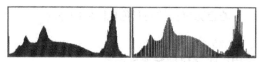

图7-7

7.2 常用调色滤镜

After Effects CC的"颜色校正"滤镜包中提供了很多调色滤镜，下面挑选几个具有代表性的滤镜进行详细讲解。

7.2.1 色阶滤镜

"色阶"滤镜可以通过调整输入颜色的级别来获取一个新的颜色输出范围，即修改图像的亮度和对比度，如图7-8所示。

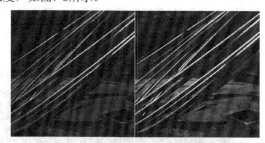

图7-8

在"效果控件"面板中展开"色阶"滤镜的属性，如图7-9所示。

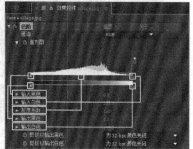

图7-9

通道：设置滤镜要应用的通道。可以选择RGB、"红色""绿色""蓝色"和Alpha通道进行单独色阶调整。

直方图：通过直方图可以观察到各个影调的像素在图像中的分布情况。

输入黑色：控制输入图像中的黑色阈值。

输入白色：控制输入图像中的白色阈值。

灰度系数：调节图像影调的阴影和高光的相对值。

输出黑色：控制输出图像中的黑色阈值。

输出白色：控制输出图像中的白色阈值。

7.2.2 曲线滤镜

"曲线"滤镜的功能与"色阶"滤镜比较类似，但是"曲线"滤镜还可以通过调节指定的影调来调节指定范围的影调对比度，如图7-10所示。

图7-10

在"效果控件"面板中展开"曲线"滤镜的属性，如图7-11所示。

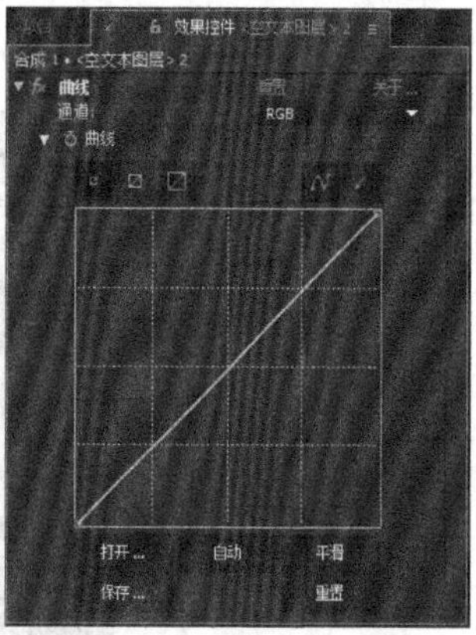

图7-11

通道：选择需要调整的色彩通道。包括RGB、"红色""绿色""蓝色"和Alpha通道。

曲线：通过调整曲线的坐标或绘制曲线来调整图像的色调。

切换：用来切换操作区域的大小。

曲线工具：使用该工具可以在曲线上添加节

点，并且可以移动添加的节点。如果要删除节点，只需要将选择的节点拖曳出曲线图之外即可。

铅笔工具：使用该工具可以在坐标图上任意绘制曲线。

打开：打开保存好的曲线，也可以打开Photoshop中的曲线文件。

自动：自动修改曲线，增加应用图层的对比度。

平滑：使用该工具可以将曲折的曲线变得更加平滑。

保存：将当前色调曲线存储起来，以便于以后重复利用。保存好的曲线文件可以应用在Photoshop中。

重置：将曲线恢复到默认的直线状态。

7.2.3 色相/饱和度滤镜

"色相/饱和度"滤镜是基于HSB颜色模式，因此使用"色相/饱和度"滤镜可以调整图像的色调、亮度和饱和度，如图7-12所示。

图7-12

在"效果控件"面板中展开"色相/饱和度"滤镜的属性，如图7-13所示。

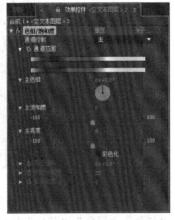

图7-13

通道控制：控制受滤镜影响的通道，默认设置为"主"，表示影响所有的通道；如果选择其他通道，通过"通道范围"选项可以查看通道受滤镜影响的范围。

通道范围：显示通道受滤镜影响的范围。

主色相：控制所调节颜色通道的色调。

主饱和度：控制所调节颜色通道的饱和度。

主亮度：控制所调节颜色通道的亮度。

彩色化：控制是否将图像设置为彩色图像。选择该选项之后，将激活"着色色相""着色饱和度"和"着色亮度"属性。

着色色相：将灰度图像转换为彩色图像。

着色饱和度：控制彩色化图像的饱和度。

着色亮度：控制彩色化图像的亮度。

课堂案例

使用色阶滤镜调整灰度图像

案例位置 案例文件>第7章>课堂案例——使用色阶滤镜调整灰度图像.aep
素材位置 素材>第7章>课堂案例——使用色阶滤镜调整灰度图像
难易指数 ★★☆☆☆
学习目标 学习使用"色阶"滤镜寻找灰度图像的暗部和高亮区域

使用"色阶"滤镜寻找灰度图像的暗部区域和高亮区域后的效果如图7-14所示。

图7-14

01 新建合成，设置"预设"为PAL D1/DV，然后单击"确定"按钮，如图7-15所示，接着导入下载资源中的"素材>第7章>课堂案例——使用色阶滤镜调整灰度图像>灰度.jpg"文件，并将其拖曳到"时间轴"面板中。

图7-15

02 选择"灰度.jpg"图层,然后执行"效果>颜色校正>色阶"菜单命令,接着调整"输入黑色"滑块,寻找画面的高亮区域,如图7-16所示,最后调整"输入白色"滑块,寻找画面的暗部区域,如图7-17所示。

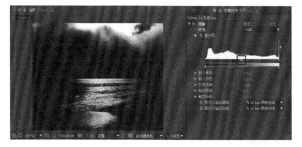

图7-16

图7-17

03 将"输入黑色"和"输入白色"复原,然后将"灰度系数"滑块向右移动,此时图像的暗调区域将逐渐增大,而高亮区域将逐渐减小,如图7-18所示;如果将"灰度系数"滑块向左移动,那么图像的高亮区域将逐渐增大,而暗调区域将逐渐减小,如图7-19所示。

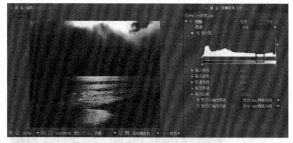

图7-18

图7-19

技巧与提示

使用"色阶"滤镜除了可以调节画面的偏色情况外,还可以调整画面的特定色彩。对于一些具有特殊影调的素材,则需要进行特殊的处理。

在图7-20中,画面具有很强的镜面高光效果,并且画面的整体色调偏灰、偏暗,这时可以通过降低"输入白色"数值的方法来压缩图像的高光细节,从而提高画面的对比度。

图7-20

在图7-21(左)中,可以发现除了高光以外,画面中的细节效果并不明显,这时可以通过降低"输入黑色"数值的方法来提高图像的细节效果,如图7-21(右)所示。

图7-21

课堂案例

使用曲线滤镜调节图像的对比度

案例位置	案例文件>第7章>课堂案例——使用曲线滤镜调节图像的对比度.aep
素材位置	素材>第7章>课堂案例——使用曲线滤镜调节图像的对比度
难易指数	★★☆☆☆
学习目标	学习使用"曲线"滤镜调整图像的对比度

使用"曲线"滤镜提高和降低图像对比度后的效果如图7-22所示。

图7-22

① 新建合成，设置"预设"为PAL D1/DV，然后单击"确定"按钮，如图7-23所示，接着导入下载资源中的"素材>第7章>课堂案例——使用曲线滤镜调节图像的对比度>植物标本.jpg"文件，并将其拖曳到"时间轴"面板中。

图7-23

② 选择"植物标本.jpg"图层，然后执行"效果>颜色校正>曲线"菜单命令，接着在"效果控件"面板中调整曲线的形状，如图7-24所示。

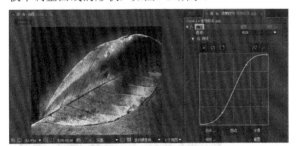

图7-24

技巧与提示

S状曲线可以降低较暗部分的亮度值，同时可以增大较亮部分的亮度值，这样就可以拉开影调中较暗部分和较亮部分的层次感。

③ 将曲线调节成反S形状，降低画面的对比度，如图7-25所示。

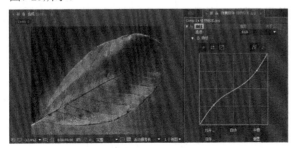

图7-25

技巧与提示

反S状曲线可以提高较暗部分的亮度值，同时可以降低较亮部分的亮度值，这样就可以拉近较暗部分和较亮部分的层次感。

在调整曲线时，如果要使画面的影调过渡更加自然，就必须使曲线保持比较平滑的状态。

课堂案例

使用曲线滤镜单独调节画面的亮度和饱和度

案例位置	案例文件>第7章>课堂案例——使用曲线滤镜单独调节画面的亮度和饱和度.aep
素材位置	素材>第7章>课堂案例——使用曲线滤镜单独调节画面的亮度和饱和度
难易指数	★★☆☆☆
学习目标	学习使用"曲线"滤镜单独调整图像的亮度和对比度

使用"曲线"滤镜调节图像亮度和对比度后的效果如图7-26所示。

图7-26

① 新建合成，设置"预设"为PAL D1/DV，然后单击"确定"按钮，如图7-27所示，接着导入下载资源中的"素材>第7章>使用曲线滤镜单独调节画面的亮度和饱和度>造型艺术.jpg"文件，并将其拖曳到"时间轴"面板中。

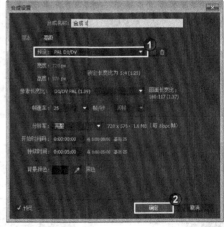

图7-27

② 选择"造型艺术.jpg"图层，然后执行"效果>颜色校正>曲线"菜单命令，接着在"效果控件"面板中调整曲线的形状，如图7-28所示。

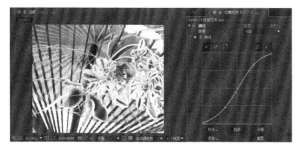

图7-28

03 复制"造型艺术.jpg"图层，然后调整复制图层的曲线形状，接着设置该图层的混合模式为"发光度"，如图7-29所示。

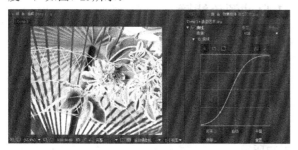

图7-29

04 复制顶层的"造型艺术.jpg"图层，然后调整好曲线的形状，接着设置该图层的混合模式为"颜色"，如图7-30所示。

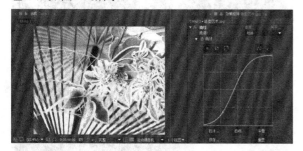

图7-30

⚙ 课堂案例

使用色相/饱和度滤镜更换季节

案例位置	案例文件>第7章>课堂案例——使用色相/饱和度滤镜更换季节.aep
素材位置	素材>第7章>课堂案例——使用色相/饱和度滤镜更换季节
难易指数	★★☆☆☆
学习目标	学习使用"色相/饱和度"滤镜更换图像的色调

使用"色相/饱和度"滤镜将处于春季的森林更换为深秋季节后的效果如图7-31所示。

图7-31

01 新建合成，设置"预设"为PAL D1/DV，然后单击"确定"按钮，如图7-32所示，接着导入下载资源中的"素材>第7章>课堂案例——使用色相/饱和度滤镜更换季节>深林.bmp"文件，并将其拖曳到"时间轴"面板中。

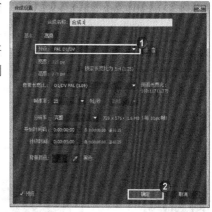

图7-32

02 选择"深林.bmp"图层，然后执行"效果>颜色校正>色相/饱和度"菜单命令，接着在"效果控件"面板中设置"通道控制"为"绿色"、"绿色色相"为（0×-80°）、"绿色饱和度"为10，如图7-33所示。

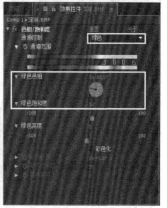

图7-33

⚙ 课堂练习

使用色阶滤镜调整彩色图像

案例位置	案例文件>第7章>课堂练习——使用色阶滤镜调整彩色图像.aep
素材位置	素材>第7章>课堂练习——使用色阶滤镜调整彩色图像
难易指数	★★☆☆☆
学习目标	学习使用"色阶"滤镜还原图像色调

使用"色阶"滤镜还原纸杯色调后的效果如图7-34所示。

图7-34

第1步：打开"素材>第7章>课堂练习——使用色阶滤镜调整彩色图像>课堂练习——使用色阶滤镜调整彩色图像_I.aep"项目合成。

第2步：使用"色阶"滤镜调整图像的颜色。

课堂练习

使用曲线滤镜进行区域调色

案例位置	案例文件>第7章>课堂练习——使用曲线滤镜进行区域调色.aep
素材位置	素材>第7章>课堂练习——使用曲线滤镜进行区域调色
难易指数	★★☆☆☆
学习目标	学习使用"曲线"滤镜进行区域调色

使用"曲线"滤镜调整树桩和地面色调后的效果如图7-35所示。

图7-35

操作提示

第1步：打开"素材>第7章>课堂练习——使用曲线滤镜进行区域调色>课堂练习——使用曲线滤镜进行区域调色_I.aep"项目合成。

第2步：使用"曲线"滤镜调整图像的颜色。

课堂练习

使用色相/饱和度滤镜为灰度图上色

案例位置	案例文件>第7章>课堂练习——使用色相/饱和度滤镜为灰度图上色.aep
素材位置	素材>第7章>课堂练习——使用色相/饱和度滤镜为灰度图上色
难易指数	★★☆☆☆
学习目标	学习使用"色相/饱和度"滤镜为灰度图像上色

使用"色相/饱和度"滤镜将灰度图调整成蓝色后的效果如图7-36所示。

图7-36

操作提示

第1步：打开"素材>第7章>课堂练习——使用色相/饱和度滤镜为灰度图上色>课堂练习——使用色相/饱和度滤镜为灰度图上色_I.aep"项目合成。

第2步：使用"色相/饱和度"滤镜调整图像的颜色。

7.3 其他调色滤镜

After Effects CC的"颜色校正"滤镜包中包含了校色和制作色彩特效的滤镜，每个滤镜都有各自的功能与特点。

7.3.1 自动颜色/色阶/对比度滤镜

1.自动颜色滤镜

"自动颜色"滤镜可以对图像中的阴影、中间影调和高光进行分析，然后自动调节图像的对比度和颜色。在默认情况下，"自动颜色"滤镜使用128阶灰度来压缩中间影调，同时以0.5%的范围来切除高光和阴影像素的颜色和对比度，如图7-37所示。

图7-37

在"效果控件"面板中展开"自动颜色"滤镜的属性，如图7-38所示。

图7-38

瞬间平滑（秒）： 指定围绕当前帧的持续时间。

场景检测： 在为瞬时平滑分析周围的帧时，忽略超出场景变换的帧。

修剪黑色/白色： 设置黑色或白色像素的减弱程度。

对齐中性中间调： 确定一个接近中性色彩的平均值，然后分析亮度值，使图像整体色彩适中。

与原始图像混合：设置当前效果与原始图像的融合程度。

下面通过实际操作，来介绍如何使用"自动颜色"滤镜调整图像的颜色对比度。

新建一个合成，然后导入素材文件，如图7-39所示。

图7-39

为图层添加"自动颜色"滤镜，此时可以发现图像的对比度和颜色都相对减弱了，效果如图7-40所示。

图7-40

将图像的颜色和对比度提高，让图像看起来更加自然。设置"修剪黑色"为6.57%、"修剪白色"为5.69%、"与原始图像混合"为21.1%，如图7-41所示。

图7-41

2.自动色阶滤镜

"自动色阶"滤镜可以定义每个颜色通道的最亮和最暗像素来作为纯白色和纯黑色，然后按比例来分布中间色阶并自动设置高光和阴影，如图7-42所示。注意，"自动色阶"滤镜可以分别调节每个颜色通道，所以可能会改变图像中的颜色信息。

"自动色阶"滤镜以0.5%的单位来裁切黑白像素，也就是说它忽略了最亮和最暗的0.5%像素的区别，将它们一律视为纯黑或纯白像素。

图7-42

在"效果控件"面板中展开"自动色阶"滤镜的属性，如图7-43所示。

图7-43

瞬间平滑（秒）：指定围绕当前帧的持续时间。

场景检测：在为瞬时平滑分析周围的帧时，忽略超出场景变换的帧。

修剪黑色/白色：设置黑色或白色像素的减弱程度。

与原始图像混合：设置当前效果与原始图像的融合程度。

下面通过实际操作，来介绍如何使用"自动色阶"滤镜调整图像的高光和阴影。

新建一个合成，然后导入素材文件，如图7-44所示。

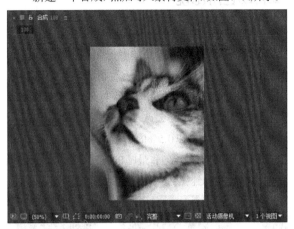

图7-44

为图层添加"自动色阶"滤镜，然后设置"修剪黑色"为9.26%、"修剪白色"为8.16%、"与原始图像混合"为36%，如图7-45所示。

图7-45

3.自动对比度滤镜

"自动对比度"滤镜可以自动调节画面的对比和颜色混合度。因为"自动对比度"滤镜不能单独调节通道，所以它不会引入或删除颜色信息，而只是将画面中最亮和最暗的部分映射为白色和黑色，这样就可以使高光部分变得更亮，而阴影部分则变得更暗，如图7-46所示。当图像中获取了最亮和最暗像素信息时，"自动对比度"滤镜会以0.5%的可变范围来裁切黑白像素。

图7-46

在"效果控件"面板中展开"自动对比度"滤镜的属性，如图7-47所示。

图7-47

瞬间平滑（秒）： 指定围绕当前帧的持续时间。

场景检测： 在为瞬时平滑分析周围的帧时，忽略超出场景变换的帧。

修剪黑色/白色： 设置黑色或白色像素的减弱程度。

与原始图像混合： 设置当前效果与原始图像的融合程度。

下面通过实际操作，来介绍如何使用"自动对比度"滤镜调整图像的对比度。

新建一个合成，然后导入素材文件，如图7-48所示。

图7-48

为图层添加"自动对比度"滤镜，然后设置"修剪黑色"为5.11%、"修剪白色"为4.26%、"与原始图像混合"为62.1%，如图7-49所示。

图7-49

7.3.2 亮度和对比度滤镜

"亮度和对比度"滤镜是最简单、最容易调节画面影调范围的滤镜。通过该滤镜可以同时调整画面所有像素的亮部、中间调和暗部，但是只能调节单一的颜色通道，如图7-50所示。

图7-50

在"效果控件"面板中展开"亮度和对比度"滤镜的属性，如图7-51所示。

图7-51

亮度：用于调节图像的亮度。正值表示提高亮度，负值表示降低亮度。

对比度：用于控制图像的对比度。正值表示提高对比度，负值表示降低对比度。

下面通过实际操作，来介绍如何使用"亮度和对比度"滤镜调整图像的亮度和对比度。

新建一个合成，然后导入素材文件，如图7-52所示。

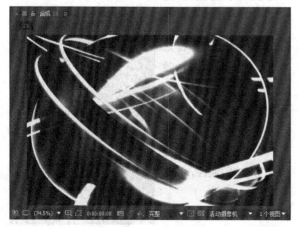

图7-52

为图层添加"亮度和对比度"滤镜，然后设置"亮度"为58、"对比度"为33，如图7-53所示。

图7-53

7.3.3 广播颜色滤镜

"广播颜色"滤镜可以降低图像颜色的亮度和饱和度（这样可以达到一个安全播放的级别），使图像在电视上正确显示出来，如图7-54所示。

图7-54

在"效果控件"面板中展开"广播颜色"滤镜的属性，如图7-55所示。

图7-55

广播区域设置：选取视频的播放标准，共有PAL制式和NTSC制式两种（我国采用的是PAL制式）。

确保颜色安全的方式：选择调节缩减信号振幅的不同属性，从而控制视频图像不至于超出普通监视器的播放范围，共有以下4个选项。

降低明亮度：根据系统自定义的属性来缩减当前视频图像的亮度，从而使亮度信号处于安全的播放范围之内。

降低饱和度：根据系统自定义的属性来减少当前视频图像的色彩饱和度，从而使色彩信号处于安全的播放范围之内。

抠出不安全区域： 使超出播放范围的像素变成透明状态，从而使画面只显示没有超出播放范围的图像。

抠出安全区域： 使没有超出播放范围的像素变成透明状态，从而使画面只显示超出播放范围的图像。

最大信号振幅： 制定用于播放的视频素材的最高振幅（最大安全值），一般设置为110。

7.3.4 更改颜色/更改为颜色滤镜

1.更改颜色滤镜

"更改颜色"滤镜可以改变某个色彩范围内的色调，以达到置换颜色的目的。在"效果控件"面板中展开"更改颜色"滤镜的属性，如图7-56所示。

图7-56

视图： 设置在"合成"面板中查看图像的方式。"校正的图层"选项显示的是颜色校正后的画面效果，也就是最终效果；"颜色校正蒙版"显示的是颜色校正后的遮罩部分的效果，也就是图像中被改变的部分。

色相变换： 调整所选颜色的色相。

亮度变换： 调节所选颜色的亮度。

饱和度变换： 调节所选颜色的色彩饱和度。

要更改的颜色： 指定将要被修正的区域的颜色。

匹配容差： 指定颜色匹配的相似程度，即颜色的容差度。值越大，被修正的颜色区域越大。

匹配柔和度： 设置颜色的柔和度。

匹配颜色： 指定匹配的颜色空间，共有"使用RGB""使用色相"和"使用色度"3个选项。

反转颜色校正蒙版： 反转颜色校正的遮罩，可以使用"吸管工具"拾取图像中相同的颜色区域来进行反转操作。

下面通过实际操作，来介绍如何使用"更改颜色"滤镜改变图像的颜色。

新建一个合成，然后导入素材文件，如图7-57所示。

图7-57

为图层添加"更改颜色"滤镜，然后设置"色相变换"为162.5、"亮度变换"为-1.7、"饱和度变换"为-35.3、"要更改的颜色"为（R:226，G:206，B:0）、"匹配容差"为51.8%、"匹配柔和度"为59.9%，如图7-58所示。

图7-58

技巧与提示

在设置"要更改的颜色"属性时，可以使用该属性后面的"吸管工具"吸取画面中的颜色，这样得到的颜色比手动设置的颜色更加准确。

2.更改为颜色滤镜

"更改为颜色"滤镜类似于"更改颜色"滤镜，也可以将画面中某个特定颜色置换成另外一种颜色，只不过它的可控参数更多，得到的效果也更加精确。在"效果控件"面板中展开"更改为颜色"滤镜的属性，如图7-59所示。

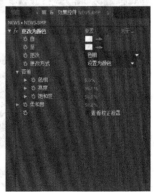

图7-59

自：用来指定要转换的颜色。

至：用来指定转换成何种颜色。

更改：用来指定影响HLS色彩模式中的哪一个通道。

更改方式：用来指定颜色的转换方式，共有"设置为颜色"和"变换为颜色"两个选项。

容差：用来指定色相、明度和饱和度的数值。

柔和度：用来控制转换后的颜色的柔和度。

查看校正遮罩：选择该选项时，可以查看哪些区域的颜色被修改过。

下面通过实际操作，来介绍如何使用"更改为颜色"滤镜改变特定区域的颜色。

新建一个合成，然后导入素材文件，如图7-60所示。

图7-60

为图层添加"更改为颜色"滤镜，然后在"效果控件"面板中设置"自"为（R:255，G:204，B:0）、"至"为（R:0，G:6，B:255）、"色相"为19.3%，如图7-61所示。

图7-61

7.3.5 通道混合器滤镜

"通道混合器"滤镜可以通过混合当前通道来改变画面的颜色通道。使用该滤镜可以制作出普通校色滤镜不容易制作出的效果，如图7-62所示。

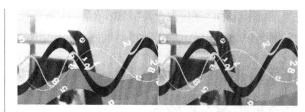

图7-62

在"效果控件"面板中展开"通道混合器"滤镜的属性，如图7-63所示。

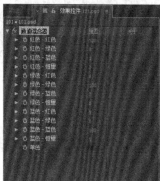

图7-63

红色-红色/红色-绿色/红色-蓝色：用来设置红色通道颜色的混合比例。

绿色-红色/绿色-绿色/绿色-蓝色：用来设置绿色通道颜色的混合比例。

蓝色-红色/蓝色-绿色/蓝色-蓝色：用来设置蓝色通道颜色的混合比例。

红色/绿色/蓝色-恒量：用来调整红、绿和蓝通道的对比度。

单色：选择该选项后，彩色图像将转换为灰度图。

下面通过实际操作，来介绍如何使用"通道混合器"滤镜调整通道的颜色。

新建一个合成，然后导入素材文件，如图7-64所示。

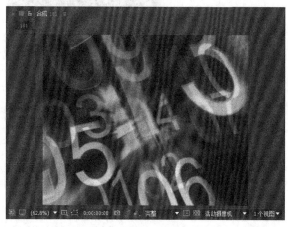

图7-64

为图层添加"通道混合器"滤镜，然后在"效果控件"面板中设置"红色-红色"为25、"红色-绿色"为63、"红色-蓝色"为36、"红色-恒量"为1、"绿色-红色"为11，如图7-65所示。

图7-65

7.3.6 颜色平衡滤镜

"颜色平衡"滤镜主要依靠控制红、绿、蓝在中间色、阴影和高光之间的比重来控制图像的色彩，非常适合于精细调整图像的高光、阴影和中间色调，如图7-66所示。

图7-66

在"效果控件"面板中展开"颜色平衡"滤镜的属性，如图7-67所示。

图7-67

阴影红色绿色蓝色平衡：在暗部通道中调整颜色的范围。

中间调红色/绿色/蓝色平衡：在中间调通道中调整颜色的范围。

高光红色绿色蓝色平衡：在高光通道中调整颜色的范围。

保持发光度：保留图像颜色的平均亮度。

下面通过实际操作，来介绍如何使用"颜色平衡"滤镜调整图像的高光、阴影和中间调。

新建一个合成，然后导入素材文件，如图7-68所示。

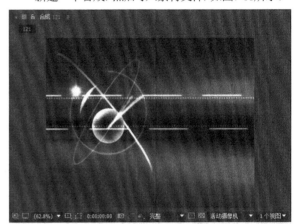

图7-68

为"121.psd"图层添加 "颜色平衡"滤镜，然后在"效果控件"面板中设置"阴影红色平衡"为-26、"阴影绿色平衡"为26、"阴影蓝色平衡"为72.2、"中间调红色平衡"为22.5、"中间调绿色平衡"为-55.1、"中间调蓝色平衡"为6.6、"高光红色平衡"为7.5、"高光绿色平衡"为-18.1、"高光红色平衡"为100，如图7-69所示。

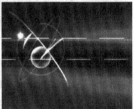

图7-69

7.3.7 颜色平衡（HLS）滤镜

"颜色平衡（HLS）"滤镜是通过调整"色相""饱和度"和"亮度"属性来控制图像的色彩平衡，如图7-70所示。

图7-70

在"效果控件"面板中展开"颜色平衡（HLS）"滤镜的属性，如图7-71所示。

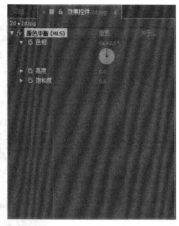

图7-71

色相：调整图像的色相。

亮度：调整图像的亮度。

饱和度：调整图像的饱和度。

下面通过实际操作，来介绍如何使用"颜色平衡（HLS）"滤镜调整图像的色相、亮度及饱和度。

新建一个合成，然后导入素材文件，如图7-72所示。

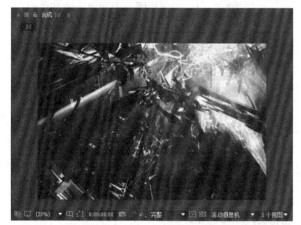

图7-72

为2d.jpg图层添加"颜色平衡（HLS）"滤镜，然后在"效果控件"面板中设置"色相"为（0×250°），如图7-73所示。

图7-73

7.3.8 颜色链接滤镜

"颜色链接"滤镜可以根据其他图层的整体色调来调节当前图层的色调，使它们之间的色调相互协调统一起来。在"效果控件"面板中展开"颜色链接"滤镜的属性，如图7-74所示。

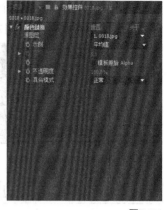

图7-74

源图层：指定要提取颜色信息的图层。如果选择"无"选项，则用当前图层的颜色信息来计算平均值；如果选择该图层的名称，则按图像的原始信息来进行计算。

示例：指定一个来源于源图层的效果的计算方式，共有"平均值""中间值""最亮值""最暗值""RGB最大值""RGB最小值""Alpha 平均值""Alpha 中间值""Alpha 最大值"和"Alpha 最小值"10个选项。

剪切：设置被指定采样百分比的最高值和最低值，该属性对清除图像的杂点非常有用。

模板原始Alpha：选择该选项时，系统会在新数值上添加一个效果层的原始Alpha通道模板。

不透明度：设置效果层的不透明度。

混合模式：设置提取颜色信息的来源层链接到效果层上的混合模式。

下面通过实际操作，来介绍如何使用"颜色链接"滤镜调整图像的色调。

新建一个合成，然后导入素材文件，如图7-75所示。

图7-75

为0018.jpg图层添加一个Color Link（颜色链接）滤镜，具体属性设置如图7-76所示。

图7-76

7.3.9 颜色稳定器滤镜

"颜色稳定器"滤镜可以根据图像的整体效果来改变画面的颜色，对于稳定和统一图像色彩非常有用。在"效果控件"面板中展开"颜色稳定器"滤镜的属性，如图7-77所示。

图7-77

稳定：选择色彩稳定的类型，包含"亮度""色阶"和"曲线"3种平衡方式。

黑场：指定暗部的点。

中点：指定中间色的点。

白场：指定亮部的点。

样本大小：调节采样区域的范围。

7.3.10 色光滤镜

"色光"滤镜是一种渐变映射滤镜，可以使用新的渐变色对图像进行上色，如图7-78所示。在"效果控件"面板中展开"色光"滤镜的属性，如图7-79所示。

图7-78

图7-79

输入相位：设置彩光的特性和产生彩光的图层。

获取相位，自：指定采用图像的哪一种元素来产生彩光。

添加相位：指定在合成图像中产生彩光的图层。

添加相位，自：指定用哪一个通道来添加色彩。

添加模式：指定彩光的添加模式。

相移：切换彩光的相位。

输出循环：用于设置彩光的样式。通过"输出循环"色轮可以调节色彩区域的颜色变化。

使用预设调板：从系统自带的30多种彩光效果中选择一种样式。

循环重复次数：控制彩光颜色的循环次数。数值越高，杂点越多，如果将其设置为0，将不起作用。

插值调板：如果关闭该选项，系统将以256色在色轮上产生彩色光。

修改：在其下拉列表中可以指定一种影响当前图层色彩的通道。

像素选区：指定彩光在当前图层上影响像素的范围。

匹配颜色：指定匹配彩光的颜色。

匹配容差：指定匹配像素的容差度。

匹配柔和度：指定选择像素的柔化区域，使受影响的区域与未受影响的像素产生柔化的过渡效果。

匹配模式：设置颜色匹配的模式。如果选择"关"模式，系统将忽略像素匹配而影响整个图像。

蒙版：指定一个蒙版层，并且可以为其指定蒙版模式。

与原始图像混合： 设置当前效果层与原始图像的融合程度。

下面通过实际操作，来介绍如何使用"色光"滤镜调整图像的色调。

新建一个合成，然后导入素材文件，如图7-80所示。

图7-80

为45.png图层添加"色光"滤镜，然后在"效果控件"面板中设置"获取相位，自"为"蓝色"、"使用预设调板"为"火焰"、"与原始图像混合"为70%，如图7-81所示。

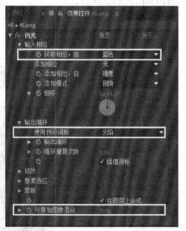

图7-81

7.3.11 色调均化滤镜

"色调均化"滤镜可以自动用白色取代图像中最亮的像素，用黑色取代图像中最暗的像素，然后平均分配白色和黑色之间的色阶，如图7-82所示。

图7-82

在"效果控件"面板中展开"色调匀化"滤镜的属性，如图7-83所示。

图7-83

色调均化： 指定平均化的方式，包括RGB、"亮度"和"Photoshop样式"3种方式。

色调均化量： 设置重新分布亮度的程度。

技巧与提示

"色调均化"滤镜首先要计算出最亮和最暗的像素，然后分别用白色和黑色取代，最后才将中间色的像素平均分配在白色和黑色之间的色调上。

下面通过实际操作，来介绍如何使用"色调均化"滤镜修正亮度不足的图像。

新建一个合成，然后导入素材文件，如图7-84所示。

图7-84

为2.png图层添加"色调均化"滤镜，然后在"效果控件"面板中设置"色调均化量"为72.5%，如图7-85所示。

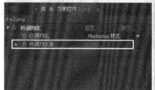

图7-85

7.3.12 曝光度滤镜

"曝光度"滤镜主要用来调节画面的曝光度。在"效果控件"面板中展开"曝光度"滤镜的属性，如图7-86所示。

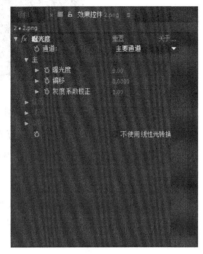

图7-86

通道：指定通道的类型，包括"主要通道"和"单个通道"两种类型。"主要通道"选项是一次性调整整体通道；"单个通道"选项主要用来对RGB通道中的各个通道进行单独调整。

曝光度：控制图像的整体曝光度。

偏移：设置图像整体色彩的偏移程度。

灰度系数校正：设置图像整体的灰度值。

红色/绿色/蓝色：分别用来调整RGB通道的"曝光度""偏移"和"灰度系数校正"数值，只有设置"通道"为"单个通道"时，这些属性才会被激活。

7.3.13 灰度系数/基值/增益滤镜

"灰度系数/基值/增益"滤镜主要用来调节画面的灰度系数值、基值和增益值，如图7-87所示。

图7-87

在"效果控件"面板中展开"灰度系数/基值/增益"滤镜的属性，如图7-88所示。

图7-88

黑色伸缩：用来重新调整图像最暗部的强度，取值范围为1~4。

红色/绿色/蓝色灰度系数：分别用来调整红、绿、蓝通道的灰度系数值。通过调整灰度系数值，图像将变暗或变亮。

红色/绿色/蓝色基值：分别用来调整红、绿、蓝通道的最低输出值。

红色/绿色/蓝色增益：分别用来调整红、绿、蓝通道的最大输出值。

7.3.14 保留颜色滤镜

"保留颜色"滤镜可以将选定颜色之外的颜色变成灰度色。在"效果控件"面板中展开"保留颜色"滤镜的属性，如图7-89所示。

图7-89

脱色量：设置消除颜色的程度。当值为100%时，图像将显示为灰色。

要保留的颜色：选择需要保留的颜色。

容差：设置颜色相似的程度。

边缘柔和度：调节色彩边缘的柔化程度。

匹配颜色：选择颜色匹配的方式，共有"使用RGB"和"使用色相"两种方式。

7.3.15 照片滤镜滤镜

"照片滤镜"相当于为素材加入一个滤色镜，以达到和其他颜色统一起来的目的，如图7-90所示。

图7-90

在"效果控件"面板中展开"照片滤镜"的属性，如图7-91所示。

图7-91

滤镜：设置需要过滤的颜色，可以从其下拉列表中选择系统自带的18种过滤色。

颜色：用户自己设置需要过滤的颜色。只有设置"滤镜"为"自定义"选项时，该选项才可用。

密度：设置重新着色的强度。值越大，效果越明显。

保持发光度：选择该选项时，可以在过滤颜色的同时保持原始图像的明暗分布层次。

下面通过实际操作，来介绍如何使用"照片滤镜"统一画面的色调。

新建一个合成，然后导入素材文件，效果如图7-92所示。

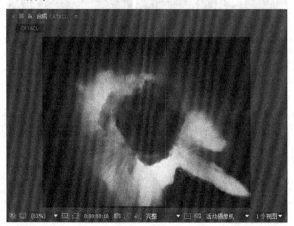

图7-92

为图层添加一个"照片滤镜"，然后在"效果控件"面板中设置"滤镜"为"自定义"、"颜色"为（R:148，G:103，B:111）、"密度"为84%，如图7-93所示。

图7-93

7.3.16 PS 任意映射滤镜

"PS 任意映射"滤镜主要用来调整画面的亮度级别，如图7-94所示。

图7-94

在"效果控件"面板中展开"PS 任意映射"滤镜的属性，如图7-95所示。

图7-95

相位：用于循环"PS 任意映射"滤镜。

应用相位映射到Alpha：将外部的相位映射到图层的Alpha通道。如果图层没有Alpha通道，系统将对Alpha通道使用默认设置。

7.3.17 阴影/高光滤镜

"阴影/高光"滤镜可以单独处理图像的阴影和高光区域,在实际工作中经常用来处理阴影和高光不足的区域,如图7-96所示。

图7-96

在"效果控件"面板中展开"阴影/高光"滤镜的属性,如图7-97所示。

图7-97

自动数量: 通过分析当前画面的颜色值来自动调整画面的明暗关系。

阴影数量: 只针对图像的亮部进行调整。值越大,阴影区域就越亮。

高光数量: 只针对图像的亮部进行调整。值越大,高光区域就越暗。

瞬时平滑(秒): 设置阴影和高光的临时平滑度。当激活"自动数量"选项时,该选项才有效。

场景检测: 侦测场景画面的变化。

更多选项: 对画面的暗部和亮部进行更多的设置。

阴影/高光色调宽度: 设置阴影/高光区域的色调范围。

阴影/高光半径: 设置阴影/高光所影响的半径。值越大,阴影越亮,高光则越暗。

颜色校正: 针对彩色图片的色调区域进行色彩修正。

中间调对比度: 设置中间色调的对比度。

修剪黑/白色: 调节暗部和亮部的色阶。值越大,图像的对比度越大。

与原始图像混合: 设置效果层与来源层的融合程度。

下面通过实际操作,来介绍如何使用"阴影/高光"滤镜调整画面的阴影和高光。

新建一个合成,然后导入素材文件,效果如图7-98所示。

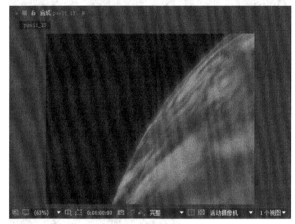

图7-98

为图层添加"阴影/高光"滤镜,然后在"效果控件"面板中设置"阴影数量"为30、"高光数量"为26、"阴影色调宽度"为65、"与原始图像混合"为22.9%,如图7-99所示。

图7-99

7.3.18 色调滤镜

"色调"滤镜可以将画面的黑色部分以及白色部分替换成自定义的颜色,如图7-100所示。

图7-100

在"效果控件"面
板中展开"色调"滤镜的
属性,如图7-101所示。

图7-101

将黑色映射到:将图像中的黑色替换成指定
的颜色。

将白色映射到:将图像中的白色替换成指定
的颜色。

着色数量:设置染色的作用程度,0%表示完全
不起作用,100%表示完全作用于画面。

下面通过实际操作,来介绍如何使用"色调"
滤镜替换画面的色调。

新建一个合成,然后导入素材文件,效果如图
7-102所示。

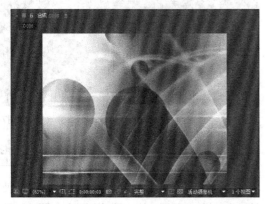

图7-102

为图层添加"色调"滤镜,然后在"效果控
件"面板中设置"将黑色映射到"为(R:0,G:25,
B:102)、"将白色映射到"为(R:187,G:241,
B:244)、"着色数量"为65%,如图7-103所示。

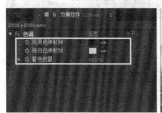 

图7-103

7.3.19 三色调滤镜

"三色调"滤镜可以将画面中的阴影、中间
调和高光进行颜色映射,从而更换画面的色调。在
使用"三色调"滤镜时,一般都只改变画面的中间
调,而高光和阴影保持不变,如图7-104所示。

图7-104

在"效果控件"面
板中展开"三色调"滤镜
的属性,如图7-105所示。

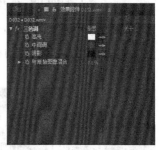

图7-105

高光:设置替换高光的颜色。

中间调:设置替换中间调的颜色。

阴影:设置替换阴影的颜色。

与原始图像混合:设置效果层与来源层的融
合程度。

下面通过实际操作,来介绍如何使用"三色
调"滤镜更换画面的中间调。

新建一个合成,然后导入素材文件,效果如图
7-106所示。

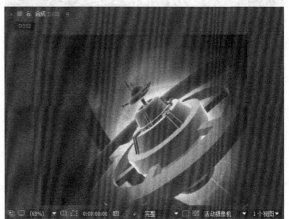

图7-106

165

为图层添加"三色调"滤镜，然后在"效果控件"面板中设置"中间调"为（R:150, G:60, B:110），如图7-107所示。

图7-107

7.3.20 CC Color Offset（CC颜色偏移）滤镜

使用CC Color Offset（CC颜色偏移）滤镜可以分别调节红、绿、蓝通道的相位值，从而达到换色的目的，如图7-108所示。

图7-108

下面通过实际操作，来介绍如何使用CC Color Offset（CC颜色偏移）滤镜调整画面的色调。

新建一个合成，然后导入素材文件，效果如图7-109所示。

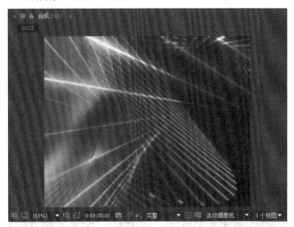

图7-109

为图层添加CC Color Offset（CC颜色偏移）滤镜，然后在"效果控件"面板中设置Red Phase（红色相位）为（0×-28°）、Green Phase（绿色相位）为

（0×-20°）、Blue Phase（蓝色相位）为（0×176.0°），如图7-110所示。

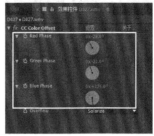

图7-110

技巧与提示

由于一次调色并没有达到满意的效果，因此下面还需要进行二次调色。

为图层再添加一个CC Color Offset（CC颜色偏移）滤镜，然后在"效果控件"面板中设置Red Phase（红色相位）为（0×-85°）、Green Phase（绿色相位）为（0×76°）、Blue Phase（蓝色相位）为（0×-221°），如图7-111所示。

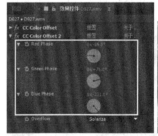

图7-111

7.3.21 CC Toner（CC三色）滤镜

CC Toner（CC三色）滤镜与"三色调"滤镜的使用方法完全一样，都是用于统一画面的色调，如图7-112所示。

图7-112

课堂案例

颜色还原

案例位置	案例文件>第7章>课堂案例——颜色还原.aep
素材位置	素材>第7章>课堂案例——颜色还原
难易指数	★★★☆☆
学习目标	学习分析图像的颜色构成以及调节图像的通道和饱和度的方法

还原图像颜色后的效果如图7-113所示。

图7-113

01 导入下载资源中的"素材>第7章>课堂案例——颜色还原>调色素材.tif"文件，然后将"调色素材.tif"拖曳至"新建合成"按钮 上创建出一个名为"调色素材"的合成，如图7-114所示。

图7-114

02 在"信息"面板中单击 按钮，然后在打开的菜单中选择"百分比"命令，如图7-115所示。这样可以将颜色信息以百分比的方式显示在"信息"面板中。

图7-115

03 将光标分别放置在图像的阴影、高光和暗部区域，然后观察各个部分的颜色构成百分比，如图7-116~图7-118所示。

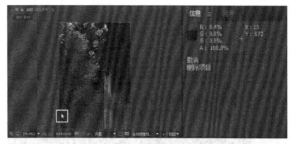

图7-116

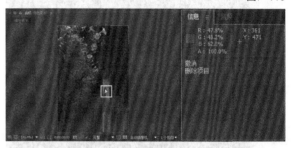

图7-117

图7-118

技巧与提示

从阴影、高光和暗部的颜色构成百分比中可以发现，在阴影和暗部区域，红色通道的数值所占的比例相对要低一些，而在高光区域，蓝色通道的数值要比其他通道所在的比例要高一些。

04 为"调色素材.tif"图层添加一个"曲线"滤镜，由于阴影和暗部区域的红通道数值较低，因此选择"红色"通道，然后适当增大该通道的"灰度系数"值和"输出黑色"值，如图7-119所示。

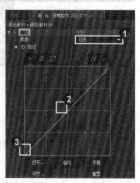

图7-119

05 由于高光区域的"蓝色"通道数值较高，因此要适当降低"蓝色"通道的"输出白色"值和"灰度系数"值，而暗部区域的"绿色"通道的"灰度系数"值也需要适当降低一些，如图7-120所示，效果如图7-121所示。

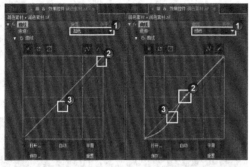

图7-120

图7-121

06 选择"调色素材.tif"图层，然后执行"效果>颜色校正>色相/饱和度"菜单命令，接着在"效果控件"面板中设置"主饱和度"为10，如图7-122所示。

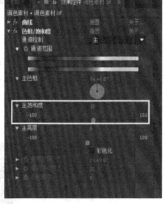

图7-122

技巧与提示

在调色时一定要有主观性，首先分析出素材的阴影、高光和暗部颜色构成，然后选择合适的校色滤镜进行调整。本例使用到了"曲线"滤镜，当然也可以使用其他滤镜来完成，用户可以根据前面所学的知识来进行扩展练习。

课堂案例

水墨画

案例位置	案例文件>第7章>课堂案例——水墨画.aep
素材位置	素材>第7章>课堂案例——水墨画
难易指数	★★★☆☆
学习目标	学习如何对图像去色以及打造水墨效果的方法

水墨画效果如图7-123所示。

图7-123

01 新建合成，设置"合成名称"为"水墨风格"、"预设"为PAL D1/DV，然后单击"确定"按钮，如图7-124所示。

图7-124

02 导入下载资源中的"素材>第7章>课堂案例——水墨画>云山.psd"文件，然后将其拖曳到"时间轴"面板中，效果如图7-125所示。

图7-125

03 选择"Layer 2/云山.psd"图层，然后执行"效果>颜色校正>色相/饱和度"菜单命令，接着在"效果控件"面板中设置"主饱和度"为-100，使素材变为黑白色，如图7-126所示。

图7-126

04 选择"Layer 2/云山.psd"图层，然后执行"效果>风格化>查找边缘"菜单命令，接着在"效果控件"面板中设置"与原始图像混合"为80%，如图7-127所示。

图7-127

05 选择"Layer 2/云山.psd"图层，然后执行"效果>风格化>发光"菜单命令，接着在"效果控件"面板中设置"发光阈值"为81.6%、"发光半径"为15、"发光强度"为0.5，如图7-128所示。

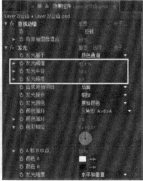

图7-128

06 选择"Layer 2/云山.psd"图层，按快捷键Ctrl+D进行复制，然后将复制出的图层拖曳至底层，接着在"效果控件"面板中删除"查找边缘"和"发光"滤镜，该图层的效果如图7-129所示。

图7-129

07 选择复制的"Layer 2/云山.psd"图层，然后执行"效果>杂色和颗粒>中间值"菜单命令，接着在"效果控件"面板中设置"半径"为4，如图7-130所示。

图7-130

08 选择复制的"Layer 2/云山.psd"图层，然后为该图层添加"高斯模糊"和"发光"滤镜，接着在"效果控件"面板中，设置"高斯模糊"滤镜的"模糊度"为2，最后设置"发光"滤镜的"发光阈值"为80%、"发光半径"为25、"发光强度"为0.2，如图7-131所示。

图7-131

09 设置复制图层的"不透明度"为60%、混合模式为"相乘"，如图7-132所示。

图7-132

10 使用"竖排文字工具"输入文字，然后在"字符"面板中设置字体为"华文行楷"、字号为25像素、颜色为黑色，如图7-133所示，接着调整文字的位置，效果如图7-134所示。

图7-133

图7-134

课堂练习

颜色匹配

案例位置 案例文件>第7章>课堂练习——颜色匹配.aep
素材位置 素材>第7章>课堂练习——颜色匹配
难易指数 ★★☆☆☆
学习目标 学习使用"曲线"滤镜调节图像的高光和阴影

颜色匹配效果如图7-135所示。

图7-135

操作提示

第1步：打开"素材>第7章>课堂练习——颜色匹配>课堂练习——颜色匹配_I.aep"项目合成。

第2步：使用"曲线"滤镜调整图像的颜色。

7.4 键控抠像技术

在影视特效制作中，经常需要将演员从一个场景中通过键控抠像技术"抠"出来，然后应用到三维软件制作的场景中，如图7-136所示。

图7-136

在After Effects CC中，键控技术是通过定义图像中特定范围内的颜色值或亮度值来获取透明通道，当这些特定的值被"键出"时，那么所有具有这个相同颜色或亮度的像素都将变成透明状态。将图像抠取出来后，就可以将其运用到特定的背景中，以获得更佳的视觉效果，如图7-137所示。

图7-137

7.5 Keying（键控）滤镜包

在After Effects CC中，绝大部分的键控滤镜都集中在"效果>键控"滤镜包中，其中也包括专业版本中的第3方抠像滤镜Keylight，如图7-138所示。

图7-138

7.5.1 颜色键滤镜

执行"效果>过时>颜色键"命令，可以为选择图层添加"颜色键"抠像滤镜，该滤镜可以通过指定一种颜色，将图像中处于这个颜色范围内的图像键出，使其变为透明，如图7-139所示。

图7-139

技巧与提示

使用"颜色键"滤镜进行抠像只能产生透明和不透明两种效果，所以它只适合抠除背景颜色变化不大、前景完全不透明以及边缘比较精确的素材。对于前景为半透明，背景比较复杂的素材，"颜色键"滤镜就无能为力了。

在"效果控件"面板中展开"颜色键"滤镜的属性，如图7-140所示。

图7-140

颜色容差：设置颜色的容差值。容差值越高，与指定颜色越相近的颜色会变为透明。

薄化边缘：用于调整抠出区域的边缘。正值为扩大遮罩范围，负值为缩小遮罩范围。

羽化边缘：用于羽化抠出的图像的边缘。

7.5.2 亮度键滤镜

执行"效果>过时>亮度键"命令，可以为选择图层添加"亮度键"抠像滤镜，该滤镜主要用来键出画面中指定的亮度区域。使用"亮度键"滤镜对于创建前景和背景的明亮度差别比较大的视频蒙版非常有用，如图7-141所示。

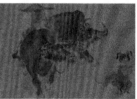

图7-141

在"效果控件"面板中展开"亮度键"滤镜的属性，如图7-142所示。

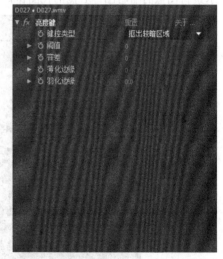

图7-142

键控类型：指定亮度抠出的类型，共有以下4种。

抠出较亮区域：使比指定亮度更亮的部分变为透明。

抠出较暗区域：使比指定亮度更暗的部分变为透明。

抠出亮度相似的区域：抠出阈值附近的亮度。

抠出亮度不同的区域：抠出阈值范围之外的亮度。

阈值：设置阈值的亮度值。

容差：设定被抠出的亮度范围。值越低，被抠出的亮度越接近Threshold（阈值）设定的亮度范围；值越高，被抠出的亮度范围越大。

薄化边缘：调节键出区域边缘的宽度。

羽化边缘：设置键出边缘的柔和度。值越大，边缘越柔和，但是需要更多的渲染时间。

7.5.3 线性颜色键滤镜

"线性颜色键"滤镜可以将画面上每个像素的颜色和指定的键控色（即被键出的颜色）进行比较，如果像素颜色和指定的颜色完全匹配，那么这个像素的颜色就会完全被键出；如果像素颜色和指定的颜色不匹配，那么这些像素就会被设置为半透明；如果像素颜色和指定的颜色完全不匹配，那么这些像素就完全不透明。

在"效果控件"面板中展开"线性颜色键"滤镜的属性，如图7-143所示。在"效果控件"面板中可以观察到两个缩略视图，左侧的视图窗口用于显示素材图像的缩图，右侧的视图窗口用于显示键控的效果。

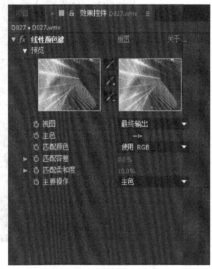

图7-143

视图：指定在"合成"面板中显示图像的方式，包括"最终输出""仅限源"和"仅限遮罩"3个选项。

主色：指定将被键出的颜色。

匹配颜色：指定键控色的颜色空间，包括"使用RGB""使用色相"和"使用色度"3种类型。

匹配容差：用于调整键出颜色的范围值。容差匹配值为0时，画面全部不透明；容差匹配值为100时，整个图像将完全透明。

匹配柔和度：柔化"匹配容差"的值。

主要操作：用于指定键控色是"主色"还是"保持颜色"。

7.5.4 差值遮罩滤镜

"差值遮罩"滤镜可以将源图层（图层A）和其他图层（图层B）的像素逐个进行比较，然后将图层A与图层B相同位置和相同颜色的像素键出，使其成为透明像素，如图7-144所示。

图7-144

在"效果控件"面板中展开"差值遮罩"滤镜的属性，如图7-145所示。

图7-145

差值图层：选择用于对比的差异图层，可以用于抠出运动幅度不大的背景。

如果图层大小不同：当对比图层的尺寸不同时，该选项用于对图层进行相应处理，包括"居中"和"伸缩以合适"两个选项。

匹配容差：用于指定匹配容差的范围。

匹配柔和度：用于指定匹配容差的柔和程度。

差值前模糊：用于模糊比较的像素，从而清除合成图像中的杂点（这里的模糊只是计算机在进行比较运算的时候进行模糊，而最终输出的结果并不会产生模糊效果）。

7.5.5 提取滤镜

"提取"滤镜可以将指定的亮度范围内的像素键出，使其变成透明像素。该滤镜适合抠除前景和背景亮度反差比较大的素材，如图7-146所示。

图7-146

在"效果控件"面板中展开"提取"滤镜的属性，如图7-147所示。

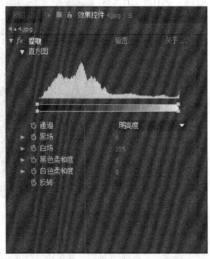

图7-147

通道：用于选择抠取颜色的通道，包括"明亮度""红色""绿色""蓝色"和Alpha这5个通道。

黑场：用于设置黑色点的透明范围，小于黑色点的颜色将变为透明。

白场：用于设置白色点的透明范围，大于白色点的颜色将变为透明。

黑色柔和度：用于调节暗色区域的柔和度。

白色柔和度：用于调节亮色区域的柔和度。

反转：反转透明区域。

7.5.6 颜色差值键滤镜

"颜色差值键"滤镜可以将图像分成A、B两个不同起点的蒙版来创建透明度信息。蒙版B基于指定键出颜色来创建透明度信息，而蒙版A则基于图像区域中的单一颜色来创建透明度信息，结合A、B蒙版就创建出了α蒙版，通过这种方法，"颜色差值键"滤镜可以创建出很精确的透明度信息。

"颜色差值键"滤镜可以精确地抠取蓝屏或绿屏前拍摄的镜头，尤其适合抠取具有透明和半透明区域的图像，如烟、雾、阴影等，如图7-148所示。

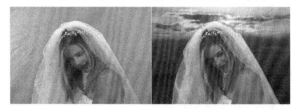

图7-148

在"效果控件"面板中展开"颜色差值键"滤镜的属性，如图7-149所示。

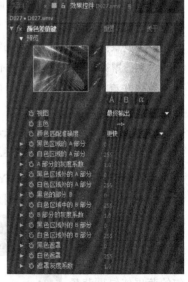

图7-149

视图：共有以下9种视图查看模式。

源：显示原始的素材。

未校正遮罩部分A：显示没有修正的图像的遮罩A。

已校正遮罩部分A：显示已经修正的图像的遮罩A。

未校正遮罩部分B：显示没有修正的图像的遮罩B。

已校正遮罩部分B：显示已经修正的图像的遮罩B。

未校正遮罩：显示没有修正的图像的遮罩。

已校正遮罩：显示已经修正的图像的遮罩。

最终输出：最终的画面显示。

已校正[A，B，遮罩]，最终：同时显示遮罩A、遮罩B、修正的遮罩和最终输出的结果。

主色： 用来采样拍摄的动态素材幕布的颜色。

颜色匹配准确度： 设置颜色匹配的精度，包含"更快"和"更准确"两个选项。

黑色区域的A部分： 控制A通道的透明区域。

白色区域的A部分： 控制A通道的不透明区域。

A部分的灰度系数： 用来影响图像的灰度范围。

黑色区域外的A部分： 控制A通道的透明区域的不透明度。

白色区域外的A部分： 控制A通道的不透明区域的不透明度。

黑色的部分B： 控制B通道的透明区域。

白色区域中的B部分： 控制B通道的不透明区域。

B部分的灰度系数： 用来影响图像的灰度范围。

黑色区域外的B部分： 控制B通道的透明区域的不透明度。

白色区域外的B部分： 控制B通道的不透明区域的不透明度。

黑色遮罩： 控制Alpha通道的透明区域。

白色遮罩： 控制Alpha通道的不透明区域。

遮罩灰度系数： 用来影响图像Alpha通道的灰度范围。

7.5.7 颜色范围滤镜

"颜色范围"滤镜可以在Lab、YUV或RGB任意一个颜色空间中通过指定的颜色范围来设置键出颜色。

使用"颜色范围"滤镜对抠除具有多种颜色构成或是灯光不均匀的蓝屏或绿屏背景非常有效。在"效果控件"面板中展开"颜色范围"滤镜的属性，如图7-150所示。

图7-150

模糊： 用于调整边缘的柔化度。

色彩空间： 指定抠出颜色的模式，包括Lab、YUV和RGB这3种颜色模式。

最小值（L，Y，R）： 如果Color Space（颜色空间）模式为Lab，则控制该色彩的第1个值L；如果是YUV模式，则控制该色彩的第1个值Y；如果是RGB模式，则控制该色彩的第1个值R。

最大值（L，Y，R）： 控制第1组数据的最大值。

最小值（a，U，G）： 如果Color Space（颜色空间）模式为Lab，则控制该色彩的第2个值a；如果是YUV模式，则控制该色彩的第2个值U；如果是RGB模式，则控制该色彩的第2个值G。

最大值（a，U，G）： 控制第2组数据的最大值。

最小值（b，V，B）： 控制第3组数据的最小值。

最大值（b，V，B）： 控制第3组数据的最大值。

7.5.8 内部/外部键滤镜

"内部/外部键"滤镜特别适用于抠取毛发。使用该滤镜时需要绘制两个蒙版，一个用来定义键出范围内的边缘，另外一个蒙版用来定义键出范围之外的边缘，After Effects会根据这两个蒙版间的像素差异来定义键出边缘并进行抠像。在"效果控件"面板中展开"内部/外部键"滤镜的属性，如图7-151所示。

图7-151

技巧与提示

注意，"内部/外部键"滤镜还会修改边界的颜色，将背景的残留颜色提取出来，然后自动净化边界的残留颜色，因此将经过抠像后的目标图像叠加在其他背景上时，会显示出边界的模糊效果。

"内部/外部键"滤镜的属性比较简单，因此这里不再进行讲解。

课堂案例

抠取单一颜色

案例位置	案例文件>第7章>课堂案例——抠取单一颜色.aep
素材位置	素材>第7章>课堂案例——抠取单一颜色
难易指数	★★★☆☆
学习目标	学习使用"颜色键"滤镜抠取图像

抠取人物图像后制作的动画效果如图7-152所示。

图7-152

01 导入下载资源中的"素材>第7章>课堂案例——抠取单一颜色>12.jpg/Noise01.mov"文件，然后将12.jpg拖曳至"新建合成"按钮■上，创建出一个名为12的合成，如图7-153所示。

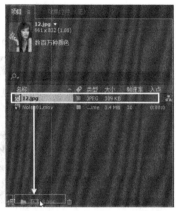

图7-153

02 选择12.jpg图层，然后执行"效果>过时>颜色键"菜单命令，接着在"效果控件"面板中使用■工具拾取画面中的蓝色，最后设置"颜色容差"为166、"羽化边缘"为5.6，如图7-154所示。

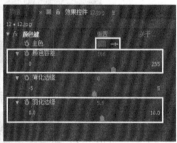

图7-154

03 新建合成，设置"合成名称"为"最终效果"、"宽度"为720 px、"高度"为486 px，然后单击"确定"按钮，如图7-155所示。

图7-155

04 将12合成和Noise01.mov文件拖曳到"最终效果"合成的"时间轴"面板中，然后将12图层放置在顶层，接着设置该图层的"缩放"为（40，40%）、混合模式为"屏幕"，如图7-156所示。

图7-156

05 选择12图层，然后在第0帧处设置"位置"为（900，320），并激活该属性的关键帧，接着在第1秒29帧处设置"位置"为（578，320），如图7-157所示，效果如图7-158所示。

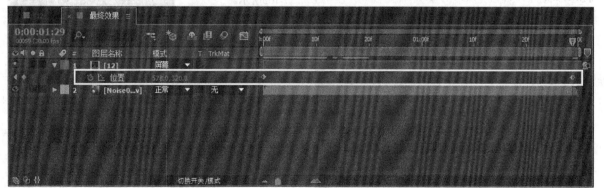

图7-157

175

图7-158

课堂案例

抠除渐变背景

案例位置	案例文件>第7章>课堂案例——抠除渐变背景.aep
素材位置	素材>第7章>课堂案例——抠除渐变背景
难易指数	★★★☆☆
学习目标	学习使用"线性颜色键"滤镜抠除渐变背景

抠除渐变背景后的效果如图7-159所示。

图7-159

01 新建合成，设置"宽度"为850 px、"高度"为600 px，然后单击"确定"按钮，如图7-160所示。

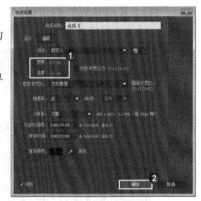

图7-160

02 导入下载资源中的"素材/第7章/课堂案例——抠除渐变背景>sky.jpg/desert.jpg"文件，然后将文件desert.jpg拖曳到"时间轴"面板中，接着执行"效果>键控>线性颜色键"菜单命令，最后使用"效果控件"面板中的工具拾取预览视图右上角的颜色，如图7-161所示。

图7-161

03 由上图可见，部分天空已经被抠掉了。使用工具在"合成"面板中拾取剩余的背景，如图7-162所示，效果如图7-163所示。

图7-162

图7-163

04 将sky.jpg拖曳到"时间轴"面板的底层，然后设置"位置"为（425，129）、"缩放"为（60，60%），如图7-164所示，效果如图7-165所示。

图7-164

图7-165

课堂案例

抠取蒙版信息

案例位置	案例文件>第7章>课堂案例——抠取蒙版信息.aep
素材位置	素材>第7章>课堂案例——抠取蒙版信息
难易指数	★★★☆☆
学习目标	学习使用"颜色差值键"滤镜根据不同的蒙版信息来抠取图像

案例效果如图7-166所示。

图7-166

01 新建合成,设置"合成名称"为"抠取蒙版"、"预设"为NTSC DV,然后单击"确定"按钮,如图7-167所示。

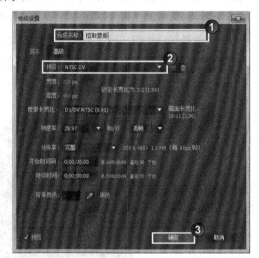

图7-167

02 导入下载资源中的"素材>第7章>课堂案例——抠取蒙版信息>蓝天.jpg"文件,然后将该文件拖曳到"时间轴"面板中,接着选择该图层,执行"效果>键控>颜色差值键"菜单命令,效果如图7-168所示。

图7-168

03 在"效果控件"面板中单击 工具,然后在"合成"面板中拾取背景色,如图7-169所示,效果如图7-170所示。

图7-169

图7-170

04 导入下载资源中的"素材>第7章>课堂案例——抠取蒙版信息>11.psd"文件,然后将该文件拖曳到"时间轴"面板的底层,效果如图7-171所示。

图7-171

课堂练习

亮度抠像

案例位置	案例文件>第7章>课堂练习——亮度抠像.aep
素材位置	素材>第7章>课堂练习——亮度抠像
难易指数	★★☆☆☆
学习目标	学习使用"亮度键"滤镜进行亮度抠像

亮度抠像后制作的动画效果如图7-172所示。

图7-172

操作提示

第1步：打开"素材>第7章>课堂练习——亮度抠像>课堂练习——亮度抠像_I.aep"项目合成。

第2步：使用"亮度键"滤镜抠取图像。

课堂练习
提取抠像

案例位置	案例文件>第7章>课堂练习——提取抠像.aep
素材位置	素材>第7章>课堂练习——提取抠像
难易指数	★★☆☆☆
学习目标	学习使用"提取"滤镜进行抠像

提取抠像后制作的动画效果如图7-173所示。

图7-173

操作提示

第1步：打开"素材>第7章>课堂练习——提取抠像>课堂练习——提取抠像_I.aep"项目合成。

第2步：使用"提取"滤镜抠取图像。

课堂练习
抠取复杂图像

案例位置	案例文件>第7章>课堂练习——抠取复杂图像.aep
素材位置	素材>第7章>课堂练习——抠取复杂图像
难易指数	★★★☆☆
学习目标	学习使用"内部/外部键"滤镜抠取边缘比较复杂的图像

案例效果如图7-174所示。

图7-174

操作提示

第1步：打开"素材>第7章>课堂练习——抠取复杂图像>课堂练习——抠取复杂图像_I.aep"项目合成。

第2步：使用"内部/外部键"滤镜抠取图像。

7.6 抠像巨匠——Keylight键控滤镜

Keylight滤镜相当重要，使用该滤镜可以轻松地抠取带有阴影、半透明或毛发的素材，并且还有Spill Suppression（溢出抑制）功能，可以清除抠像蒙版边缘的溢出颜色，这样可以使前景和合成背景更加自然地融合在一起。

7.6.1 基本键控

基本键控的工作流程一般是先设置Screen Colour（屏幕色）属性，然后设置要键出的颜色。如果在蒙版的边缘有键控颜色溢出，此时就需要调节Despill Bias（反溢出偏差）属性，为前景选择一个合适的表面颜色；如果前景颜色被键出或是背景颜色没有被完全键出，这时就需要适当调节Screen Matte（屏幕遮罩）选项组下面的Clip Black（剪切黑色）和Clip White（剪切白色）属性。

在"效果控件"面板中展开Keylight滤镜的属性，如图7-175所示。

图7-175

1.View（视图）

View（视图）选项用来设置查看最终效果的方式，在其下拉列表中提供了11种查看方式，如图7-176所示。下面将介绍View（视图）方式中的几个最常用的选项。

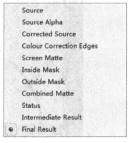

图7-176

技巧与提示

在设置Screen Colour（屏幕色）时，不能将View（视图）选项设置为Final Result（最终结果），因为在进行第1次取色时，被选择抠出的颜色大部分都被消除了。

Screen Matte（屏幕遮罩）：在设置Clip Black（剪切黑色）和Clip White（剪切白色）时，可以将View（视图）方式设置为Screen Matte（屏幕遮罩），这样可以将屏幕中本来应该是完全透明的地方调整为黑色，将完全不透明的地方调整为白色，将半透明的地方调整为合适的灰色，如图7-177所示。

图7-177

技巧与提示

在设置Clip Black（剪切黑色）和Clip White（剪切白色）参数时，最好将View（视图）方式设置为Screen Matte（屏幕遮罩）模式，这样可以更方便地查看蒙版效果。

Status（状态）：将遮罩效果进行夸张、放大渲染，这样即便是很小的问题，在屏幕上也将被放大显示出来，如图7-178所示。

图7-178

技巧与提示

在Status（状态）视图中显示了黑、白、灰3种颜色，黑色区域在最终效果中处于完全透明状态，也就是颜色被完全抠出的区域，这个地方就可以使用其他背景来代替；白色区域在最终效果中显示为前景画面，这个地方的颜色将完全保留下来；灰色区域表示颜色没有被完全抠出，显示的是前景和背景叠加的效果，在画面前景的边缘需要保留灰色像素来达到一种完美的前景边缘过渡与处理效果。

Final Result（最终结果）：显示当前抠像的最终效果。

2.Screen Colour（屏幕色）

Screen Colour（屏幕色）用来设置需要被抠出的屏幕色，可以使用该选项后面的"吸管工具"在"合成"面板中吸取相应的屏幕色，这样就会自动创建一个Screen Matte（屏幕遮罩），并且这个遮罩会自动抑制遮罩边缘溢出的抠出颜色。

7.6.2 高级键控

本节将详细介绍如何使用Keylight滤镜进行更加精确的抠像操作。

1.Screen Colour（屏幕色）

无论是基本抠像还是高级抠像，Screen Colour（屏幕色）都是必须设置的一个选项。使用Keylight（键控）滤镜进行抠像的第1步就是使用Screen Colour（屏幕色）后面的"吸管工具"在屏幕上对抠出的颜色进行取样，取样的范围包括主要色调（如蓝色和绿色）与颜色饱和度。

一旦指定了Screen Colour（屏幕色）后，Keylight（键控）滤镜就会在整个画面中分析所有的像素，并且比较这些像素的颜色和取样的颜色在色调和饱和度上的差异，然后根据比较的结果来设定画面的透明区域，并相应地对前景画面的边缘颜色进行修改。

取样不同亮度的蓝屏或绿屏颜色会得到差异很大的效果，所以在第1次取样抠像效果不是很满意的情况下，最好再进行几次不同的取样操作，以达到满意的效果。在进行取样操作时，为了比较效果，最好将素材窗口与合成预览窗口并列放置在界面上，以便于观察，如图7-179所示。

图7-179

下面介绍背景像素、边界像素和前景像素。

背景像素：如果图像中像素的色相与Screen Colour（屏幕色）类似，并且饱和度与设置的键出颜色的饱和度一致或更高，那么这些像素就会被认为是图像的背景像素，因此将会被全部键出，变成完全透明的效果，如图7-180所示。

前景像素：如果图像中的像素的色相与Screen Colour（屏幕色）的色相不一致，比如在图7-182中，像素的色相为绿色，Screen Colour（屏幕色）的色相为蓝色，这样Keylight滤镜经过比较后就会将绿色像素当作为前景颜色，因此绿色将完全被保留下来。

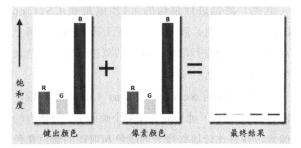

图7-180

边界像素：如果图像中的像素的色相与Screen Colour（屏幕色）的色相类似，但是它的饱和度要低于屏幕颜色的饱和度，那么这些像素就会被认为是前景的边界像素，这样像素颜色就会减去屏幕颜色的加权值，从而使这些像素变成半透明效果，并且会对它的溢出颜色进行适当的抑制，如图7-181所示。

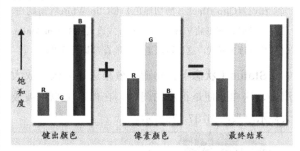

图7-182

2.Despill Bias（反溢出偏差）

Despill Bias（反溢出偏差）属性可以用来设置Screen Colour（屏幕色）的反溢出效果，比如在图7-183（左）中，直接对素材应用Screen Colour（屏幕色）滤镜，然后设置键出颜色为蓝色后的效果并不理想（此时Despill Bias（反溢出偏差）属性为默认值），如图7-183（右）所示。

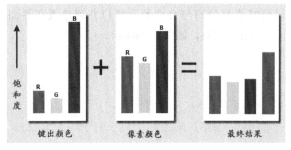

图7-181

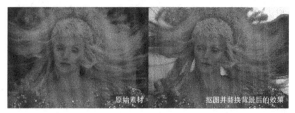

图7-183

从图7-183（右）中不难看出，头发边缘还有蓝色像素没有被完全键出，这时就需要设置Despill Bias（反溢出偏差）颜色为前景边缘的像素颜色，也就是毛发的颜色，这样抠取出来的图像效果就会得到很大改善，如图7-184所示。

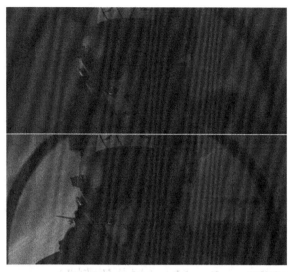

图7-184

图7-185

3.Alpha Bias（Alpha偏差）

在一般情况下都不需要单独调节Alpha Bias（Alpha偏差）属性，但是在绿屏中的红色信息多于绿色信息时，并且前景的红色通道信息也比较多的情况下，就需要单独调节Alpha Bias（Alpha偏差）属性，否则很难抠取出图像，如图7-185所示。

技巧与提示

在选取Alpha Bias（Alpha偏差）颜色时，一般都要选择与图像中的背景颜色具有相同色相的颜色，并且这些颜色的亮度要比较高才行。

4.Screen Gain（屏幕增益）

Screen Gain（屏幕增益）属性主要用来设置Screen Colour（屏幕色）被键出的程度，其值越大，被键出的颜色就越多，如图7-186所示。

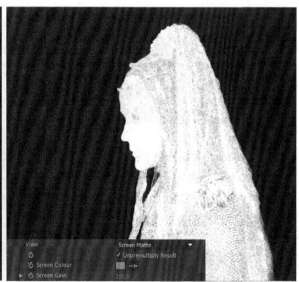

图7-186

技巧与提示

在调节Screen Gain（屏幕增益）属性时，其数值不能太小，也不能太大。注意，在一般情况下，使用Clip Black（剪切黑色）和Clip White（剪切白色）两个属性来优化Screen Matte（屏幕遮罩）的效果比使用Screen Gain（屏幕增益）的效果要好。

5.Screen Balance（屏幕平衡）

Screen Balance（屏幕平衡）属性是通过在RGB颜色值中对主要颜色的饱和度与其他两个颜色通道的饱和度的平均加权值进行比较，所得出的结果就是Screen Balance（屏幕平衡）的属性值。例如，Screen Balance（屏幕平衡）为100%时，Screen Colour（屏幕色）的饱和度占绝对优势，而其他两种颜色的饱和度几乎为0。

技巧与提示

根据素材的不同，需要设置的Screen Balance（屏幕平衡）值也有所差异。在一般情况下，蓝屏素材设置为95%左右即可，而绿屏素材设置为50%左右就可以了。

6.Screen Pre-blur（屏幕预模糊）

Screen Pre-blur（屏幕预模糊）属性可以在对素材进行蒙版操作前，首先对画面进行轻微的模糊处理，这种预模糊的处理方式可以降低画面的噪点效果。

7.Screen Matte（屏幕遮罩）

Screen Matte（屏幕遮罩）选项组主要用来微调蒙版效果，这样可以更加精确地控制前景和背景的界线。展开Screen Matte（屏幕遮罩）选项组的相关属性，如图7-187所示。

图7-187

Clip Black（剪切黑色）：设置蒙版中黑色像素的起点值。如果在背景像素的地方出现了前景像素，那么这时就可以适当增大Clip Black（剪切黑色）的数值，以键出所有的背景像素，如图7-188所示。

图7-188

Clip White（剪切白色）：设置蒙版中白色像素的起点值。如果在前景像素的地方出现了背景像素，那么这时就可以适当降低Clip White（剪切白色）数值，以达到满意的效果，如图7-189所示。

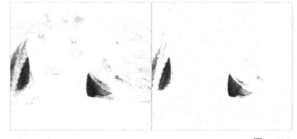

图7-189

Clip Rollback（剪切回滚）：在调节Clip Black（剪切黑色）和Clip White（剪切白色）属性时，有时会对前景边缘像素产生破坏，如图7-190（左）所示，这时就可以适当调整Clip Rollback（剪切回滚）的数值，对前景的边缘像素进行一定程度的补偿，如图7-190（右）所示。

图7-190

Screen Shrink/Grow（屏幕收缩/扩张）：用来收缩或扩大蒙版的范围。

Screen Softness（屏幕柔化）：对整个蒙版进行模糊处理。注意，该选项只影响蒙版的模糊程度，不会影响到前景和背景。

Screen Despot Black（屏幕独占黑色）：让黑点与周围像素进行加权运算。增大其值可以消除白色区域内的黑点，如图7-191所示。

图7-191

Screen Despot White（屏幕独占白色）：让白点与周围像素进行加权运算。增大其值可以消除黑色区域内的白点，如图7-192所示。

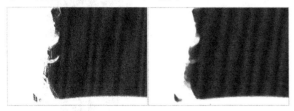

图7-192

Replace Colour（替换颜色）：根据设置的颜色来对Alpha通道的溢出区域进行补救。

Replace Method（替换方式）：设置替换Alpha通道溢出区域颜色的方式，共有以下4种。

None（无）：不进行任何处理。

Source（源）：使用原始素材像素进行相应的补救。

Hard Colour（硬度色）：对任何增加的Alpha通道区域直接使用Replace Colour（替换颜色）进行补救，如图7-193所示（为了便于观察，这里故意将替换颜色设置为红色）。

图7-193

Soft Colour（柔和色）：对增加的Alpha通道区域进行Replace Colour（替换颜色）补救时，根据原始素材像素的亮度来进行相应的柔化处理，如图7-194所示。

图7-194

8.Inside/Outside Mask（内/外侧蒙版）

使用Inside Mask（内侧蒙版）可以将前景内容隔离出来，使其不参与抠像处理，如前景中的主角身上穿有淡蓝色的衣服，但是这位主角又站在蓝色的背景下进行拍摄的，那么就可以使用Inside Mask（内侧蒙版）来隔离前景颜色；使用Outside Mask（外侧蒙版）可以指定背景像素，不管遮罩内是何种内容，一律视为背景像素来进行键出，这对于处理背景颜色不均匀的素材非常有用。

展开Inside/Outside Mask（内/外侧蒙版）选项组的属性，如图7-195所示。

图7-195

Inside Mask /Outside Mask（内/外侧蒙版）：选择内侧或外侧的蒙版。

Inside Mask Softness /Outside Mask Softness（内/外侧蒙版柔化）：设置内/外侧蒙版的柔化程度。

Invert（反转）：反转蒙版的方向。

Replace Method（替换方式）：与Screen Matte（屏幕遮罩）参数组中的Replace Method（替换方式）属性相同。

Replace Colour（替换颜色）：与Screen Matte（屏幕遮罩）参数组中的Replace Colour（替换颜色）属性相同。

Source Alpha（源Alpha）：该参数决定了Keylight（键控）滤镜如何处理源图像中本来就具有的Alpha通道信息。

9.Foreground Colour Correction（前景颜色校正）

Foreground Colour Correction（前景颜色校正）属性用来校正前景颜色，可以调整的属性包括Saturation（饱和度）、Contrast（对比度）、Brightness（亮度）、Colour Suppression（颜色抑制）和Colour Balancing（色彩平衡）。

10.Edge Colour Correction（边缘颜色校正）

Edge Colour Correction（边缘颜色校正）属性与Foreground Colour Correction（前景颜色校正）属性相似，主要用来校正蒙版边缘的颜色，可以在View（视图）列表中选择Edge Colour Correction（边缘颜色校正）来查看边缘像素的范围。

11.Source Crops（源裁剪）

Source Crops（源裁剪）选项组中的属性可以使用水平或垂直的方式来裁切源素材的画面，这样可以将图像边缘的非前景区域直接设置为透明效果。

 技巧与提示

键控抠像需要注意以下几点。

①背景颜色：在进行键控抠像时，为了便于观察抠像的效果，可以临时改变"合成"面板的背景颜色，如果需要将前景合成到较暗的场景中，这时就可以设置背景为较暗的颜色，如图7-196所示。设置背景颜色可以通过执行"合成>合成设置"菜单命令来完成。

图7-196

②蒙版边缘：在使用键控滤镜进行抠像时，可以使用Matte（遮罩）滤镜包中的滤镜来清除键控蒙版边缘的颜色，这样可以创建一个干净的抠像边缘，图7-197所示是使用Matte Choker（遮罩抑制）滤镜修复孔洞前后的效果对比。

图7-197

③选择素材：在选择素材时，尽可能使用质量比较高的素材，并且尽量不要对素材进行压缩，因为有些压缩算法会损失素材背景的细节，这样就会影响到最终的抠像效果。对于一些质量不是很好的素材，可以在抠像之前对其进行轻微的模糊处理，这样可以有效地抑制图像中的噪点。注意，在使用抠像滤镜之后，使用Channel Blur（通道模糊）滤镜可以对素材的Alpha通道进行细微的模糊，这样可以让前景图像和背景图像更加完美地融合在一起。

④清除垃圾图像：在进行抠像之前，应该先使用Garbage Matte（垃圾遮罩）滤镜将前景不需要出现的图像清除掉，这样可以大大减少抠像的工作量，如图7-198所示。

图7-198

⑤抠取动态视频图像：在抠取动态视频图像时，如果背景光照比较均匀，那么应该尽量选择包含有更多前景细节的那一帧进行抠像，特别是包含有头发、玻璃和烟雾的场景更应该特别注意；如果整个视频中的灯光在不断发生变化，那么就应该分别在不同的背景光照下对每段视频进行单独抠像。

课堂案例

快速抠像

案例位置	案例文件>第7章>课堂案例——快速抠像.aep
素材位置	素材>第7章>课堂案例——快速抠像
难易指数	★★☆☆☆
学习目标	学习使用Keylight滤镜快速抠除绿屏背景动态素材

抠取人物图像后制作的动画效果如图7-199所示。

图7-199

01 导入下载资源中的"素材>第7章>课堂案例——快速抠像>Suzy.avi/06.mov/30.mov"文件，然后将Suzy.avi文件拖曳至"新建合成"按钮 上创建出一个名为Suzy的合成，如图7-200所示。

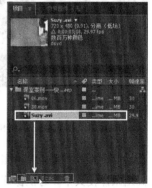

图7-200

02 将3个视频文件拖曳到"时间轴"面板中,然后调整图层的层级关系,如图7-201所示,接着设置06.mov图层的混合模式为"相加"、"不透明度"为60%。

图7-201

03 选择Suzy.avi图层,然后使用 "矩形工具" ▦将镜头中右侧的拍摄设备选择出来,如图7-202所示,然后展开图层的蒙版属性,选择"反转"选项,如图7-203所示。

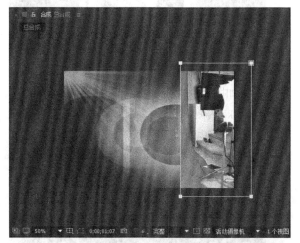

图7-202

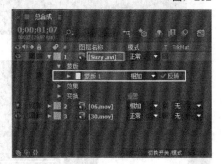

图7-203

04 选择Suzy .avi图层,执行"效果>键控> Keylight(1.2)"菜单命令,然后在"效果控件"面板中使用Screen Colour(屏幕色)属性后面的▦工具,在"合成"面板中吸取绿色背景,如图7-204所示,效果如图7-205所示。

图7-204

图7-205

🎬 课堂案例

蓝色溢出抑制

案例位置	案例文件>第7章>课堂案例——蓝色溢出抑制.aep
素材位置	素材>第7章>课堂案例——蓝色溢出抑制
难易指数	★★☆☆☆
学习目标	学习使用Keylight滤镜中的Inside Mask(内侧蒙版)功能进行蓝色溢出抠像

抠取人物图像后制作的动画效果如图7-206所示。

图7-206

01 导入下载资源中的"素材>第7章>课堂案例——蓝色溢出抑制>图1.jpg/04.mov/PE104A.mov"文件,然后将"图1.jpg"文件拖曳至"新建合成"按钮▦上创建出一个名为"图1"的合成,如图7-207所示。

图7-207

185

02 选择"图1.jpg"图层，然后执行"效果>键控>Keylight（1.2）"菜单命令，接着在"效果控件"面板中使用Screen Colour（屏幕色）属性后面的工具拾取背景蓝色，效果如图7-208所示。

图7-208

03 从上图中可以发现头发边缘有很多杂色，因此设置Screen Gain（屏幕增益）为200、Screen Balance（屏幕平衡）为0，然后使用Despill Bias（反溢出偏差）属性后面的工具拾取头发上比较亮的颜色，如图7-209所示。

图7-209

04 设置View（视图）方式为Combined Matte（合成遮罩）视图，可以发现人物的脸部、颈部、手部和腰部都变成了半透明效果，如图7-210所示。

图7-210

技巧与提示

解决步骤（4）的问题有两种方法，一种就是前面内容所讲解到的降低Clip White（剪切白色）数值的方法，另外一种就是通过界定Inside Mask（内侧蒙版）的边缘，使半透明区域不受Screen Matte（屏幕遮罩）的影响。下面采用第2种方法来消除半透明区域。

05 使用"钢笔工具"将半透明区域选择出来，形成一个封闭的遮罩，如图7-211所示。

图7-211

06 在"时间轴"面板中设置"蒙版 1"的混合模式为"无"，如图7-212所示，然后设置Keylight滤镜的Inside Mask（内侧蒙版）为"蒙版 1"，接着设置Inside Mask Softness（内侧蒙版柔化）为5，如图7-213所示。

图7-212

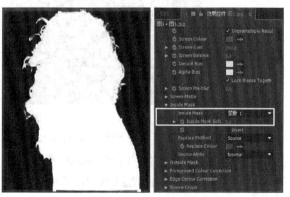
图7-213

07 设置Keylight滤镜的View（视图）为Final Result（最终结果），然后将PE104A.mov文件拖曳至"新建合成"按钮图上创建出一个名为PE104A.mov的合成，接着将"图1"合成和04.mov拖曳到PE104A合成中，再调整图层的层级关系，最后设置"图1"图层的混合模式为"点光"，04.mov图层的混合模式为"颜色减淡"、"不透明度"为30%，如图7-214所示，效果如图7-215所示。

图7-214

图7-215

课堂案例

抠取颜色接近的图像

案例位置　案例文件>第7章>课堂案例——抠取颜色接近的图像.aep
素材位置　素材>第7章>课堂案例——抠取颜色接近的图像
难易指数　★★☆☆☆
学习目标　学习使用Keylight滤镜抠取颜色比较接近的图像

抠取图像后的效果如图7-216所示。

图7-216

01 新建合成，设置"宽度"为900 px、"高度"为600 px，然后单击"确定"按钮，如图7-217所示。

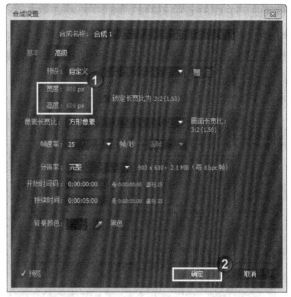

图7-217

02 导入下载资源中的"素材>第7章>课堂案例——抠取颜色接近的图像>ExecFG.tif/ExecBG.tif"文件，然后将这两个文件拖曳到"时间轴"面板中，接着调整图层的层级，再展开两个图层的"缩放"属性，并取消"约束比例"功能图，最后设置"缩放"为（100，50%），如图7-218所示，效果如图7-219所示。

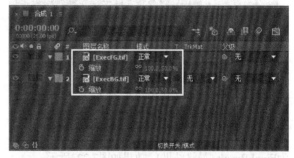

图7-218

图7-219

03 选择ExecFG.tif图层，执行"效果>键控>Keylight（1.2）"菜单命令，然后在"效果控件"面板中，使用Screen Colour（屏幕色）选项后面的工具在"合成"面板中吸取背景颜色，如图7-220所示，此时抠出后的画面效果如图7-221所示。

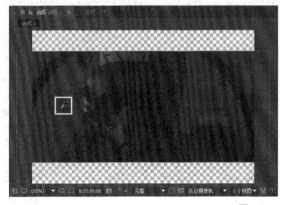

图7-220

图7-221

04 设置View（视图）为Source（源），然后使用Alpha Bias（Alpha偏差）选项后面的工具在飞行员的头盔部位拾取棕色，如图7-222所示，接着设置View（视图）为Final Result（最终结果），效果如图7-223所示。

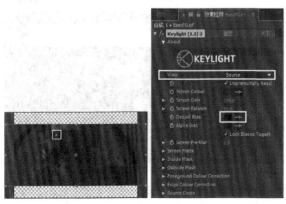

图7-222

图7-223

05 设置View（视图）为Screen Matte（屏幕蒙版），然后在Screen Matte（屏幕蒙版）选项组下设置Clip Black（剪切黑色）为25、Clip White（剪切白色）为70、Screen Softness（屏幕柔化）为1、Screen Despot Black（屏幕独占黑色）为2、Screen Despot White（屏幕独占白色）为2，如图7-224所示。

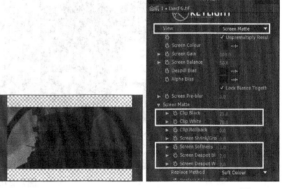

图7-224

06 创建一个纯色图层，设置其背景为黑色，然后将纯色图层放在底层，效果如图7-225所示。

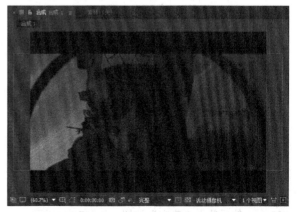

图7-225

键控微调

案例位置	案例文件>第7章>课堂练习——键控微调.aep
素材位置	素材>第7章>课堂练习——键控微调
难易指数	★★★☆☆
学习目标	学习使用Keylight滤镜中的Screen Gain（屏幕增益）功能微调边缘比较复杂的图像

案例效果如图7-226所示。

图7-226

操作提示

第1步：打开"素材>第7章>课堂练习——键控微调>课堂练习——键控微调_I.aep"项目合成。

第2步：使用Keylight滤镜抠取图像。

7.7 本章小结

本章介绍了色彩校正和抠像的相关知识，主要是对滤镜的应用有比较详细的讲解，另外还包括了图像信息的查看方法等，这些内容是After Effects的重要组成部分，因此本章安排的案例也比较多，读者在学习的时候要尽量完成每一个案例和练习，因为许多知识点都蕴含在其内。

7.8 课后习题

由于本章内容较多，因此安排了4个案例作为课后习题，第1个习题主要涉及色彩校正小节的知识，后面3个习题则是练习键控抠像。

7.8.1 MV唯美特效

案例位置	案例文件>第7章>课后习题——MV唯美特效.aep
素材位置	素材>第7章>课后习题——MV唯美特效
难易指数	★★★☆☆
练习目标	练习使用"曲线""色相/饱和度"和"亮度和对比度"滤镜调整画面的基本调色方法

MV唯美特效效果如图7-227所示。

图7-227

操作提示

第1步：打开"素材>第7章>课后习题——MV唯美特效>课后习题——MV唯美特效_I.aep"项目合成。

第2步：使用"曲线""色相/饱和度"和"亮度和对比度"滤镜调整图像的颜色。

7.8.2 抠取动态对象

案例位置	案例文件>第7章>课后习题——抠取动态对象.aep
素材位置	素材>第7章>课后习题——抠取动态对象
难易指数	★★☆☆☆
练习目标	练习使用"差值遮罩"滤镜抠取动态对象

抠取动态对象后制作的动画效果如图7-228所示。

图7-228

操作提示

第1步：打开"素材>第7章>课后习题——抠取动态对象>课后习题——抠取动态对象_I.aep"项目合成。

第2步：使用"差值遮罩"滤镜抠取图像。

课后习题

7.8.3 抠取光照不均匀的对象

案例位置	案例文件>第7章>课后习题——抠取光照不均匀的对象.aep
素材位置	素材>第7章>课后习题——抠取光照不均匀的对象
难易指数	★★☆☆☆
练习目标	练习使用"颜色范围"滤镜抠取光照不均匀的对象

案例效果如图7-229所示。

图7-229

操作提示

第1步：打开"素材>第7章>课后习题——抠取光照不均匀的对象>课后习题——抠取光照不均匀的对象_I.aep"项目合成。

第2步：使用"颜色范围"滤镜抠取图像。

课后习题

7.8.4 抠取蓝屏素材

案例位置	案例文件>第7章>课后习题——抠取蓝屏素材.aep
素材位置	素材>第7章>课后习题——抠取蓝屏素材
难易指数	★★☆☆☆
练习目标	练习使用Keylight滤镜抠取简单的蓝屏素材

抠取蓝屏素材后制作的动画效果如图7-230所示。

图7-230

操作提示

第1步：打开"素材>第7章>课后习题——抠取蓝屏素材>课后习题——抠取蓝屏素材_I.aep"项目合成。

第2步：使用Keylight滤镜抠取图像。

第8章

三维空间

本章比较重要，主要讲解After Effects的三维空间技术，包含三维图层、三维摄像机和灯光等。本章的内容有一定的难度，希望读者多加领会。

课堂学习目标

了解三维空间与三维图层的概念

掌握三维图层的常用属性

掌握如何设置三维摄像机和三维灯光

8.1 三维空间概述

"维"是一种度量单位，表示方向的意思，共分为一维、二维和三维，如图8-1所示。由一个方向确立的空间为一维空间，一维空间呈现为直线型，拥有一个长方向；由两个方向确立的空间为二维空间，二维空间呈现为面型，拥有长和宽两个方向；由3个方向确立的空间为三维空间，三维空间呈现为立体型，拥有长、宽和高3个方向。

图8-1

对于三维空间，用户可以从不同的角度进行观察，如图8-2所示。随着视角的变化，不同景深的物体之间也会产生一种空间错位的感觉，例如在移动物体时，可以发现处于远处的物体的变化速度比较缓慢，而近处的物体的变化速度则比较快。

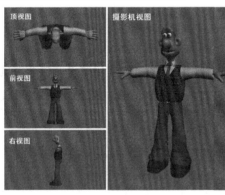

图8-2

虽然很多三维软件都能制作出逼真的三维空间，但是最终呈现在视野中的还是二维平面效果，只不过是通过影调、前后关系将三维中的物体以特定的视角进行展示而已，如图8-3所示。

图8-3

8.2 三维空间与三维图层

在After Effects中，因为2D图层没有厚度，所以即使将其转换成3D图层，它还是一个平面，只是转换为3D图层后，它的图层属性发生了一些变化。例如，之前的"位置"属性只有x轴、y轴两个参数，转换为3D图层后，就会增加一个z轴，其他属性也是如此。此外，转换为3D图层后，每个图层还会增加一个"材质选项"属性，通过这个属性可以调节三维图层与灯光的关系等。

After Effects提供的三维图层虽然不能像专业的三维软件那样具有建模功能，但是在After Effects的三维空间中，图层之间同样可以利用三维景深来产生遮挡效果，并且三维图层自身也具备了接收和投射阴影的功能，因此After Effects也可以通过摄像机的功能来制作各种透视、景深及运动模糊等效果，如图8-4所示。

图8-4

对于比较复杂的三维场景，可以优先采用三维软件来制作，但是只要方法恰当，再加上足够的耐心，使用After Effects也能制作非常漂亮和逼真的三维场景，如图8-5所示。

图8-5

8.2.1 三维图层

在After Effects中，除了音频图层外，其他的图层都能转换为三维图层。注意，使用文字工具创建的文字图层在添加了"启用逐字3D化"动画属性之后，就可以对单个文字制作三维动画。

在3D图层中，对图层应用的滤镜或遮罩都是基于该图层的2D空间上，例如对二维图层使用扭曲效果，图层发生了扭曲现象，但是当将该图层转换为3D图层之后，就会发现该图层仍然是二维的，对三维空间没有任何的影响，图8-6所示是对正方体的各个面应用了圆形遮罩后的效果。

图8-6

技巧与提示

在After Effects的三维坐标系中，最原始的坐标系统的起点是在左上角，x轴从左向右不断增加，y轴从上到下不断增加，而z轴是从近到远不断增加，这与其他三维软件中的坐标系统有比较大的差别。

8.2.2 转换三维图层

如果要将二维图层转换为三维图层，可以直接在"时间轴"面板中对应的图层后面单击"3D图层"按钮（系统默认的状态是处于空白状态），当然也可以通过执行"图层>3D图层"菜单命令来完成，如图8-7所示。

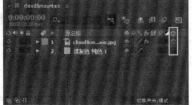

图8-7

技巧与提示

将2D图层转换为3D图层还有另外一种方法，就是在2D图层上单击鼠标右键，然后在打开的菜单中选择"3D图层"命令，如图8-8所示。

图8-8

将2D图层转换为3D图层后，3D图层会增加一个z轴属性和一个"材质选项"属性，如图8-9所示。关闭了图层的3D图层开关，增加的属性也会随之消失。

图8-9

技巧与提示

注意，如果将3D图层转换为2D图层，那么该图层的3D属性将随之消失，并且所有涉及的3D参数、关键帧和表达式都将被移除，而重新将2D图层转换为3D图层后，这些参数设置也不能找回来，因此在将3D图层转换为2D图层时一定要特别谨慎。

8.2.3 三维坐标系统

在操作三维对象时，需要根据轴向来对物体进行定位。在After Effects 的工具栏中，共有3种定位三维对象坐标的工具，分别是"本地轴模式" 、"世界轴模式" 和"视图轴模式" ，如图8-10所示。

图8-10

1.本地轴模式

"本地轴模式"是采用对象自身的表面来作为对齐的依据，如图8-11所示。这对于当前选择对象与世界坐标系不一致时特别有用，用户可以通过调节"本地轴模式"的轴向来对齐世界坐标系。

图8-11

2.世界轴模式

"世界轴模式"对齐于合成空间中的绝对坐标系，无论如何旋转3D图层，其坐标轴始终对齐于三维空间的三维坐标系，x轴始终沿着水平方向延伸，y轴始终沿着垂直方向延伸，而z轴则始终沿着纵深方向延伸，如图8-12所示。

图8-12

3.视图轴模式

"视图轴模式"对齐于用户进行观察的视图轴向，例如在一个自定义视图中对一个三维图层进行了旋转操作，并且在后面还继续对该图层进行了各种变换操作，但是最终结果是它的轴向仍然垂直于对应的视图。

对于摄像机视图和自定义视图，由于它们同属于透视图，所以即使z轴是垂直于屏幕平面，但还是可以观察到z轴；对于正交视图而言，由于它们没有透视关系，所以在这些视图中只能观察到x轴、y轴两个轴向，如图8-13所示。

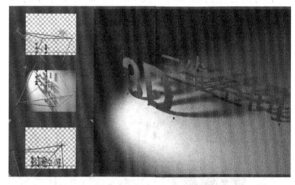

图8-13

如果要显示或隐藏图层上的三维坐标轴、摄像机或灯光图层的线框图标、目标点和图层控制手柄，那么可以在"合成"面板中单击 按钮，然后选择"视图选项"命令，在打开的对话框中进行相应的设置即可，如图8-14所示。

图8-14

如果要持久显示"合成"面板中的三维空间参考坐标系，那么可以在"合成"面板下方的栅格和标尺下拉菜单中选择"3D参考轴"命令来设置三维参考坐标，如图8-15所示。

图8-15

8.2.4 移动三维图层

在三维空间中移动三维图层、将对象放置于三维空间的指定位置或是在三维空间中为图层制作空间位移动画时就需要对三维图层进行移动操作，移动三维图层的方法主要有以下两种。

第1种：在"时间轴"面板中对三维图层的"位置"属性进行调节，如图8-16所示。

图8-16

第2种：在"合成"面板中使用"选择工具"直接在三维图层的轴向上移动三维图层，如图8-17所示。

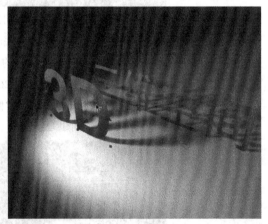

图8-17

技巧与提示

在"时间轴"面板中选择三维图层、灯光层或摄像机层时，被选择的图层的坐标轴就会显示出来，其中红色坐标代表x轴，绿色坐标代表y轴，蓝色坐标代表z轴。

当鼠标停留在各个轴向上，如果光标呈现为■形状，表示当前的移动操作锁定在x轴上；如果光标呈现为■形状，表示当前的移动操作锁定在y轴上；如果光标呈现为■形状，表示当前的移动操作锁定在z轴上。

如果不在单独的轴向上移动三维图层，那么该图层中的"位置"属性的3个数值会同时发生变化。

8.2.5 旋转三维图层

按R键展开三维图层的旋转属性，可以观察到三维图层的可操作旋转参数包含4个，分别是"方向"和x/y/z轴旋转，而二维图层只有一个"旋转"属性，如图8-18所示。

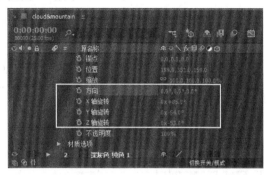

图8-18

技巧与提示

使用"方向"的值或者"旋转"的值来旋转三维图层，都是以图层的"轴心点"作为基点来旋转图层。

"方向"属性制作的动画可以产生更加自然平滑的旋转过渡效果，而"旋转"属性制作的动画可以更精确地控制旋转的过程。

在制作三维图层的旋转动画时，不要同时使用"方向"和"旋转"属性制作动画，以免在制作旋转动画的过程中产生混乱。

旋转三维图层的方法主要有以下两种。

第1种：在"时间轴"面板中直接对三维图层的"方向"属性或"旋转"属性进行调节，如图8-19所示。

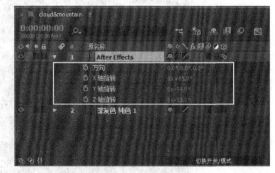

图8-19

第2种：在"合成"面板中使用"旋转工具"以"方向"或"旋转"方式直接对三维图层进行旋转操作，如图8-20所示。

图8-20

技巧与提示

在"工具"面板中单击"旋转工具"按钮后,在面板的右侧会出现一个设置三维图层旋转方式的选项,包含"方向"和"旋转"两种方式。

课堂案例

盒子打开动画

案例位置 案例文件>第8章>课堂案例——盒子打开动画.aep
素材位置 素材>第8章>课堂案例——盒子打开动画
难易指数 ★★☆☆☆
学习目标 学习如何将二维图层设置为三维图层以及如何制作三维旋转动画

盒子打开动画效果如图8-21所示。

图8-21

01 导入下载资源中的"素材>第8章>课堂案例——盒子打开动画"文件夹内的jpg文件,然后新建合成项目,设置"合成名称"为"打开的盒子"、"宽度"为720 px、"高度"为576 px、"像素长宽比"为"方形像素"、"持续时间"为5秒,接着单击"确定"按钮,如图8-22所示。

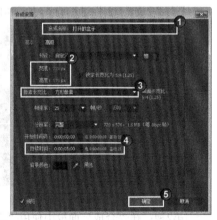

图8-22

02 将素材拖曳到"时间轴"窗口中,然后选择"风景B.jpg"和"字母.jpg"两个图层,按快捷键Ctrl+D复制出两个副本图层,这样就正好是正方体的6个面,如图8-23所示。

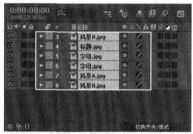

图8-23

03 依次将图层重新命名为"顶面""底面""侧面D""侧面C""侧面B"和"侧面A",如图8-24所示。

图8-24

04 设置"顶面"图层的"位置"为(100,0)、"底面"图层的"位置"为(360,288)、"侧面A"图层的"位置"为(360,288)、"侧面B"图层的"位置"为(260,288)、"侧面C"图层的"位置"为(460,288)、"侧面D"图层的"位置"为(360,288),如图8-25所示。

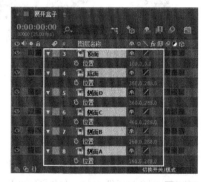

图8-25

05 选择所有的图层,然后将其设置为三维图层,接着以"底面"图层为基准,将其他5个图层摆放成一个盒子打开后的形状,再将侧面的4个图层的中心点分别放置在与"底面"图层相交的地方,最后将"顶面"图层的中心点设置在与侧面图层相交的地方,如图8-26所示。

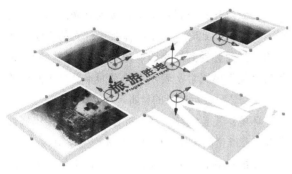

图8-26

技巧与提示

修改图层的"锚点"位置是为制作盒子打开动画做准备，因为新的图层中心点是图层进行旋转的依据，同时也是旋转的基准点和支撑点。

⑥ 按快捷键Shift+F4打开父子控制面板，设置"顶面""底面""侧面A"和"侧面C"为"底面"的子物体，再设置"顶面"为"侧面C"的子物体，如图8-27所示。

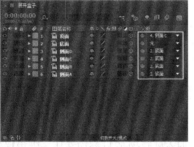

图8-27

技巧与提示

设置父子图层关系是为了让父图层的变换属性能够影响到子图层的变换属性，以产生联动效应。就"顶面"图层而言，与它相交的侧面图层发生旋转时会使"顶面"图层也发生旋转，而"顶面"图层的旋转则不会影响到侧面图层。

⑦ 设置图层的关键帧动画。在第0帧处，设置"顶面"图层的"X轴旋转"为（0×90°）、侧面D图层的"X轴旋转"为（0×0°）、"侧面C"图层的"方向"为（90°，0°，0°）、"侧面B"图层的"方向"为（90°，0°，0°）、"侧面A"图层的"X轴旋转"为（0×0°），如图8-28所示。

图8-28

⑧ 在第4秒24帧处，设置"顶面"图层的"X轴旋转"为（0×0°）、"侧面D"图层的"X轴旋转"为0×+90°、"侧面C"图层的"方向"为（90°，0°，90°）、"侧面B"图层的"方向"为（90°，0°，270°）、"侧面A"图层的"X轴旋转"为（0×-90°），如图8-29所示。

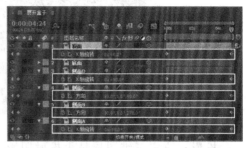

图8-29

⑨ 按小键盘上的数字键0，预览最终效果，如图8-30所示。

图8-30

课堂案例

空间网格

案例位置	案例文件>第8章>课堂练习——空间网格. aep
素材位置	素材>第8章>课堂练习——空间网格
难易指数	★★☆☆☆
学习目标	学习使用滤镜制作空间网格以及了解摄像机动画的制作方法

空间网格动画效果如图8-31所示。

图8-31

操作提示

第1步：打开"素材>第8章>课堂练习——空间网格>课堂练习——空间网格_I.aep"项目合成。

第2步：创建一个摄像机，然后为摄像机设置关键帧动画。

第3步：创建一个调整图层，然后为调整图层添加"发光"效果。

8.2.6 三维图层的材质属性

将二维图层转换为三维图层后，该图层除了会新增第3个维度的属性外，还增加一个"材质选项"属性，该属性主要用来设置三维图层与灯光系统的相互关系，如图8-32所示。

图8-32

投影：决定三维图层是否投射阴影，包括"关""开"和"仅"3个选项，其中"仅"选项表示三维图层只投射阴影，如图8-33所示。

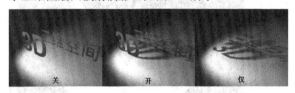

图8-33

透光率：设置物体接收光照后的透光程度，这个属性可以用来体现半透明物体在灯光下的照射效果，其效果主要体现在阴影上（物体的阴影会受到物体自身颜色的影响）。当"透光率"设置为0%时，物体的阴影颜色不受物体自身颜色的影响；当透光率设置为100%时，物体的阴影受物体自身颜色的影响最大，如图8-34所示。

透光率：0%　　　　透光率：100%

图8-34

接受阴影：设置物体是否接受其他物体的阴影投射效果，包含"开"和"关"两种模式，如图8-35所示。

开　　　　　关

图8-35

接受灯光：设置物体是否接受灯光的影响。设置为"开"模式时，表示物体接受灯光的影响，物体的受光面会受到灯光照射角度或强度的影响；设置为"关"模式时，表示物体表面不受灯光照射的影响，物体只显示自身的材质。

环境：设置物体受环境光影响的程度，该属性只有在三维空间中存在环境光时才产生作用。

漫射：调整灯光漫反射的程度，主要用来突出物体颜色的亮度。

镜面强度：调整图层镜面反射的强度。

镜面反光度：设置图层镜面反射的区域。其值越小，镜面反射的区域就越大。

金属质感：调节镜面反射光的颜色。其值越接近100%，效果就越接近物体的材质；其值越接近0%，效果就越接近灯光的颜色。

8.3 三维摄像机

通过创建三维摄像机图层，可以透过摄像机视图以任何距离和任何角度来观察三维图层的效果，就像在现实生活中使用摄像机进行拍摄一样方便。使用After Effects的三维摄像机就不需要为了观看场景的转动效果而去旋转场景了，只需要让三维摄像机围绕场景进行拍摄就可以了，如图8-36所示。

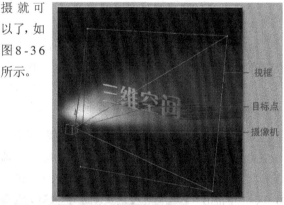

视框
目标点
摄像机

图8-36

技巧与提示

为了匹配使用真实摄像机拍摄的影片素材，可以将After Effects的三维摄像机属性设置成真实摄像机的属性，通过对三维摄像机进行设置可以模拟出真实摄像机的景深模糊及推、拉、摇、移等效果。注意，三维摄像机仅对三维图层及二维图层中使用到摄像机属性的滤镜起作用。

8.3.1 创建三维摄像机

执行"图层>新建>摄像机"菜单命令或按快捷键Ctrl+Alt+Shift+C,可以创建一个摄像机。After Effects中的摄像机是以图层的方式引入到合成中的,这样可以在同一个合成项目中对同一场景使用多台摄像机来进行观察,如图8-37所示。

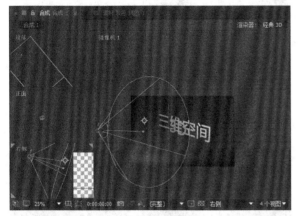

图8-37

技巧与提示

如果要使用多台摄像机进行多视角展示,可以在同一个合成中添加多个摄像机图层来完成。如果在场景中使用了多台摄像机,此时应该在"合成"面板中将当前视图设置为"活动摄像机"视图。"活动摄像机"视图显示的是当前图层中最上面的摄像机,在对合成进行最终渲染或对图层进行嵌套时,使用的就是"活动摄像机"视图。

8.3.2 三维摄像机设置

执行"图层>新建>摄像机"菜单命令时,系统会弹出"摄像机设置"对话框,通过该对话框可以设置摄像机的基本属性,如图8-38所示。

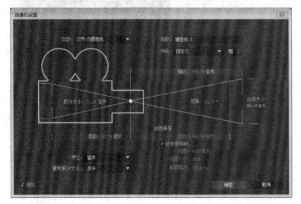

图8-38

技巧与提示

创建摄像机图层后,在"时间轴"面板中双击摄像机图层或按快捷键Ctrl+Alt+Shift+C,可以重新打开"摄像机设置"对话框,这样用户就可以对已经创建好的摄像机进行重新设置。

名称: 设置摄像机的名字。

预设: 设置摄像机的镜头类型,包含9种常用的摄像机镜头,如15mm的广角镜头、35mm的标准镜头和200mm的长焦镜头等,如图8-39所示。

图8-39

技巧与提示

从图8-39中可以发现,使用After Effects中预置的任何三维摄像机都会产生三维透视效果,广角镜头的三维透视效果最明显,而长焦镜头的三维透视效果几乎可以忽略不计。

单位: 设定摄像机参数的单位,包括"像素""英寸"和"毫米"3个选项。

测量胶片大小: 设置衡量胶片尺寸的方式,包括"水平""垂直"和"对角"3个选项。

缩放: 设置摄像机镜头到焦平面(也就是被拍摄对象)之间的距离。"缩放"值越大,摄像机的视野越小。

视角: 设置摄像机的视角,可以理解为摄像机的实际拍摄范围。"焦距""胶片大小"以及"缩放"3个参数共同决定了"视角"的数值,图8-40和图8-41所示分别是120°和45°的摄像机视角效果。

图8-40

199

图8-41

胶片大小：设置影片的曝光尺寸，该选项与"合成大小"参数值相关。

焦距：设置镜头与胶片的距离。在After Effects中，摄像机的位置就是摄像机镜头的中央位置，修改"焦距"值会导致"缩放"值跟着发生改变，以匹配现实中的透视效果。

技巧与提示

根据几何学原理可以得知，调整"焦距""缩放"和"视角"中的任何一个参数，其他的两个参数都会按比例改变，因为在一般情况下，同一台摄像机的"胶片大小"和"合成大小"这两个参数值是不会改变的，如图8-42所示。

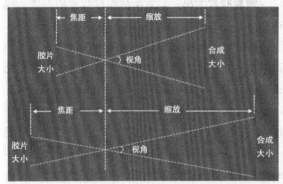

图8-42

启用景深：控制是否启用景深效果。

技巧与提示

景深就是图像的聚焦范围，在这个范围内的被拍摄对象可以清晰地呈现出来，而景深范围之外的对象则会产生模糊效果。

启动"启用景深"功能时，可以通过调节"焦距""光圈""光圈大小"和"模糊层次"参数来自定义景深效果。

焦距：设置从摄像机开始到图像最清晰位置的距离。在默认情况下，"焦距"与"缩放"参数是锁定在一起的，它们的初始值也是一样的。

光圈：设置光圈的大小。"光圈"值会影响到景深效果，其值越大，景深之外的区域的模糊程度就越大，图8-43和图8-44所示分别是"光圈"值为50mm和350mm时的景深效果。

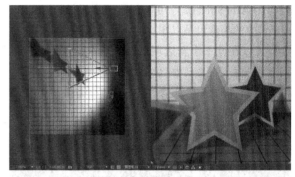

图8-43

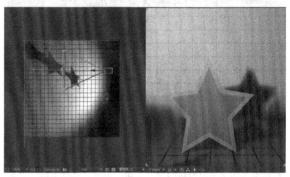

图8-44

光圈大小：也就是快门速度，由于光圈大小=焦距：光圈，所以"光圈大小"与"光圈"是相互关联的。

模糊层次：设置景深的模糊程度。其值越大，景深效果越模糊。

使用过三维软件（如3ds Max和Maya）的用户都知道，三维软件中的摄像机有目标摄像机和自由摄像机之分，但是在After Effects中只能创建一种摄像机，通过观察摄像机的参数不难发现，这种摄像机就是目标摄像机，因为它有"目标点"属性，如图8-45所示。

图8-45

在制作摄像机动画时，需要同时调节摄像机的位置和摄像机目标点的位置。例如，使用After Effects中的摄像机跟踪一辆在 S形车道上行驶的汽车，如图8-46所示，如果只使用摄像机位置和摄像机目标点位置来制作关键帧动画，就很难让摄像机跟随汽车一起运动。这时就需要引入自由摄像机的概念，可以使用空对象图层和父子图层来将目标摄像机变成自由摄像机。

图8-46

首先新建一个摄像机图层，然后新建一个空对象图层，接着设置空物体图层为三维图层，并将摄像机图层设置为空物体图层的子图层，如图8-47所示，这样就制作出了一台自由摄像机，可以通过控制空物体图层的位置和旋转属性来控制摄像机的位置和旋转属性。

图8-47

8.3.3 设置动感摄像机

在使用真实摄像机拍摄场景时，经常会使用到一些运动镜头来使画面产生动感，常见的镜头运动效果包含推、拉、摇、移4种。

1.推镜头

推镜头就是让画面中的对象变小，从而达到突出主体的目的，如图8-48所示。在After Effects中实现推镜头效果的方法有以下两种。

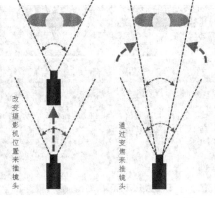

图8-48

第1种：通过改变摄像机的位置，即通过增大摄像机图层的"位置"的Z轴属性来向前推摄像机，从而使视图中的主体物体变大。注意，在开启景深模糊效果时，使用这种模式会比较麻烦，因为当摄像机以固定的视角往前移动时，摄像机的"焦距"是不会发生改变的，而当主体物体不在摄像机的"焦距"范围之内时，物体就会产生模糊，图8-49 所示分别是主体物体在焦距之外和处于焦距处的效果。

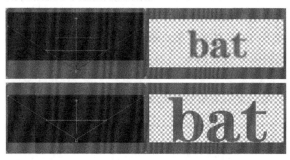

图8-49

技巧与提示

使用改变摄像机位置的方式可以创建出主体进入焦点距离的效果，也可以产生突出主体的效果，通过这种方法来推镜头可以使主体和背景的透视关系不发生改变。

第2种：保持摄像机的位置不变，修改"缩放"值来实现。在推的过程中让主体和"焦距"的相对位置保持不变，并且可以让镜头在运动过程中保持主体的景深模糊效果不变，如图8-50所示。

图8-50

技巧与提示

使用这种变焦的方法推镜头有一个缺点，就是在整个推的过程中，画面的透视关系会发生变化。

2.拉镜头

拉镜头就是使摄像机画面中的物体变大，主要是为了体现主体所处的环境。拉镜头也有移动摄像机位置和摄像机变焦两种方法，其操作过程正好与推镜头相反。

3.摇镜头

摇镜头就是保持主体物体、摄像机的位置以及视角都不变，通过改变镜头拍摄的轴线方向来摇动画面。在After Effects中，可以先定位好摄像机的"位置"不变，然后改变"目标点"来模拟摇镜头效果。

4.移镜头

移镜头能够较好地展示环境和人物，常用的拍摄方法有水平方向的横移、垂直方向的升降和沿弧线方向的环移等。在After Effects中，移镜头可以使用摄像机移动工具来完成，移动起来非常方便。

📖 课堂案例

使用三维摄像机制作文字动画

案例位置　案例文件>第8章>课堂案例——使用三维摄像机制作文字动画.aep
素材位置　素材>第8章>课堂案例——使用三维摄像机制作文字动画
难易指数　★★☆☆☆
学习目标　学习如何使用静帧素材配合三维摄像机制作文字动画

文字动画效果如图8-51所示。

图8-51

01 新建一个合成，设置"合成名称"为text、"预设"为PAL D1/DV、"持续时间"为5秒，然后单击"确定"按钮，如图8-52所示。

图8-52

02 在合成中创建5个文本图层，然后输入相应的文字，接着激活这些文本图层的"3D图层"功能，再调整这些文本图层，使其在三维空间上随机分布，最后设置视图显示方式为"4个视图 - 左侧"模式，如图8-53所示，效果如图8-54所示。

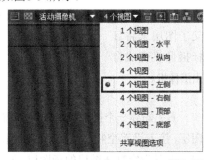

图8-53

图8-54

03 在第1秒10帧之后为所有文本图层制作随机飞出画面的关键帧动画（即制作Z轴的位移关键帧动画），然后开启文字图层的运动模糊开关，如图8-55所示。

图8-55

技巧与提示

为了体现文字动画的随机性，可以错开每组文字飞出画面的时间。

04 新建合成，设置"合成名称"为Camera、"预设"为PAL D1/DV、"持续时间"为5秒，然后单击"确定"按钮，如图8-56所示。

图8-56

05 将text合成拖曳到Camera合成的"时间轴"面板中，然后执行"图层>新建>摄像机"菜单命令，接着在"摄像机设置"对话框中，设置"缩放"为129毫米，再选择"启用景深"选项，并设置"光圈"为8毫米，最后单击"确定"按钮，如图8-57所示。

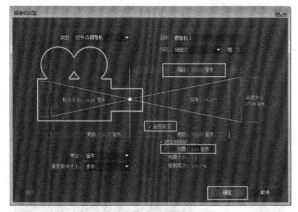

图8-57

06 开启图层text的"折叠变换/连续栅格化"选项，如图8-58所示。

图8-58

技巧与提示

开启塌陷开关后就可以继承之前图层的所有属性，包括运动模糊及三维属性，但是之前的图层会被当作一个整体进行操作。

07 导入下载资源中的"素材>第8章>课堂案例——盒子打开动画> adobe01.jpg/ adobe02.jpg"文件，然后将导入的文件拖曳到"时间轴"面板中，接着调整图层的层级关系，最后设置adobe01.jpg和adobe02.jpg图层的混合模式为"变亮"，如图8-59所示。

图8-59

08 激活adobe01.jpg和adobe02.jpg图层的"3D图层"功能，然后设置adobe01.jpg图层的"位置"为（470.2，386.2，384.1）、"方向"为（9.3°，0.6°，183.9°），接着设置adobe02.jpg图层的"位置"为（360，288，0）、"方向"为（346.3°，347.9°，81.7°），如图8-60所示。

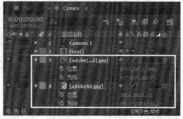

图8-60

09 创建一个名为"背景"的纯色图层，然后将该图层拖曳到底层，接着为该图层执行"效果>生成>梯度渐变"菜单命令，最后在"效果控件"面板中设置"结束颜色"为（R:39，G:4，B:4），如图8-61所示，效果如图8-62所示。

图8-61

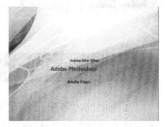

图8-62

⑩ 创建一个调整图层，然后将该图层放置在第3层，接着为该图层执行"效果>风格化>发光"菜单命令，然后在"效果控件"面板中设置"发光阈值"为70%、"发光半径"为24、"发光强度"为4.5，如图8-63所示。

图8-63

⑪ 激活"运动模糊"的总开关，然后选择图层"摄像机1"设置摄像机动画，在第0帧、第1秒10帧、第4秒和第4秒24帧制作摄像机的"目标点"和"位置"属性关键帧动画，具体参数设置如图8-64~图8-67所示。

图8-64

图8-65

图8-66

图8-67

⑫ 按小键盘上的数字键0，预览最终效果如图8-68所示。

图8-68

8.4 灯光

在前面的内容中已经介绍了三维图层的材质属性，结合三维图层的材质属性，可以让灯光影响三维图层的表面颜色，同时也可以为三维图层创建阴影效果，如图8-69所示。

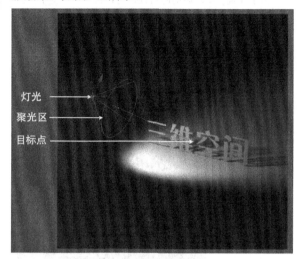

图8-69

在After Effects中，除了"投影"属性之外，其他的属性都可以用来制作动画。After Effects中的灯光虽然可以像现实灯光一样投射阴影，但是却不能像现实中的灯光一样可以产生眩光或是产生画面曝光过度的效果。

技巧与提示

在三维灯光中，可以设置灯光的亮度和灯光颜色等，但是这些参数都不能产生实际拍摄中的过度曝光效果。如果要制作曝光过度效果，可以使用颜色校正滤镜包中的"曝光度"滤镜来完成，如图8-70所示。

图8-70

8.4.1 创建灯光

执行"图层>新建>灯光"菜单命令或按快捷键Ctrl+Alt+Shift+L，就可以创建一盏灯光。After Effects中的灯光也是以图层的方式引入到合成中的，所以可以在同一个合成场景中使用多个灯光图层，这样可以产生特殊的光照效果，如图8-71所示。

图8-71

灯光图层可以设置为调节层，让灯光图层只对指定的图层产生影响（设置为调节层后，其他的任何图层都不受该灯光图层的影响），如图8-72所示。

图8-72

要让灯光对指定的图层产生光照，只需在"时间轴"面板中选择灯光图层，然后激活该图层的调节层开关■即可，如图8-73所示。设置为调节层后，位于该灯光图层下的所有三维图层都将受到该灯光图层的影响，而位于该灯光图层之上的所有三维图层都不会受到该灯光图层的影响，采用这种方法可以模拟出现实生活中的局部光照效果。

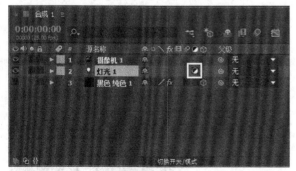

图8-73

8.4.2 灯光设置

执行"图层>新建>灯光"菜单命令或按快捷键Ctrl+Alt+Shift+L创建灯光时，会打开"灯光设置"对话框，在该对话框中可以设置"灯光类型""强度""锥形角度"和"锥形羽化"等属性，如图8-74所示。

图8-74

技巧与提示

如果已经创建好了一盏灯光，但是要修改该灯光的属性，可以在"时间轴"面板中双击该灯光图层，然后在打开的"灯光设置"对话框中对这盏灯光的相关属性进行重新调节。

名称：设置灯光的名字。

灯光类型：设置灯光的类型，包括"平行""聚光""点"和"环境"4种类型。

强度：设置灯光的光照强度。数值越大，光照越强。

技巧与提示

如果将"强度"设置为负值，灯光将成为负光源，也就是说这种灯光不会产生光照效果，而是要吸收场景中的灯光，通常使用这种方法来降低场景的光照强度。

锥形角度："聚光"特有的属性，主要用来设置"灯罩"的范围（即聚光灯遮挡的范围）。

锥形羽化："聚光"特有的属性，与"锥形角度"参数一起配合使用，主要用来调节光照区与无光区边缘的柔和度。如果"锥形羽化"为0，光照区和无光区之间将产生尖锐的边缘，没有任何过渡效果；"锥形羽化"值越大，边缘的过渡效果就越柔和，如图8-75所示。

图8-75

颜色：设置灯光的颜色。如果在同一个场景中设置了多盏灯光，那么这些灯光之间相交的颜色区域也会发生变化，例如使用一盏红色聚光灯照射一个白色的三维纯色图层，这时画面中会显示出一个红色的光区，如图8-76所示；如果是两盏红色灯光叠加在一起，那么这两盏灯光的叠加区域将变亮，如图8-77所示；如果将其中一盏灯光的颜色设置为绿色，那么这两盏灯光的叠加区域的颜色将变成黄色，如图8-78所示；如果是3盏颜色分别为红、绿、蓝的灯光叠加在一起，那么将产生3种基色的叠加效果，这与现实生活中的光照原理是一样的，如图8-79所示。

图8-76

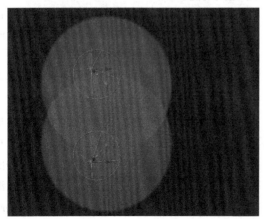

图8-77

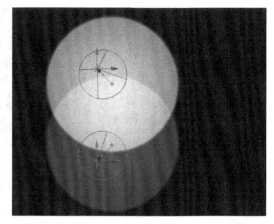

图8-78

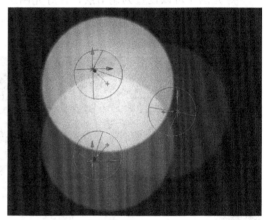

图8-79

投影：控制灯光是否投射阴影。该属性必须在三维图层的材质属性中开启了"投影"选项时才起作用。

阴影深度：设置阴影的投射深度，也就是阴影的黑暗程度。

阴影扩散："聚光"和"点"灯光设置阴影的扩散程度，其值越高，阴影的边缘越柔和。

1.平行光

平行光类似于太阳光，具有方向性，并且不受灯光距离的限制，也就是光照范围可以是无穷大，场景中的任何被照射的物体都能产生均匀的光照效果，但是只能产生尖锐的投影，如图8-80所示。

图8-80

2.聚光灯

聚光灯可以产生类似于舞台聚光灯的光照效果，从光源处产生一个圆锥形的照射范围，从而形成光照区和无光区。聚光灯同样具有方向性，并且能产生柔和的阴影效果和光线的边缘过渡效果，如图8-81所示。

图8-81

3.点光源

点光源类似于没有灯罩的灯泡的照射效果，其光线以360°的全角范围向四周照射出来，并且会随着光源和照射对象距离的增大而发生衰减现象。虽然点光源不能产生无光区，但是也可以产生柔和的阴影效果，如图8-82所示。

图8-82

4.环境光

环境光没有灯光发射点，也没有方向性，不能产生投影效果，不过可以用来调节整个画面的亮度，可以和三维图层材质属性中的环境光属性一起配合使用，以影响环境的色调，如图8-83所示。

图8-83

8.4.3 渲染灯光阴影

在After Effects中，所有的合成渲染都是通过经典的 3D渲染器来进行渲染的。经典的 3D渲染器在渲染灯光阴影时，采用的是阴影贴图渲染方式。在一般情况下，After Effects会自动计算阴影的分辨率（根据不同合成的参数设置而定），但是在实际工作中，有时渲染出来的阴影效果并不能达到预期的要求，这时就可以通过自定义阴影的分辨率来提高阴影的渲染质量。

如果要设置阴影的分辨率，可以执行"合成>合成设置"菜单命令，然后在打开的"合成设置"对话框中切换到"高级"选项卡，接着单击"选项"按钮，最后在打开的"经典的3D渲染器选项"对话框中选择合适的阴影分辨率，如图8-84所示。

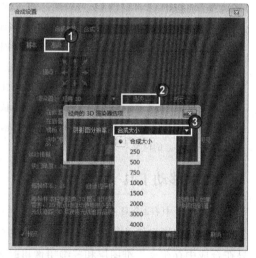

图8-84

8.4.4 移动摄像机与灯光

在After Effects的三维空间中，不仅可以利用摄像机的"缩放"属性推拉镜头，而且还可以利用摄像机的位置和目标点属性为摄像机制作位移动画。在三维空间中创建摄像机位移动画比现实中移动摄像机要容易得多。

1.位置与目标点

对于摄像机和灯光图层，可以通过调节它们的"位置"和"目标点"来设置摄像机的拍摄内容以及灯光的照射方向和范围。

在移动摄像机和灯光时，除了直接调节参数以及移动其坐标轴的方法外，还可以通过直接拖曳摄像机或灯光的图标来自由移动它们的位置，如图8-85所示。

图8-85

灯光和摄像机的"目标点"主要起到定位摄像机和灯光方向的作用。在默认情况下，"目标点"的位置在合成的中央，可以使用与调节摄像机和灯光位置相同的方法来调节目标点的位置。

技巧与提示

在使用"选择工具" ▶ 移动摄像机或灯光的坐标轴时，摄像机的目标点也会跟着发生移动，如果只想让摄像机和灯光的"位置"属性发生改变，而保持"目标点"位置不变，这时可以使用"选择工具" ▶ 选择相应坐标轴的同时按住Ctrl键对"位置"属性进行单独调整。当然，也可以按住Ctrl键的同时直接使用"选择工具" ▶ 移动摄像机和灯光，这样也可以保持目标点的位置不变。

2.摄像机移动工具

在工具栏中有4个移动摄像机的工具，通过这些工具可以调整摄像机的视图，但是摄像机移动工具只在合成中存在有三维图层和三维摄像机时才能起作用，如图8-86所示。

图8-86

统一摄像机工具 ▣：选择该工具后，使用鼠标左键、中键和右键可以分别对摄像机进行旋转、平移和推拉操作。

轨道摄像机工具 ◉：选择该工具后，可以以目标点为中心来旋转摄像机。

跟踪XY摄像机工具 ✥：选择该工具后，可以在水平或垂直方向上平移摄像机。

跟踪Z摄像机工具 ⬍：选择该工具后，可以在三维空间中的Z轴上平移摄像机，但是摄像机的视角不会发生改变。

技巧与提示

在制作摄像机运动动画时，如果开启了其他三维图层的运动模糊开关，即使这些三维图层没有位移动画，但是因为移动摄像机而产生的相对运动也会导致其他三维图层产生运动模糊效果，如图8-87所示。注意，摄像机在变焦时不会产生运动模糊效果，如图8-88所示。

图8-87   图8-88

3.自动定向

在二维图层中，使用图层的"自动定向"功能可以使图层在运动过程中始终保持运动的朝向路径，如图8-89所示。

图8-89

在三维图层中，使用"自动定向"功能不仅可以使三维图层在运动过程中保持运动的朝向路径，而且可以使三维图层在运动过程中始终朝向摄像机，如图8-90所示。下面讲解如何在三维图层中设置自动朝向。

图8-90

选中需要进行"自动定向"设置的三维图层，然后执行"图层>变换>自动定向"菜单命令或按快捷键Ctrl+Alt+O打开"自动方向"对话框，接着在该对话框中选择"定位于摄像机"选项，就可以使三维图层在运动过程中始终朝向摄像机，如图8-91所示。

图8-91

关：不使用自动朝向功能。

沿路径定向：设置三维图层自动朝向于运动的路径。

定位于摄像机：设置三维图层自动朝向于摄像机或灯光的目标点，如图8-92所示。如果不勾选该选项，摄像机就变成了自由摄像机。

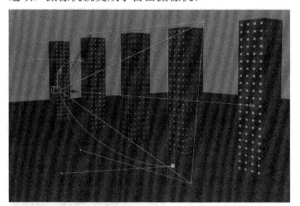

图8-92

📚 课堂案例

3D反射

案例位置　案例文件>第8章>课堂案例——3D反射.aep
素材位置　素材>第8章>课堂案例——3D反射
难易指数　★★★☆☆
学习目标　学习如何使用"分形杂色"滤镜制作分形背景以及摄像机和灯光的设置方法

3D反射效果如图8-93所示。

图8-93

01 新建一个合成，设置"合成名称"为"文字"、"预设"为PAL D1/DV、"持续时间"为5秒，背景颜色为灰色，然后单击"确定"按钮，如图8-94所示。

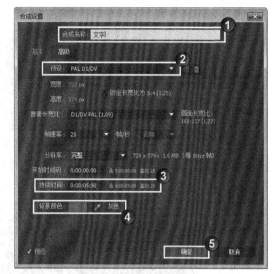

图8-94

02 使用"横排文字工具" 在"合成"窗口中输入相应的文字信息，然后在"字符"面板中设置字体为Trajan Pro、字号为50像素、字符间距为38，如图8-95所示。

图8-95

03 将文本图层重命名为Reflection，然后复制出一个文本图层，接着设置底层图层的"缩放"为（100，-100）、"不透明度"为50%，并将底层图层设置为顶层图层的子对象，如图8-96所示。

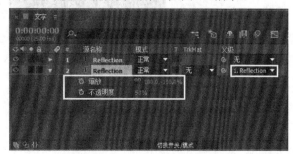

图8-96

04 选择底层图层，然后执行"效果>过渡>线性擦除"菜单命令，接着在"效果控件"面板中设置"过渡完成"为47%、"擦除角度"为（0×0°）、"羽化"为23，如图8-97所示。

图8-97

05 新建一个合成，设置"合成名称"为"3D反射"、"预设"为PAL D1/DV、"持续时间"为5秒，然后单击"确定"按钮，如图8-98所示。

图8-98

06 新建一个名为"背景"的纯色图层，然后执行"效果>生成>梯度渐变"菜单命令，接着在"效果控件"面板中设置"渐变起点"为（360，-96）、"起始颜色"为黑色、"渐变终点"为（360，357.6）、"结束颜色"为白色，如图8-99所示。

图8-99

07 创建一个名为"地面"的纯色图层，然后激活该图层的"3D图层"功能，接着设置"方向"为（270°，0°，0°），如图8-100所示。

图8-100

08 创建一个摄像机图层，然后设置"目标点"为（360.2，296.2，93.6），"位置"为（576.5，141.8，-1045.4），如图8-101所示。

图8-101

09 复制"地面"纯色图层，将其更名为"地面2"，然后选择"地面2"图层，执行"效果>杂色和颗粒>分形杂色"菜单命令，接着在"效果控件"面板中设置"溢出"为"剪切"、"缩放宽度"为1、"缩放高度"为300、"复杂度"为1，最后取消勾选"统一缩放"选项，勾选如图8-102所示。

图8-102

10 设置"地面2"图层的"不透明度"为25%，然后将"文字"合成拖曳到"3D反射"合成中，并开启"文字"图层的三维开关，如图8-103所示。

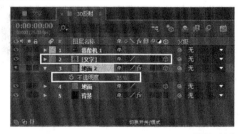

图8-103

⑪ 执行"图层>新建>灯光"菜单命令，然后在打开的"灯光设置"对话框中设置"灯光类型"为"点"、"颜色"为白色、"强度"为303%、"阴影深度"为100%、"阴影扩散"为32px，如图8-104所示。

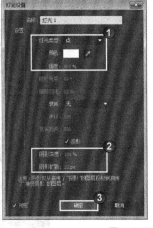

图8-104

⑫ 设置"灯光 1"图层的"位置"为（324.3，219.0，186.1），然后新建一个灯光，设置"灯光类型"为"环境"，"强度"为51%，如图8-105所示，效果如图8-106所示。

图8-105

图8-106

⑬ 选择摄像机图层，在第0帧处激活"位置"属性的关键帧，然后在第4秒处设置"位置"为（497.6，151.7，-1026.7），如图8-107所示。

图8-107

⑭ 创建一个调整图层，然后将其移至"文字"图层下，如图8-108所示，效果如图8-109所示。

图8-108

图8-109

⑮ 渲染并输出动画，最终效果如图8-110所示。

图8-110

🎬 课堂案例

漂浮的立方体

案例位置	案例文件>第8章>课堂案例——漂浮的立方体. aep
素材位置	素材>第8章>课堂案例——漂浮的立方体
难易指数	★★★☆☆
学习目标	学习CC Burn Film和"毛边"滤镜插件的使用方法、创建灯光层及其阴影效果的制作

漂浮的立方体的效果如图8-111所示。

图8-111

1.制作立方体

01 新建一个合成,设置"合成名称"为"矩形"、"宽度"为 200 px、"高度"为200 px、"像素长宽比"为"方形像素"、"持续时间"为 5秒,然后单击"确定"按钮,如图 8-112所示。

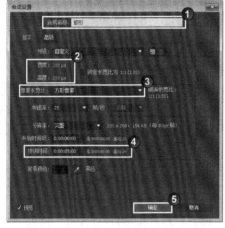

图8-112

02 新建一个名为"面"的纯色图层,然后为其执行"效果>生成>填充"菜单命令,接着在"效果控件"面板中设置"颜色"为(R:163, G:234, B:255),如图8-113所示。

图8-113

03 选择"面"图层,然后执行"效果>风格化>CC Burn Film"菜单命令,接着在"效果控件"面板中激活 Burn(燃烧)属性的关键帧,最后在第4秒24帧处设置Burn(燃烧)为77,如图8-114所示。

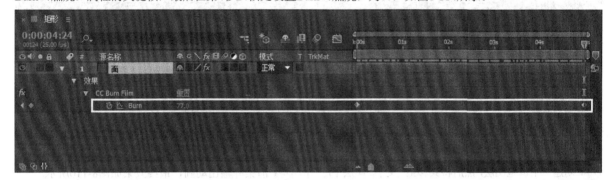

图8-114

04 选择"面"图层,然后执行"效果>风格化>毛边"菜单命令,接着在"效果控件"面板中设置"边缘类型"为"刺状"、"边界"为80.73、"边缘锐度"为0.72、"分形影响"为0.79、"比例"为10、"偏移(湍流)"为(101, 100.5)、"复杂度"为1、"演化"为(0×-2°),如图8-115所示。

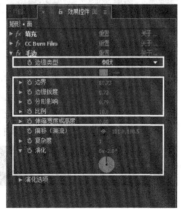

图8-115

05 选择"面"图层,然后执行"效果>风格化>发光"菜单命令,接着在"效果控件"面板中设置"发光阈值"为86.3%、"发光半径"为26、"颜色 A"为(R:7, G:62, B:69),如图8-116所示,效果如图8-117所示。

图8-116

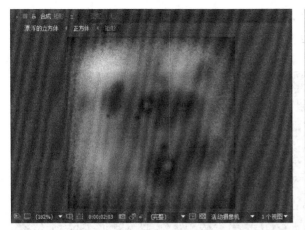

图8-117

06 新建一个合成，设置"合成名称"为"正方体"、"宽度"为1024px、"高度"为576 px、"像素长宽比"为"方形像素"、"持续时间"为5秒，然后单击"确定"按钮，如图8-118所示。

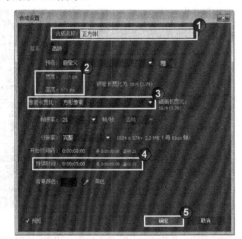

图8-118

07 新建一个摄像机图层，设置"预设"为50毫米，然后单击"确定"按钮，如图8-119所示。

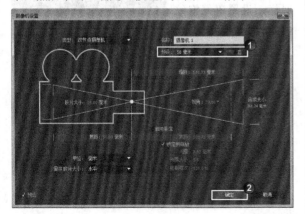

图8-119

08 将"矩形"合成拖曳到"正方体"合成中的"时间轴"面板中，然后复制出5个矩形图层，并分别命名为"矩形_下""矩形_左""矩形_右""矩形_后"和"矩形_前"，最后激活图层的"3D图层"功能，如图8-120所示。

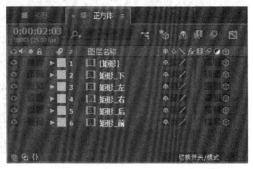

图8-120

09 设置"矩形"图层的"位置"为（512，188，100）、"方向"为（90°，0°，90°）；设置"矩形_下"图层的"位置"为（512，387.8，100），"方向"为（90°，0°，90°）；设置"矩形_左"图层的"位置"为（512，387，100）、"方向"为（90°，0°，90°）；设置"矩形_右"图层的"位置"为（612，288，100）、"方向"为（0°，270°，0°）；设置"矩形_后"图层的"位置"为（512，288，199.8）、"方向"为（0°，0°，0°）；设置"矩形_前"图层的"位置"为（512，288，0）、"方向"为（0°，0°，0°），如图8-121所示。

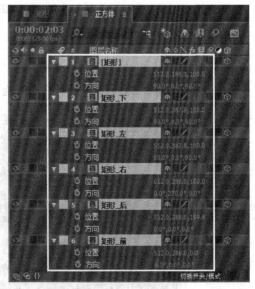

图8-121

⑩ 展开摄像机图层的属性组，然后按住Alt键并单击"Z 轴旋转"属性前面的 按钮，以激活表达式功能，接着在属性后面的文本框中输入下列表达式，如图8-122所示，效果如图8-123所示。

time*100;

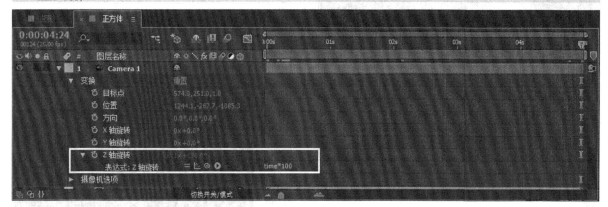

图8-122

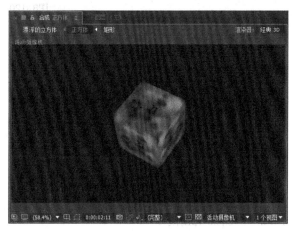

图8-123

2.制作气泡

① 新建一个合成，设置"合成名称"为"气泡"、"宽度"为1024 px、"高度"为576 px、"像素长宽比"为"方形像素"、"持续时间"为10秒，然后单击"确定"按钮，如图8-124所示。

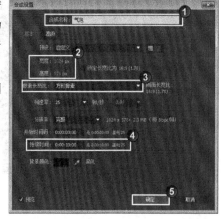

图8-124

② 创建一个名为Foam的纯色图层，然后为其执行"效果>模拟>泡沫"菜单命令，接着在"效果控件"面板中设置"视图"为"已渲染"，再展开"制作者"卷展栏，设置"产生X大小"为0、"产生Y大小"为0、"产生速度"为0.4，最后展开"气泡"卷展栏，设置"大小"为0.17、"大小差异"为0.61、"寿命"为200、"强度"为9，如图8-125所示。

图8-125

③ 展开"物理学"卷展栏，设置"风速"为0、"风向"为（0×124°）、"湍流"为0.78，然后展开"正在渲染"卷展栏，设置"气泡纹理"为"小雨"、"模拟品质"为高，如图8-126所示。

图8-126

04 选择Foam图层，然后执行"效果>生成>填充"菜单命令，接着在"效果控件"面板中设置"颜色"为（R:129，G:215，B:255），如图8-127所示，效果如图8-128所示。

图8-127

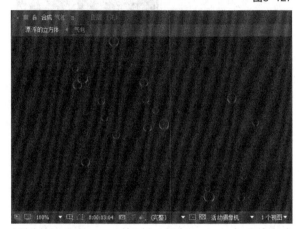

图8-128

3.最终合成

01 新建一个合成，设置"合成名称"为"漂浮的立方体"、"宽度"为1024 px、"高度"为576 px、"像素长宽比"为"方形像素"、"持续时间"为6秒，然后单击"确定"按钮，如图8-129所示。

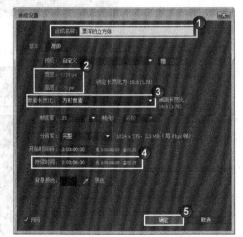

图8-129

02 创建一个名为"墙1"的纯色图层，然后激活该图层的"3D图层"功能，如图8-130所示，接着新建摄像机，设置"缩放"为447.05毫米、"视角"为44°、"焦距"为44.55毫米，最后单击"确定"按钮，如图8-131所示。

图8-130

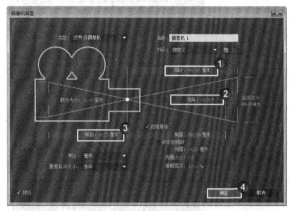

图8-131

03 选择"墙1"图层，然后执行"效果>颜色校正>曲线"菜单命令，接着在"效果控件"面板中调整各个通道的曲线形状，如图8-132所示。

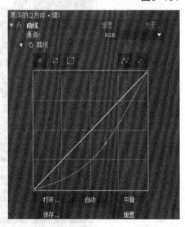

图8-132

04 选择"墙1"图层，然后复制出4个，设置"墙1"图层的"位置"为（512，567，0）、"方向"为（270°，0°，0°）；设置"墙2"图层的"位置"为（512，3，0）、"方向"为（270°，0°，0°）；设置"墙3"图层的"位置"为（512，3，288）、"方向"为（180°，0°，0°）；设置"墙4"图层的"位置"为（0，3，76）、"方向"为（0°，90°，180°）；设置"墙5"图层的"位置"为（1024，3，76）、"方向"为（0°，90°，180°），如图8-133所示。

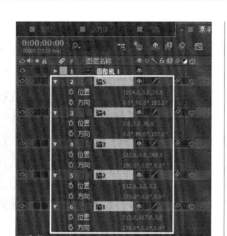

图8-133

⑤ 新建灯光，设置"灯光类型"为"点"，然后选择"投影"选项，并设置"阴影深度"为50%、"阴影扩散"为0 px，如图8-134所示，最后设置"灯光 1"图层的"位置"为（546.7，2073，-131），如图8-135所示。

图8-134

图8-135

⑥ 新建灯光，然后设置"灯光类型"为"聚光"、"强度"为50%、"锥形角度"为90°、"锥形羽化"为50%，如图8-136所示，接着设置该图层的"目标点"为（533.5，119.6，40.4）、"位置"为（576.1，76.9，-315.1）、"方向"为（336°，0°，0°），如图8-137所示。

图8-136

图8-137

⑦ 将"气泡"和"正方体"合成拖曳到"漂浮的立方体"合成的"时间"轴面板中，然后调整图层的层级关系，接着激活图层的"3D图层"功能，如图8-138所示。

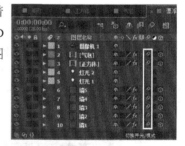

图8-138

⑧ 选择"气泡"图层，然后执行"效果>风格化>发光"菜单命令，接着在"效果控件"面板中设置"发光阈值"为55.7%，如图8-139所示。

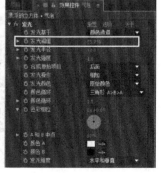

图8-139

09 选择"气泡"图层,然后执行"效果>模拟>CC Scatterize"菜单命令,接着在第4秒14帧处激活"效果控件"面板中的Scatter(散射)属性的关键帧,最后在第5秒4帧处设置Scatter(散射)为50,如图8-140所示。

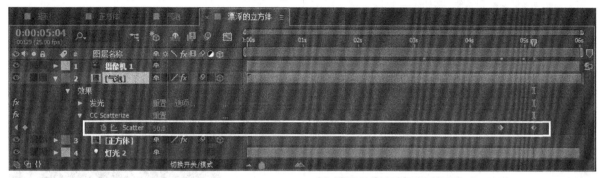

图8-140

10 选择"气泡"图层,在第1秒2帧处设置"不透明度"为0%,并激活关键帧,在第1秒12帧处设置"不透明度"为100%,在第5秒4帧处设置"不透明度"为100%,在第5秒17帧处设置"不透明度"为0%,如图8-141所示。

图8-141

11 选择摄像机图层,然后在第1秒1帧处设置"目标点"为(429.6, 276.7, -1123.9)、"位置"为(182.8, 227.1, -2523.7)、"缩放"为1267.2 像素、"焦距"为2500 像素、"光圈"为160.3 像素,在第1秒20帧处设置"目标点"为(512.0, 288.0, 0.0)、"位置"为(512.0, 288.0, -1422.2)、"缩放"为1422.2像素、"焦距"为1256.0像素、"光圈"为25.3像素,如图8-142所示。

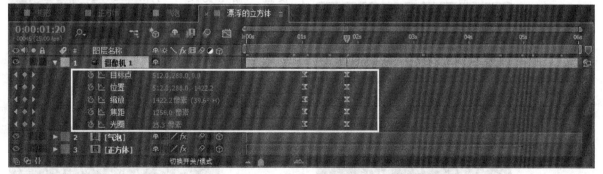

图8-142

12 渲染并输出动画,最终效果如图8-143所示。

图8-143

3D空间特效

案例位置	案例文件>第8章>课堂案例——3D空间特效.aep
素材位置	素材>第8章>课堂案例——3D空间特效
难易指数	★★★☆☆
学习目标	学习"曲线""动态拼贴""梯度渐变"以及"投影"滤镜的综合运用

3D空间滤镜效果如图8-144所示。

图8-144

01 新建一个合成,设置"合成名称"为"空间"、"预设"为PAL D1/DV、"持续时间"为3秒,然后单击"确定"按钮,如图8-145所示。

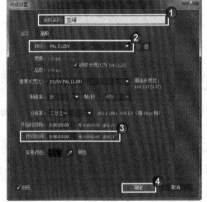

图8-145

02 导入下载资源中的"素材>第8章>课堂案例——3D空间特效>背景.psd"文件,然后将其拖曳到"时间轴"面板上,接着将图层重新命名为"左",再打开图层的三维开关,设置"位置"为(193,320,-146)、"方向"为(0°,270°,0°),如图8-146所示,效果如图8-147所示。

图8-146

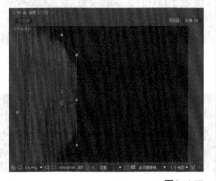

图8-147

03 选择"左"图层,然后按快捷键Ctrl+D复制出4个图层,并将其分别命名为"后""下""上"和"右"。修改"后"图层的"位置"为(440.6,320,2236)、"方向"为(0°,0°,0°),修改"下"图层的"位置"为(402,552,37)、"方向"为(270°,0°,0°),修改"上"图层的"位置"为(397,80,70)、"方向"为(270°,0°,0°),修改"右"图层的"位置"为(633,320,-132)、"方向"为(0°,270°,0°),如图8-148所示。

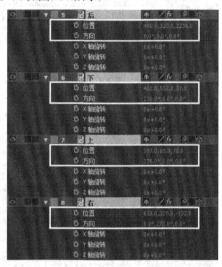

图8-148

04 选择"左"图层,执行"效果>风格化>动态拼贴"菜单命令,然后在"效果控件"面板中,设置"输出宽度"为500,如图8-149所示。

图8-149

05 使用同样的方法完成"右""上"和"下"图层的调节,调节之后的效果如图8-150所示。

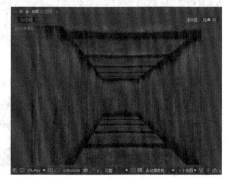

图8-150

06 选择"后"图层，然后执行"效果>颜色校正>曲线"菜单命令，接着在"效果控件"面板中设置曲线的形状，如图8-151所示。

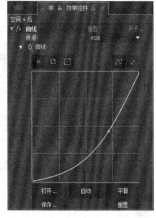

图8-151

07 执行"图层>新建>灯光"菜单命令，创建一个灯光，然后设置"灯光类型"为"点"，接着设置"强度"为282%、"颜色"为（R:81, G:207, B:248），最后单击"确定"按钮，如图8-152所示。

图8-152

08 执行"图层>新建>摄像机"菜单命令，创建一个摄像机，设置"缩放"为263.41毫米，然后单击"确定"按钮，如图8-153所示。

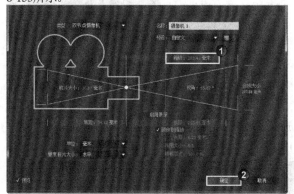

图8-153

09 设置摄像机的关键帧动画。在第0帧处，设置"目标点"为（397.5, 320, -304）、"位置"为（397, 320, -1050）；在第1秒处，设置"目标点"为（353, 300, 1405）、"位置"为（330, 240, 663），如图8-154所示。

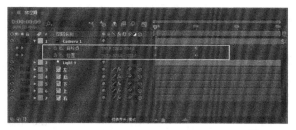

图8-154

10 设置灯光位置的关键帧动画。在第0帧处，设置"位置"为（406, 309, -575）；在第1秒处，设置"位置"为（406, 255, 925），如图8-155所示。

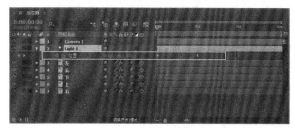

图8-155

11 使用"文字工具" T 输入文字信息，然后在"字符"面板中设置"字体"为Arial、"字体大小"为48 像素、"填充颜色"为白色、"字符间距"为62，接着激活"仿粗体"功能，如图8-156所示。

图8-156

12 开启文字图层的三维开关，然后设置文字的"位置"为（251.3, 332, 1353），如图8-157所示。

图8-157

13 激活每个图层的"运动模糊"功能，如图8-158所示。

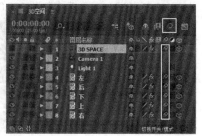

图8-158

⑭ 按小键盘上的数字键0，预览最终效果，如图8-159所示。

图8-159

课堂案例

炫彩空间效果

案例位置　案例文件>第8章>课堂案例——炫彩空间效果. aep
素材位置　素材>第8章>课堂案例——炫彩空间效果
难易指数　★★★☆☆
学习目标　学习"圆形""快速模糊""发光""基本3D"以及"残影"滤镜的综合运用

炫彩空间效果如图8-160所示。

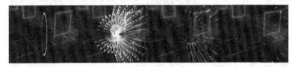

图8-160

① 新建一个合成，设置"合成名称"为"空间"、"预设"为PAL D1/DV、"持续时间"为7秒，然后单击"确定"按钮，如图8-161所示。

图8-161

② 新建一个名为"光环"的纯色图层，然后为其执行"效果>生成>圆形"菜单命令，接着在"效果控件"面板中设置"半径"为203、"边缘"为"厚度"、"厚度"为6、"颜色"为（R:255，G:223，B:48），如图8-162所示。

图8-162

③ 选择"光环"图层，然后执行"效果>模糊和锐化>快速模糊"菜单命令，接着在"效果控件"面板中设置"模糊度"为3.5，如图8-163所示。

图8-163

④ 选择"光环"图层，然后执行"效果>风格化>发光"菜单命令，接着在"效果控件"面板中设置"发光阈值"为10%、"发光半径"为20、"发光强度"为1.5、发光颜色为"A和B颜色"、"颜色 A"为（R:255，G:222，B:0）、"颜色B"为（R:255，G:0，B:0），如图8-164所示。

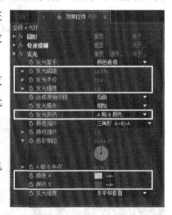

图8-164

⑤ 选择"光环"图层，在第0帧处激活"位置"和"缩放"属性的关键帧，然后在第2秒12帧处设置"位置"为（662.0，58.0）、"缩放"为（20.0，20.0%），如图8-165所示。

图8-165

06 复制出5个"光环"图层，然后选择所有图层，执行"动画>关键帧辅助>序列图层"菜单命令，接着在打开的"序列图层"对话框中选择"重叠"选项，最后设置"持续时间"为6秒16帧，如图8-166所示。

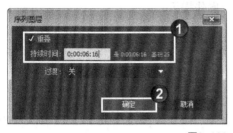

图8-166

07 新建一个调整图层，然后为其执行"效果>透视>基本3D"菜单命令，接着在"效果控件"面板中设置"旋转"为（0×82°），如图8-167所示。

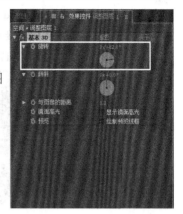

图8-167

08 选择调整图层，然后在第0帧处激活"基本3D"滤镜的"倾斜"属性的关键帧，接着在第6秒24帧处设置"倾斜"为（7×0°），如图8-168所示。

图8-168

09 新建一个合成，设置"合成名称"为"空间2"、"预设"为PAL D1/DV、"持续时间"为7秒，然后单击"确定"按钮，如图8-169所示。

图8-169

10 将"空间"合成导入到"空间2"合成的"时间轴"面板中，然后为"空间"图层执行"效果>时间>残影"菜单命令，接着在"效果控件"面板中设置"残影数量"为15，如图8-170所示。

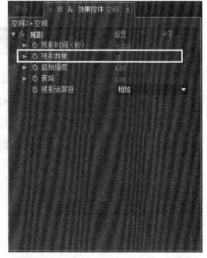

图8-170

⑪ 导入下载资源中的"素材>第8章>课堂案例——炫彩空间效果>炫彩空间效果.psd"文件，然后将其拖曳到"时间轴"面板的底层，接着设置"空间"图层的混合模式为"相加"，如图8-171所示。

图8-171

⑫ 渲染并输出动画，最终效果如图8-172所示。

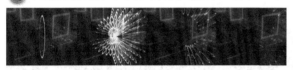

图8-172

8.5 本章小结

本章讲解了三维空间的相关知识，主要包括三维图层、三维摄像机和灯光等内容。其中，三维图层主要讲解了三维图层的转换、三维坐标系统、移动三维图层、旋转三维图层和三维图层的材质属性等；三维摄像机主要讲解了创建三维摄像机、设置三维摄像机以及设置动感摄像机3个部分；三维灯光主要讲解了创建灯光、灯光设置、渲染灯光阴影和移动摄像机与灯光4个部分。

8.6 课后习题

鉴于本章的重要性，本节将安排两个课后习题供读者练习。这两个课后习题都非常有针对性，基本上都运用到了上面所讲解到的最重要知识。希望大家一边观看视频教学，一边学习这些基础知识的运用。

🔗 课后习题
8.6.1 翻书动画
习题位置 案例文件>第8章>课后习题——翻书动画.aep
素材位置 素材>第8章>课后习题——翻书动画
难易指数 ★★★★☆
练习目标 练习使用纯色图层制作模型构架以及分割图层

翻书动画效果如图8-173所示。

图8-173

操作提示

第1步：打开"素材>第8章>课堂练习——空间网格>课后习题——翻书动画_I.aep"项目合成。

第2步：用纯色图层制作出书的框架。

第3步：制作翻书的关键帧动画。

第4步：将素材替换到相应的纯色图层。

🔗 课后习题
8.6.2 旋转的胶片
习题位置 案例文件>第8章>课后习题——旋转的胶片.aep
素材位置 素材>第8章>课后习题——旋转的胶片
难易指数 ★★★☆☆
练习目标 练习使用CC RepeTile滤镜制作胶片素材以及多嵌套合成的方法

旋转胶片动画效果如图8-174所示。

图8-174

操作提示

第1步：打开"素材>第8章>课后习题2——旋转的胶片>课后习题——旋转的胶片_I.aep"项目合成。

第2步：加载"胶片"合成，然后为"剧照"图层添加CC RepeTile滤镜。

第3步：加载"胶片2"合成，然后为"剧照2"图层添加CC RepeTile滤镜。

第4步：加载"胶片3"合成，然后为"剧照3"图层添加CC RepeTile滤镜。

第5步：将"胶片""胶片2"和"胶片3"合成拖曳到"旋转胶片"合成中。

第9章

绘画与形状

　　本章将讲解常用绘画工具以及"钢笔工具"的使用方法等。其中，画笔工具、形状工具、钢笔工具及形状属性都是本章要讲的重点内容。尤其是本章的"钢笔工具"不仅是本章的重点，也是全书的重点。

课堂学习目标

　　常用绘画工具的使用方法

　　"钢笔工具"的使用方法

　　掌握绘画工具的形状属性

9.1 绘画

使用绘画工具和形状工具可以创建出光栅图案和矢量图案。如果加入一些新元素，还可以制作出一些独特的、变化多端的纹理和图案，如图9-1所示。

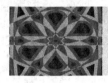

图9-1

绘画工具包含"画笔工具" 、"仿制图章工具" 和"橡皮擦工具" ，如图9-2所示。使用这些工具可以在图层中添加或擦除像素，但是这些操作只影响最终结果，不会对图层的源素材造成破坏，并且可以对笔触进行删除或制作位移动画等操作。

图9-2

在绘画时，无论是使用"画笔工具" 、"仿制图章工具" ，还是"橡皮擦工具" ，都会在"时间轴"面板的图层属性下显示出每个笔触的选项属性和变换属性。

> **技巧与提示**
> 由于绘画工具的操作界面是在"时间轴"面板的图层中，所以那些不具备图层性质的图层就不能使用绘画工具，例如文本图层和形状图层。

在使用绘画工具前，可以先在"绘画"面板或"画笔"面板中对绘画工具的形状进行设置。如果要对笔触属性制作动画，可以在"时间轴"面板的图层属性中进行相应设置。

9.1.1 绘画与画笔面板

1.绘画面板

每个绘画工具的"绘画"面板都具有一些共同的特征，如图9-3所示。"绘画"面板主要用来设置各个绘画工具的笔触"不透明度""流量""模式""通道"以及"持续时间"等。

图9-3

> **技巧与提示**
> 要打开"绘画"面板，必须先在"工具"面板中选择相应的绘画工具。

不透明度：对于"画笔工具" 和"仿制图章工具" ，该属性主要是用来设置画笔笔刷和仿制图章工具的最大不透明度；对于"橡皮擦工具" ，该属性主要是用来设置擦除图层颜色的最大量。

流量：对于"画笔工具" 和"仿制图章工具" ，该属性主要用来设置笔画的流量；对于"橡皮擦工具" ，该属性主要是用来设置擦除像素的速度。

模式：设置画笔或仿制笔刷的混合模式，这与图层中的混合模式是相同的。

通道：设置绘画工具影响的图层通道。如果选择Alpha通道，那么绘画工具只影响图层的透明区域。

> **技巧与提示**
> 如果使用纯黑色的"画笔工具" 在Alpha通道中绘画，相当于使用"橡皮擦工具" 擦除图像。

持续时间：设置笔刷的持续时间，共有以下4个选项。

固定：使笔刷在整个笔刷时间段都能显示出来。

写入：根据手写时的速度再现手写动画的过程。其原理是自动产生"开始"和"结束"关键帧，可以在"时间轴"面板中对图层绘画属性的"开始"和"结束"关键帧进行设置。

单帧：仅显示当前帧的笔刷。

自定义：自定义笔刷的持续时间。

2.画笔面板

在"画笔"面板中可以选择绘画工具预设的一些笔触效果，如果对预设的笔触不是很满意，还可以自定义笔触的形状，通过修改笔触的属性值可以方便快捷地设置笔触的尺寸、角度和边缘羽化等属性，如图9-4所示。

图9-4

直径：设置笔触的直径，单位为像素，图9-5所示是使用不同直径的绘画效果。

图9-5

角度：设置椭圆形笔刷的旋转角度，单位为度，图9-6所示是笔刷旋转角度为45°和-45°时的绘画效果。

图9-6

圆度：设置笔刷形状的长轴和短轴比例。其中正圆笔刷为100%，线形笔刷为0%，介于0%~100%的笔刷为椭圆形笔刷，如图9-7所示。

图9-7

硬度：设置画笔中心硬度的大小。该值越小，画笔的边缘越柔和，如图9-8所示。

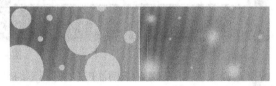

图9-8

间距：设置笔触的间隔距离（鼠标的绘图速度也会影响笔触的间距大小），如图9-9所示。

图9-9

画笔动态：当使用手绘板进行绘画时，该属性可以用来设置对手绘板的压笔感应。

9.1.2 画笔工具

使用"画笔工具"可以在当前图层的"图层"预览窗口中以"绘画"面板中设置的前景颜色进行绘画，如图9-10所示。

图9-10

使用"画笔工具"绘画的基本工作流程如下。

①在"时间轴"面板中双击要进行绘画的图层，将该图层在"图层"面板中打开。

②在"工具"面板中选择"画笔工具"，然后单击"工具"面板右侧的"切换绘画面板"按钮，打开"绘画"面板和"笔刷"面板。如果在"工具"面板中选择了"自动打开面板"选项，那么在"工具"面板中选择"画笔工具"时，系统会自动打开"绘画"面板和"笔刷"面板。

③在"笔刷"面板中选择预设的笔触或是自定义笔触的形状。

④在"绘画"面板中设置好画笔的颜色、不透明度、流量及混合模式等属性。

⑤使用"画笔"工具在"图层"面板中进行绘制，每次松开鼠标左键即可完成一个笔触效果，并且每次绘制的笔触效果都会在图层的绘画属性栏下以列表的形式显示出来，如图9-11所示（连续按两次P键可以展开笔触列表）。

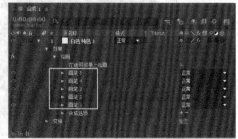

图9-11

225

在使用"绘画工具"进行绘画时，需要注意以下6点。

第1点：在绘制好笔触效果后，可以在"时间轴"面板中对笔触效果进行修改或是对笔触设置动画。

第2点：如果要改变笔刷的直径，可以在"图层"面板中按住Ctrl键的同时拖曳鼠标左键。

第3点：如果要设置画笔的颜色，可以在"绘画"面板中单击"设置前景色"或"设置背景色"图标，然后在弹出的对话框中设置颜色。当然，也可以使用"吸管"工具吸取界面中的颜色作为前景色或背景色。

第4点：按住Shift键的同时使用"画笔工具"可以继续在之前绘制的笔触效果上进行绘制。注意，如果没有在之前的笔触上进行绘制，那么按住Shift键可以绘制出直线笔触效果。

第5点：连续按两次P键可以在"时间轴"面板中展开已经绘制好的各种笔触列表。

第6点：连续按两次S键可以在"时间轴"面板中展开当前正在绘制的笔触列表。

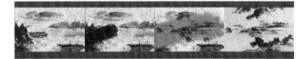

墨水划像动画

案例位置	案例文件>第9章>课堂案例——墨水划像动画.aep
素材位置	素材>第9章>课堂案例——墨水划像动画
难易指数	★★★★☆
学习目标	学习如何使用"画笔工具""毛边"滤镜、"色相/饱和度"滤镜以及Alpha通道蒙版功能制作墨水动画

墨水划像动画效果如图9-12所示。

图9-12

01 新建一个合成，设置"合成名称"为"墨水"、"预设"为PAL D1/DV、"持续时间"为5秒，然后单击"确定"按钮，如图9-13所示。

图9-13

02 新建一个白色的纯色图层，然后双击该纯色图层打开"图层"面板，接着在"工具"面板中单击"画笔工具"，再在"画笔"面板中设置"直径"为382像素，最后在"绘画"面板中设置颜色为黑色、"持续时间"为"写入"，如图9-14所示。

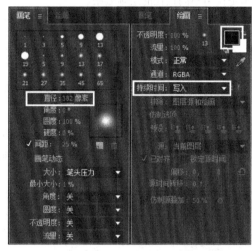

图9-14

03 使用"画笔工具"在"图层"面板中绘制出如图9-15所示的效果，然后在"效果控件"面板中选择"绘画"滤镜下的"在透明背景上绘画"选项。

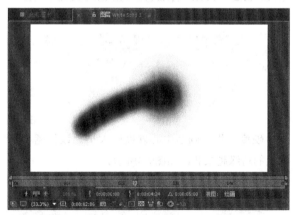

图9-15

04 选择纯色图层，连续按两次P键展开画笔的"绘画"属性组，然后在第0秒处设置"画笔 1"的"结束"为0%，在第17帧处设置"画笔 1"的"结束"为100%，接着在第17帧处设置"画笔 2"的"结束"为0%，最后在第1秒13帧处设置"画笔 2"的"结束"为100%，如图9-16所示。

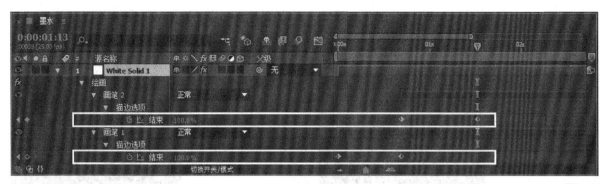

图9-16

05 选择纯色图层，然后执行"效果>风格化>毛边"菜单命令，接着在"效果控件"面板中设置"边界"为1.8、"边缘锐度"为0.25、"比例"为96、"偏移（湍流）"为（0，17）、"复杂度"为3，如图9-17所示。

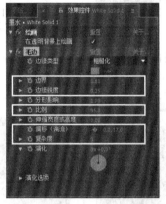

图9-17

06 在第0帧处激活"演化"属性的关键帧，然后在第4秒24帧处设置"演化"为（1×0°），如图9-18所示。

图9-18

07 复制一个纯色图层，然后删除第0帧处的"演化"属性的关键帧，接着在第4秒24帧处设置"演化"为（0×15°），具体属性设置如图9-19所示。

图9-19

08 复制一个纯色图层，然后设置"边界"为7.5、"边缘锐度"为0.58、"分形影响"为1、"比例"为873，如图9-20所示。

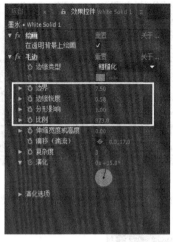

图9-20

09 新建一个合成，设置"合成名称"为"墨水划像"、"预设"为PAL D1/DV、"持续时间"为5秒，然后单击"确定"按钮，如图9-21所示。

图9-21

10 导入下载资源中的"素材>第9章>课堂案例——墨水划像动画>水墨1.jpg/水墨2.jpg"文件，然后将文件拖曳到"墨水划像"合成中，并将"水墨2.jpg"移至底层，接着为"水墨1.jpg"图层执行"效果>颜色校正>色相/饱和度"菜单命令，再在"效果控件"面板中选择"彩色化"选项，最后设置"着色色相"为（0×35°）、"着色饱和度"为60、"着色亮度"为-100，如图9-22所示，效果如图9-23所示。

图9-22

图9-23

11 在第12帧处激活"着色亮度"的关键帧，然后在第1秒处设置"着色亮度"为0，将"墨水"合成拖曳到"水墨划像"合成的顶层，最后设置"水墨1.jpg"图层的轨道遮罩为"Alpha遮罩[墨水]"，如图9-24所示。

图9-24

12 选择"墨水"图层，在第20帧处设置"缩放"为（100，100%），在第1秒处设置"缩放"为（509，509%），如图9-25所示。

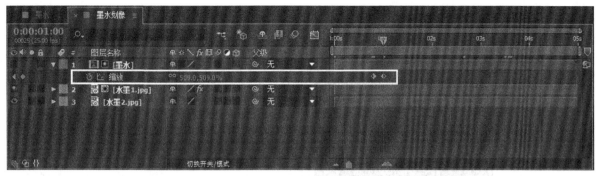

图9-25

⑬ 渲染并输出动画，最终效果如图9-26所示。

图9-26

9.1.3 橡皮擦工具

使用"橡皮擦工具" ■可以擦除图层上的图像或笔触，还可以选择仅擦除当前的笔触。如果设置为擦除源图层像素或是笔触，那么擦除像素的每个操作都会在"时间轴"面板中的"绘画"属性组下留下擦除记录，这些擦除记录对擦除素材没有任何破坏性，可以对其进行删除、修改或是改变擦除顺序等操作；如果设置为擦除当前笔触，那么擦除操作仅针对当前笔触，并且不会在"时间轴"面板的"绘画"属性组下记录擦除记录。

选择"橡皮擦工具" ■后，在"绘画"面板中可以设置擦除图像的模式，如图9-27所示。

图9-27

图层源和绘画：擦除源图层中的像素和绘画笔刷效果。

仅绘画：仅擦除绘画笔刷效果。

仅最后描边：仅擦除之前的绘画笔刷效果。

技巧与提示

如果当前正在使用"画笔工具" ■进行绘画，要将当前的"画笔工具" ■切换为"橡皮擦工具" ■的"仅最后描边"擦除模式，可以按快捷键Ctrl+Shift进行切换。

课堂案例

手写字动画

案例位置	案例文件>第9章>课堂案例——手写字动画. aep
素材位置	素材>第9章>课堂案例——手写字动画
难易指数	★★★☆☆
学习目标	学习如何使用"画笔工具"制作手写文字动画以及使用"橡皮擦工具"对笔触进行调整

手写文字动画效果如图9-28所示。

图9-28

① 新建一个合成，设置"合成名称"为"手写字动画"、"预设"为PAL D1/DV、"持续时间"为5秒，然后单击"确定"按钮，如图9-29所示。

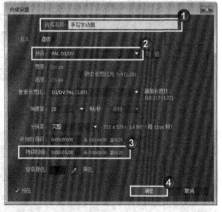

图9-29

② 导入下载资源中的"素材>第9章>课堂案例——手写字动画>江南人家.psd/文字.png"文件，然后将其拖曳到"手写字动画"合成中，接着将"文字.png"重命名为Text paint，如图9-30所示。

图9-30

03 双击"文字.png"图层打开"图层"面板，然后在"工具"面板中单击"画笔工具" ，接着在"绘画"面板中设置前景色为白色、"持续时间"为"写入"，最后在"画笔"面板中设置"硬度"为100%，如图9-31所示。

04 使用"画笔工具" 按照"江"字的笔画顺序将其勾勒出来（这里共用了4个笔触），如图9-32所示，然后每隔6帧为每个笔画的"结束"属性设置关键帧动画（数值分别为0%和100%），这样可以控制勾勒笔画的速度和节奏（本例设定的是一秒写完一个文字），如图9-33所示。

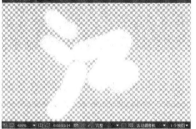

图9-31

图9-32

图9-33

05 运用上述方法写完剩下的3个字的笔画动画，如图9-34所示。

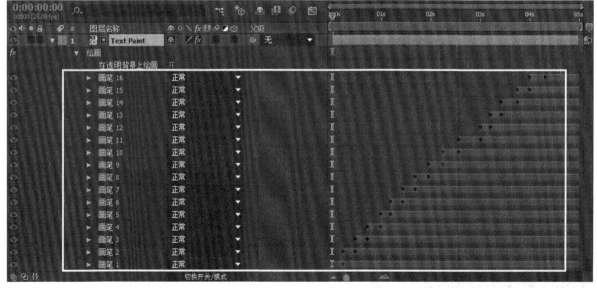

图9-34

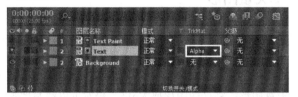

技巧与提示

在书写文字的过程中，可以使用"橡皮擦工具" ![]对笔触进行细微调整。

⑥ 将"文字.png"文件拖曳到"手写字动画"合成的"时间轴"面板中，然后将其重命名为Text，接着设置轨道遮罩为"Alpha 遮罩 Text paint"，如图9-35所示。

图9-35

⑦ 选择Text图层，然后执行"效果>风格化>毛边"菜单命令，接着在"效果控件"面板中设置"边界"为2.5，如图9-36所示。

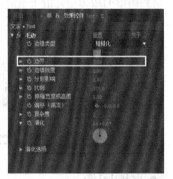

图9-36

⑧ 选择Text paint 和Text图层，然后按快捷键Ctrl+Shift+C进行预合成，在打开的"预合成"对话框中设置"新合成名称"为"文字"，接着选择"将所有属性移动到新合成"选项，最后单击"确定"按钮，如图9-37所示。

图9-37

⑨ 为"文字"图层设置"缩放"和"位置"属性的关键帧动画。在第1帧处设置"位置"为（663，601）、"缩放"为（313，313%），在第1秒4帧处设置"位置"为（583，446.4），在第3秒16帧处设置"位置"为（479.1，142.7）、"缩放"为（206.8，206.8%），在第4秒8帧处设置"位置"为（360，296）、"缩放"为（100，100%），如图9-38所示。

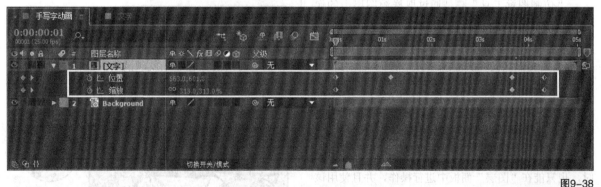

图9-38

⑩ 渲染并输出动画，最终效果如图9-39所示。

图9-39

9.1.4 仿制图章工具

使用"仿制图章工具" ![]可以将某一时间、某一位置的像素复制并应用到另一时间的另一位置中。"仿制图章

工具"拥有笔刷一样的属性，如笔触形状和持续时间等，在使用"仿制图章工具" ![]前也需要设置"绘画"属性和"笔刷"属性，在仿制操作完成后也可以在"时间轴"面板中的"仿制"属性中制作动画，图9-40所示的是"仿制图章工具" ![]的特有属性。

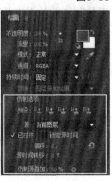

图9-40

231

预设：仿制图像的预设选项，共有5种。

源：选择仿制的源图层。

已对齐：设置不同笔画采样点的仿制位置的对齐方式，图9-41所示是选择该选项与未选择该选项时的效果对比。

勾选Aligned（对齐）选项

未勾选Aligned（对齐）选项

图9-41

锁定源时间：控制是否只复制单帧画面。

偏移：设置取样点的位置。

源时间转移：设置源图层的时间偏移量。

仿制源叠加：设置源画面与目标画面的叠加混合程度。

"仿制图章工具" 🖂 是通过取样源图层中的像素，然后将取样的像素值复制应用到目标图层中。目标图层可以是同一个合成中的其他图层，也可以是源图层自身。

在"工具"面板中选择"仿制图章工具" 🖂，然后在"图层"面板中按住Alt键对采样点进行取样，设置好的采样点会自动显示在源位置中。"仿制图章工具" 🖂 作为绘画工具中的一员，使用它仿制图像时，也只能在"图层"面板中进行操作，并且使用该工具制作的效果也是非破坏性的，因为它是以滤镜的方式在图层上进行操作的。如果对仿制效果不满意，还可以修改图层滤镜属性下的仿制属性。

如果仿制的源图层和目标图层在同一个合成中，这时候为了工作方便，就需要将目标图层和源图层在整个工作界面中同时显示出来。选择好两个或多个图层后，按快捷键Ctrl+Shift+Alt+N就可以将这些图层在不同的"图层"面板同时显示在操作界面中。

9.2 形状

使用After Effects的形状工具可以很容易地绘制出矢量形状图形，并且可以为这些形状制作动画。

9.2.1 形状概述

1.矢量图形

构成矢量图形的直线或曲线都是由计算机中的数学算法来定义的，数学算法采用几何学的特征来描述这些形状。After Effects的路径、文字以及形状都是矢量图形，将这些图形放大n倍，仍然可以清楚地观察到图形的边缘是光滑平整的，如图9-42所示。

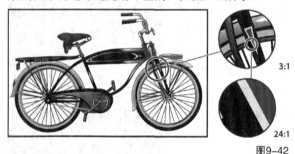

3:1

24:1

图9-42

2.光栅图像

光栅图像是由许多带有不同颜色信息的像素点构成，其图像质量取决于图像的分辨率。图像的分辨率越高，图像看起来就越清晰，图像文件需要的存储空间也越大，所以当放大光栅图像时，图像的边缘会出现锯齿现象，如图9-43所示。

3:1

24:1

图9-43

技巧与提示

After Effects可以导入其他软件生成的矢量图形文件，在导入这些文件后，After Effects会自动将这些矢量图形光栅化。

3.路径

After Effects中的蒙版和形状都是基于路径的概念。一条路径是由点和线构成的,线可以是直线也可以是曲线,由线来连接点,而点则定义了线的起点和终点。

在After Effects中,可以使用形状工具来绘制标准的几何形状路径,也可以使用"钢笔工具" ✐来绘制复杂的形状路径,通过调节路径上的点或调节点的控制手柄可以改变路径的形状,如图9-44所示。

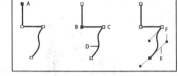

图9-44

路径具有两种不同的点,即角点和平滑点。连接平滑点的两条直线是平滑的曲线,其出点和入点的方向控制手柄在同一条直线上,如图9-45(A)所示;对于角点而言,连接角点的两条曲线在角点处发生了突变,曲线的出点和入点的方向控制手柄不在同一条直线上,如图9-45(B)所示。在After Effects中,可以结合使用角点和平滑点来绘制各种路径形状,也可以在绘制完成后对这些点进行调整,如图9-45(C)所示。

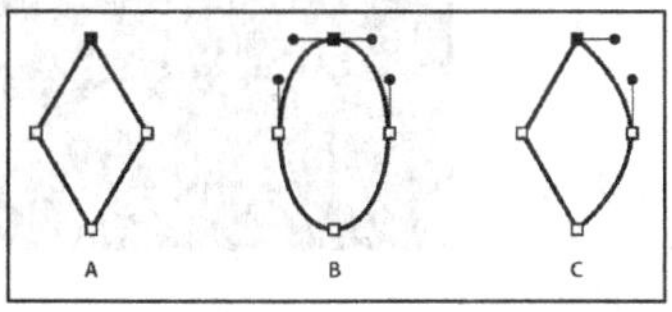

图9-45

当调节平滑点上的一个方向控制手柄时,另外一个手柄也会跟着进行相应的调节,如图9-46(左)所示;当调节角点上的一个方向控制手柄时,另外一个方向的控制手柄不会发生改变,如图9-46(右)所示。

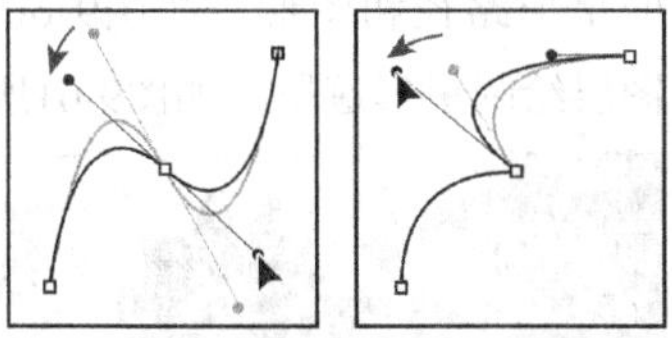

图9-46

9.2.2 形状工具

在After Effects中,使用形状工具既可以创建形状图层,也可以创建形状路径遮罩。形状工具包括"矩形工具"▢、"圆角矩形工具"▢、"椭圆工具"◯、"多边形工具"⬠和"星形工具"☆,如图9-47所示。

图9-47

技巧与提示

因为"矩形工具"▢和"圆角矩形工具"▢所创建的形状比较类似,名称也都是以矩形来命名的,而且它们的"内容"属性完全一样,因此这两种工具可以归纳为一种。另外,"多边形工具"⬠和"星形工具"☆的属性也完全一致,并且属性名称都是以多边星形来命名的,因此这两种工具可以归纳为一种。通过归纳后,就剩下一种"椭圆工具"◯,因此形状工具实际上就只有3种。

选择一个形状工具后,在"工具"面板中会出现创建形状或是蒙版的选择按钮,分别是"工具创建形状"按钮☆和"工具创建蒙版"按钮▣,如图9-48所示。在未选择任何图层的情况下,使用形状工具创建出来的是形状图层,而不是蒙版;如果选择的图层是形状图层,那么可以继续使用形状工具创建图形或是为当前图层创建蒙版;如果选择的图层是素材图层或纯色图层,那么使用形状工具只能创建蒙版。

图9-48

技巧与提示

形状图层与文字图层一样,在"时间轴"面板中都是以图层的形式显示出来的,但是形状图层不能在图层预览窗口进行预览,同时它也不会显示在"项目"面板的素材文件夹中,所以也不能直接在其上面进行绘画操作。

当使用形状工具创建形状图层时,还可以在"工具"面板右侧设置图形的"填充""描边"以及"描边宽度",如图9-49所示。

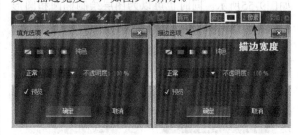

图9-49

1.矩形工具

使用"矩形工具"■可以绘制出矩形和正方形,如图9-50所示。同时也可以为图层绘制蒙版,如图9-51所示。

图9-50   图9-51

2.圆角矩形工具

使用"圆角矩形工具"■可以绘制出圆角矩形和圆角正方形,如图9-52所示。同时也可以为图层绘制蒙版,如图9-53所示。

图9-52   图9-53

技巧与提示

如果要设置圆角的半径大小,可以在形状图层的矩形路径选项组下修改"圆度"属性来实现,如图9-54所示。

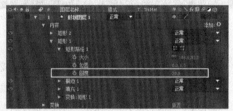

图9-54

3.椭圆工具

使用"椭圆工具"●可以绘制出椭圆和圆形,如图9-55所示。同时也可以为图层绘制椭圆和圆形蒙版,如图9-56所示。

图9-55   图9-56

技巧与提示

如果要绘制圆形路径或圆形图形,可以按住Shift键的同时使用"椭圆工具"●进行绘制。

4.多边形工具

使用"多边形工具"●可以绘制出边数至少为5边的多边形路径和图形,如图9-57所示。同时也可以为图层绘制多边形蒙版,如图9-58所示。

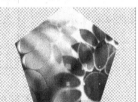

图9-57   图9-58

技巧与提示

如果要设置多边形的边数,可以通过在形状图层的"多边星形路径"卷展栏下修改"点"属性来实现,如图9-59所示。

图9-59

5.星形工具

使用"星形工具"★可以绘制出边数至少为3边的星形路径和图形,如图9-60所示。同时也可以为图层绘制星形遮罩,如图9-61所示。

图9-60   图9-61

9.2.3 钢笔工具

使用"钢笔工具"✎可以在合成或"图层"预览窗口中绘制出各种路径,它包含4个辅助工具,分别是

"添加顶点工具" 、"删除顶点工具" 、"转换顶点工具" 和"蒙版羽化工具" ，如图9-62所示。

图9-62

在"工具"面板中选择"钢笔工具" 后，在"工具"面板的右侧会出现一个RotoBezier选项。在默认情况下，RotoBezier选项处于关闭状态，这时使用"钢笔工具" 绘制的贝塞尔曲线的顶点包含有控制手柄，可以通过调整控制手柄的位置来调节贝塞尔曲线的形状；如果选择RotoBezier选项，那么绘制出来的贝塞尔曲线将不包含控制手柄，曲线的顶点曲率是After Effects自动计算的。如果要将非平滑贝塞尔曲线转换成平滑贝塞尔曲线，可以通过执行"图层>蒙版和路径形状>RotoBezier"菜单命令来完成。

 技巧与提示

使用"钢笔工具" 时需要注意以下几点。

第1点：改变顶点位置。在创建顶点时，如果想在未松开鼠标左键之前改变顶点的位置，这时可以按住Space键，然后拖曳光标即可重新定位顶点的位置。

第2点：封闭开放的曲线。如果在绘制好曲线形状后，想要将开放的曲线设置为封闭曲线，这时可以通过执行"图层>蒙版和路径形状>已关闭"菜单命令来完成。另外，也可以将光标放置在第1个顶点处，当光标变成 形状时，单击鼠标左键即可封闭曲线。

第3点：结束选择曲线。如果在绘制好曲线后想要结束对该曲线的选择，这时可以激活"工具"面板中的其他工具或按F2键来实现操作。

在实际工作中，使用"钢笔工具" 绘制的贝塞尔曲线主要包含直线、U形曲线和S形曲线3种，下面分别讲解如何绘制这3种曲线。

1.绘制直线

使用"钢笔工具" 绘制直线的方法很简单。首先使用"钢笔工具" 单击确定第1个点，然后在其他地方单击确定第2个点，这两个点形成的线就是一条直线。如果要绘制水平直线、垂直直线或是与45°成倍数的直线，这时可以按住Shift键的同时使用"钢笔工具" 就可以完成相应直线的绘制，如图9-63所示。

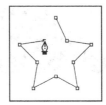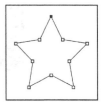

图9-63

2.绘制U形曲线

如果要使用"钢笔工具" 绘制U型的贝塞尔曲线，可以在确定好第2个顶点后拖曳第2个顶点的控制手柄，使其方向与第1个顶点的控制手柄的方向相反。图9-64所示的A图为开始拖曳第2个顶点时的状态，B图是将第2个顶点的控制手柄调节成与第1个顶点的控制手柄方向相反时的状态，C图为最终结果。

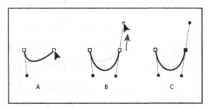

图9-64

3.绘制S形曲线

如果要使用"钢笔工具" 绘制S型的贝塞尔曲线，可以在确定好第2个顶点后拖曳第2个顶点的控制手柄，使其方向与第1个顶点的控制手柄的方向相同。在图9-65中，A图为开始拖曳第2个顶点时的状态，B图是将第2个顶点的控制手柄调节成与第1个顶点的控制手柄方向相同时的状态，C图为最终结果。

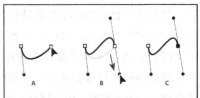

图9-65

9.2.4 创建文字轮廓形状图层

在After Effects中，可以将文字的外形轮廓提取出来，形状路径将作为一个新图层出现在"时间轴"面板中。新生成的轮廓图层会继承源文字图层的变换属性、图层样式、滤镜和表达式等。

如果要将一个文字图层的文字轮廓提取出来，可以先选择该文字图层，然后执行"图层>从文本创建形状"菜单命令即可，如图9-66所示。

图9-66

技巧与提示

如果要将文字图层中的所有文字的轮廓提取出来，可以选择该图层，然后执行"图层>从文本创建形状"菜单命令；如果要将某个文字的轮廓单独提取出来，可以先在"合成"面板中选择该文字，然后执行"图层>从文本创建形状"菜单命令。

9.2.5 形状组

在After Effects中，每条路径都是一个形状，而每个形状都包含有一个单独的"填充"属性和一个"描边"属性，这些属性都在形状图层的"内容"属性组下。

在实际工作中，有时需要绘制比较复杂的路径，例如在绘制字母i时，至少需要绘制两条路径才能完成操作，而一般制作形状动画都是针对整个形状来进行制作，如图9-67所示。如果要为单独的路径制作动画，那将是相当困难，这时就需要使用到"组"功能。

图9-67

如果要为路径创建组，可以先选择相应的路径，然后按快捷键Ctrl+G将其进行群组操作（解散组的快捷键为Ctrl+Shift+G），当然也可以通过执行"图层>组合形状"菜单命令来完成。完成群组操作后，被群组的路径就会被归入到相应的组中，另外还会增加一个"变换：组"属性，如图9-68所示。

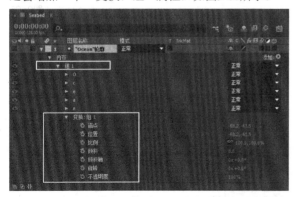

图9-68

从图9-68中的Transform：Group（变换：组）属性中可以观察到，处于组里面的所有形状路径都拥有一些相同的变换属性，如果对这些属性制作动画，那么处于该组中的所有形状路径都将拥有动画属性，这样就大大减少了制作形状路径动画的工作量。

技巧与提示

群组路径形状还有另外一种方法，先单击"添加"选项后面的按钮，然后在打开的菜单中选择"组（空）"命令（这时创建的组是一个空组，里面不包含任何对象），如图9-69所示，接着将需要群组的形状路径拖曳到空组中即可。

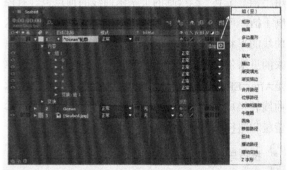

图9-69

9.2.6 形状属性

创建完一个形状后，可以在"时间轴"面板或通过"添加"选项的下拉菜单，为形状或形状组添加属性，如图9-70所示。

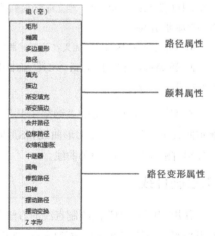

图9-70

1.颜料属性

颜料属性包含"填充""描边""渐变填充"以及"渐变描边"4种，下面进行简要介绍。

第1种：填充，该属性主要用来设置图形内部的固态填充颜色。

第2种：描边，该属性主要用来为路径进行描边。

第3种：渐变填充，该属性主要用来为图形内部填充渐变颜色。

第4种：渐变描边，该属性主要用来为路径设置渐变描边色。

上述4种属性的效果如图9-71所示。

图9-71

2.路径变形属性

在同一个群组中，路径变形属性可以对位于其上的所有路径起作用，另外可以对路径变形属性进行复制、剪切、粘贴等操作。

合并路径：该属性主要针对群组形状，为一个路径组添加该属性后，可以运用特定的运算方法将群组里面的路径合并起来。为群组添加"合并路径"属性后，可以为群组设置5种不同的模式，如图9-72所示。

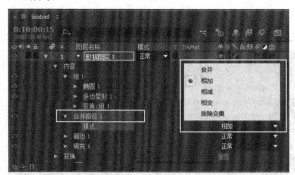

图9-72

位移路径：使用该属性可以对原始路径进行缩放操作，如图9-73所示。

图9-73

收缩和膨胀：使用该属性可以将源曲线中向外凸起的部分往内塌陷，向内凹陷的部分往外凸出，如图9-74所示。

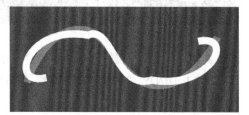

图9-74

中继器：使用该属性可以复制一个形状，然后为每个复制对象应用指定的变换属性，如图9-75所示。

图9-75

圆滑：使用该属性可以对图形中尖锐的拐角点进行圆滑处理。

修剪路径：该属性主要用来为路径制作生长动画。

扭转：使用该属性可以以形状中心为圆心来对图形进行扭曲操作。正值可以使形状按照顺时针方向进行扭曲，负值可以使形状按照逆时针方向进行扭曲，如图9-76所示。

图9-76

摆动路径：该属性可以将路径形状变成各种效果的锯齿形状路径，并且该属性会自动记录下动画。

Z字形：该属性可以将路径变成具有统一规律的锯齿状路径。

飞舞文字动画

案例位置	案例文件>第9章>课堂案例——飞舞文字动画.aep
素材位置	素材>第9章>课堂案例——飞舞文字动画
难易指数	★★☆☆☆
学习目标	学习如何使用"钢笔工具"绘制文字的运动路径以及使用文字产生缩放、跳跃和旋转等随机动画

飞舞文字动画效果如图9-77所示。

图9-77

01　新建一个合成，设置"合成名称"为"文字"、"预设"为PAL D1/DV、"持续时间"为5秒，然后单击"确定"按钮，如图9-78所示。

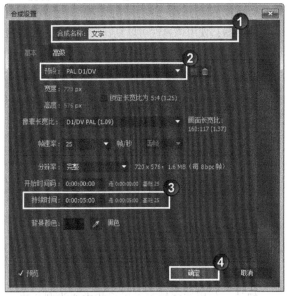

图9-78

02　创建一个名为"文字"的纯色图层，然后执行"效果>过时>路径文本"菜单命令，接着在打开的"路径文字"对话框中输入文字信息，再设置"字体"为Arial，最后单击"确定"按钮，如图9-79所示。

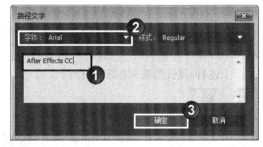

图9-79

03　选择"文字"图层，使用"钢笔工具" ✎绘制一条文字的运动路径，然后在"效果控件"面板中设置"自定义路径"为"蒙版1"、"选项"为"在描边上填充"，如图9-80所示。

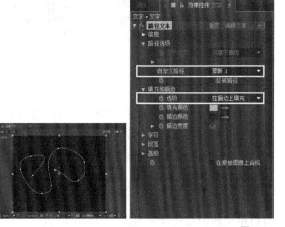

图9-80

04　选择"文字"图层，在第0帧处设置"路径文本"滤镜的"大小"为0、"左边距"为0，并激活这两个属性的关键帧，在第23帧处设置"左边距"为300，在第1秒16帧处设置"左边距"为925，在第2秒13帧处设置"左边距"为1725，在第3秒18帧处设置"大小"为40，在第4秒24帧处设置"左边距"为48，如图9-81所示。

图9-81

05 在第1秒16帧处设置"基线抖动最大值"为120、"字偶间距抖动最大值"为300、"旋转抖动最大值"为300、"缩放抖动最大值"为250，在第3秒18帧处设置"基线抖动最大值"为0、"字偶间距抖动最大值"为0、"旋转抖动最大值"为0、"缩放抖动最大值"为0，如图9-82所示。

图9-82

06 新建一个合成，设置"合成名称"为Final、"预设"为PAL D1/DV、"持续时间"为5秒，然后单击"确定"按钮，如图9-83所示。

图9-83

07 将"文字"合成导入到Final合成中，然后在Final合成下选择"文字"图层，执行"效果>时间>残影"菜单命令，接着在"效果控件"面板中设置"残影数量"为6、"衰减"为0.5，如图9-84所示。

图9-84

08 选择"文字"图层，然后在第2秒处激活"残影数量"属性的关键帧，在第2秒18帧处设置"残影数量"为5，在第3秒22帧处设置"残影数量"为2，接着复制"文字"图层，在第4秒22帧处设置"不透明度"为100%，并激活关键帧，在第4秒24帧处设置"不透明度"为0%，最后激活图层的"运动模糊"功能，如图9-85所示。

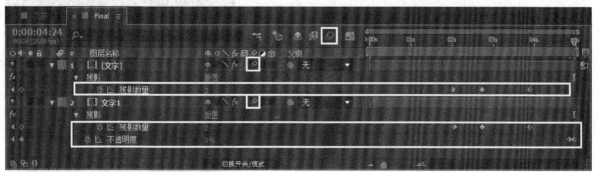

图9-85

239

09 创建一个名为"背景"的纯色图层，然后为其执行"效果>生成>梯度渐变"菜单命令，接着在"效果控件"面板中设置"渐变起点"为（340，224）、"起始颜色"为（R:43，G:48，B:155）、"渐变终点"为（932，1266）、"结束颜色"为黑色、"渐变形状"为"径向渐变"，如图9-86所示。

图9-86

10 选择"背景"图层，然后设置"不透明度"为60%，如图9-87所示。

图9-87

11 渲染并输出动画，最终效果如图9-88所示。

图9-88

🎓 课堂案例

植物生长动画

案例位置	案例文件>第9章>课堂案例——植物生长动画.aep
素材位置	素材>第9章>课堂案例——植物生长动画
难易指数	★★★☆☆
学习目标	学习如何使用"钢笔工具"绘制植物形状、使用Trim Paths（剪切路径）属性和Alpha通道蒙版制作生长动画

植物生长动画效果如图9-89所示。

图9-89

01 新建一个合成，设置"合成名称"为PlantGrowth、"预设"为PAL D1/DV、"持续时间"为3秒，然后单击"确定"按钮，如图9-90所示。

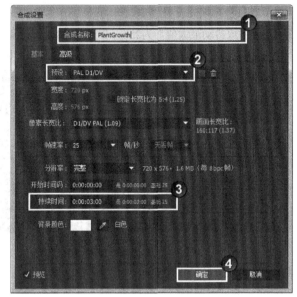

图9-90

02 新建一个名为Grow 1的纯色图层，然后将其"颜色"设置为（R:18，G:22，B:47），接着使用"钢笔工具" 🖊 绘制出植物茎叶的形状，如图9-91所示。

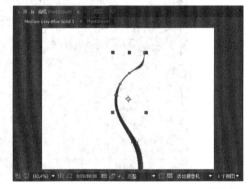

图9-91

03 在"时间轴"面板中按快捷键Ctrl+Shift+A，确保没有选择任何图层，然后使用"钢笔工具" 🖊 顺着茎叶的形状绘制一条曲线，如图9-92所示。

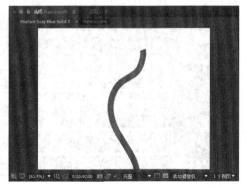

图9-92

04 为形状图层添加一个"修剪路径"属性，然后在第0帧处设置"内容>修剪路径 1>结束"为0%，并激活关键帧，接着在第2秒处设置"结束"为100%，如图9-93所示。

图9-93

05 设置Grow 1 的轨道遮罩为"Alpha 遮罩 形状图层 1"，如图9-94所示。这样就制作好了一条植物茎叶的生长动画。

图9-94

06 采用相同的方法制作出其他茎叶的生长动画，效果如图9-95所示。

图9-95

07 渲染并输出动画，最终效果如图9-96所示。

图9-96

课堂练习

人像阵列动画

案例位置	案例文件>第9章>课堂练习——人像阵列动画. aep
素材位置	素材>第9章>课堂练习——人像阵列动画
难易指数	★★★★☆
学习目标	学习使用"钢笔工具"为对象描边、使用"中继器"属性制作阵列动画

人像阵列动画效果如图9-97所示。

图9-97

操作提示

第1步：打开"素材>第9章>课堂练习——人像阵列动画>课堂练习——人像阵列动画_I.aep"项目合成。

第2步：使用"钢笔工具"为对象描边。

第3步：使用"中继器"属性制作阵列动画。

9.3 本章小结

本章主要讲解了常用的绘画工具以及"钢笔工具"的使用方法等。其中，绘画部分主要讲解了绘画与笔刷面板、画笔工具和仿制图章工具。形状主要讲解了形状概述、形状工具、钢笔工具、创建文字轮廓形状图层、形状组和形状属性等6个方面。本章通过5个课堂案例详细地讲解了重点知识，通过一个课堂练习和一个课后习题帮助大家练习，并加深知识印象。

9.4 课后习题

虽然本章只安排了一个课后习题，但是这个课后习题非常有针对性，运用到了上面所讲解到的重要知识。希望大家一边观看视频教学，一边学习这些基础知识的运用。

习题位置	案例文件>第9章>课后习题——涂鸦喷绘动画. aep
素材位置	素材>第9章>课后习题——涂鸦喷绘动画
难易指数	★★★☆☆
练习目标	练习使用"画笔工具"和"结束"属性制作喷绘动画以及制作卷页Logo动画

涂鸦喷绘动画效果如图9-98所示。

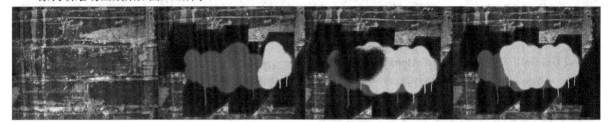

图9-98

操作提示

第1步：打开"素材>第9章>课后习题——涂鸦喷绘动画>课后习题——涂鸦喷绘动画_I.aep"项目合成。

第2步：使用"画笔工具"绘制喷漆。

第3步：使用"结束"属性制作喷绘动画。

第10章

表达式动画

本章主要讲解了表达式的基本语法和编辑表达式。表达式语法主要讲解了表达式语言、访问对象的属性和方法、数组与维数、向量与索引以及表达式时间。表达式库主要讲解了Global（全局）、Vector Math（向量数学）和Random Numbers（随机数）等20个表达式库。

课堂学习目标

掌握表达式的输入方法

掌握表达式的修改方法

掌握表达式的基本语法

掌握如何使用表达式制作动画

10.1 基本表达式

使用表达式可以为不同的图层属性创建某种关联关系。当使用"表达式关联器"为图层属性创建相关连接时，用户可以不需要了解任何程序语言，After Effects就可以自动生成表达式语言，这样就大大提高了工作效率。

10.1.1 表达式概述

虽然After Effects的表达式是基于JavaScript脚本语言，但是在使用表达式时并不一定要掌握JavaScript语言，因为可以使用"表达式关联器"关联表达式或复制表达式实例中的表达式语言，然后根据实际需要进行适当的数值修改即可。

表达式的输入完全可以独立在"时间轴"面板中完成，也可以使用"表达式关联器"为不同的图层属性创建关联表达式，当然也可以在表达式输入框中修改表达式，如图10-1所示。

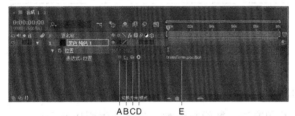

图10-1

A：表达式开关，凹陷时处于开启状态，凸出时处于关闭状态。

B：是否在曲线编辑模式下显示表达式动画曲线。

C：表达式关联器。

D：表达式语言菜单，可以在其中查找到一些常用的表达式命令。

E：表达式的输入框或表达式的编辑区。

在添加完表达式之后，仍然可以为图层属性添加或编辑关键帧，表达式甚至可以将这些关键帧动画作为基础，为关键帧动画添加新的属性。例如，为图层的"位置"属性添加表达式transform.position.wiggle（10,10），这时产生的结果是在"位置"属性的基础上产生了位置偏移效果。

如果输入的表达式不能被系统执行，这时After Effects会自动报告错误，并且会自动终止表达式的

运行，然后显示一个警告标志⚠，单击该警告标志会再次弹出报错消息的对话框，如图10-2所示。

图10-2

一些表达式在运行时会调用图层的名字或图层属性的名字。如果修改了表达式调用的图层名字或图层属性的名字，After Effects会自动尝试在表达式中更新这些名字，但在一些情况下，After Effects会更新失败而出现报错信息，这时就需要手动更新这些名字。注意，使用预合成也会产生表达式更新报错的问题，因此在有表达式的工程文件中进行预合成时一定要谨慎。

10.1.2 编辑表达式

在After Effects中，可以在表达式输入框中手动输入表达式，也可以使用表达式语言菜单来完整地输入表达式，同时也可以使用"表达式关联器"或从其他表达式实例中复制表达式。

技巧与提示

这里介绍一个比较实用的表达式输入方法。先使用"表达式关联器"创建一个简单的关联表达式，然后使用数学运算来对表达式进行微调。例如，在表达式的末尾添加*2，使表达式的数值变成原来的2倍，也可以使用/2算式，让表达式的数值变成原来的1/2。

如果用户对表达式的运算比较熟练，甚至可以结合更多的数学运算来调整表达式。例如，在表达式后面添加/360*100，将0~360的参数取值范围变为0~100的取值范围。

在"时间轴"面板的表达式语言菜单中包含有After Effects表达式的一些标准命令，这些菜单对正确书写表达式的参数变量及语法非常有用。在After Effects表达式菜单中选择任何目标、属性或方法，After Effects会自动在表达式输入框中插入表达式命令，然后只要根据命令中的参数和变量按实际需要进行修改即可。

为动画属性添加表达式的方法主要有以下3种。

第1种：在"时间轴"面板中选择需要添加表达式的动画属性，然后执行"动画>添加表达式"菜单命令。注意，如果该属性已经存在有表达式，"添加表达式"命令会变成"移除表达式"命令。

第2种：选择需要添加表达式的动画属性，然后按快捷键Alt+Shift+=激活表达式输入框。

第3种：选择需要添加表达式的动画属性，然后按住Alt键的同时单击该动画属性前面的 ⓞ 按钮。

移除动画属性中的表达式的方法主要有以下3种。

第1种：选择需要移除表达式的动画属性，然后执行"动画>移除表达式"菜单命令。

第2种：选择需要移除表达式的动画属性，然后按快捷键Alt+Shift+=。

第3种：选择需要移除表达式的动画属性，然后按住Alt键的同时单击该动画属性前面的 ⓞ 按钮。

技巧与提示

如果要临时关闭表达式功能，可以用鼠标左键单击"表达式开关" ᓍ ，使其处于关闭状态 ᓎ 。

1.使用"表达式关联器"编辑表达式

使用"表达式关联器"可以将一个动画的属性关联到另外一个动画的属性中，如图10-3所示。在一般情况下，新的表达式文本将自动插入到表达式输入框中的光标位置之后；如果在表达式输入框中选择了文本，那么这些被选择的文本将被新的表达式文本所取代；如果表达式插入光标并没有在表达式输入框之内，那么整个表达式输入框中的所有文本都将被新的表达式文本所取代。

图10-3

可以将"表达式关联器"按钮 ⓞ 拖曳到其他动画属性的名字或是值上来关联动画属性。如果将"表达式关联器"按钮 ⓞ 拖曳到动画属性的名字上，那么在表达式输入框中显示的结果是将动画参数作为一个值出现。例如，将"表达式关联器"按钮 ⓞ 拖曳到"位置"属性名字上，那么将在表达式输入框中显示以下结果。

thisComp.layer（"Layer 1"）.transform.position

如果将"表达式关联器"按钮 ⓞ 拖曳到"位置"属性的y轴数值上，那么表达式将调用"位置"

动画属性的y轴数值作为自身x轴和y轴的数值，如下表达式所示。

temp = thisComp.layer("Layer 1").transform.position[1];

[temp, temp]

技巧与提示

在一个合成中允许多个图层、遮罩和滤镜拥有相同的名字。例如，如果在同一个图层中拥有两个名称为Mask的蒙版，这时如果使用"表达式关联器"将其中一个Mask属性关联到其他的动画属性中，那么After Effects将自动以序号的方式为其进行标注，如Mask 2。

2.手动编辑表达式

如果要在表达式输入框中手动输入表达式，可以按照以下步骤进行操作。

第1步：确定表达式输入框处于激活状态。

技巧与提示

当激活表达式输入框后，在默认状态下，表达式输入框中的所有表达式文本都将被选中，如果要在指定的位置输入表达式，可以将光标插入指定点之后。

第2步：在表达式输入框中输入或编辑表达式，当然也可以根据实际情况结合表达式语言菜单来输入表达式。

技巧与提示

如果表达式输入框的大小不合适，可以拖曳表达式输入框的上下边框来扩大或缩小表达式输入框的大小。

第3步：输入或编辑表达式完成后，可以按小键盘上的Enter键或单击表达式输入框以外的区域来完成操作。

3.添加表达式注释

如果用户制作好了一个比较复杂的表达式，在以后的工作中就有可能调用这个表达式，这时就可以为这个表达式进行文字注释，以便于辨识表达式。

为表达式添加注释的方法主要有以下两种。

第1种：在注释语句的前面添加//符号。在同一行表达式中，任何处于//符号后面的语句都被认为是表达式注释语句，在程序运行时这些语句不会被编译运行，如下表达式所示。

// 这是一条注释语句。

第2种：在注释语句首尾添加/*和*/符号。在进行程序编译时，处于/*和*/之间的语句都不会运行，如下表达式所示。

> /* 这是一条
> 多行注释语句。*/

技巧与提示

当书写好了一个表达式实例之后，如果想在以后的工作中调用这个表达式，这时可以将这些表达式复制并粘贴到其他的文本应用程序中进行保存，比如文本文档和Word文档等。在编写表达式时，往往会在表达式内容中指定一些特定的合成和图层名字，在直接调用这些表达式时系统会经常报错，这时如果在表达式后面添加相应的注释语句就非常必要了。例如在如下所示的表达式中，在书写表达式之前先写上一段多行的注释文字，说明这段表达式的用途，然后在表达式中有变量的地方使用简洁的注释语句加以说明变量的作用，这样在以后调用或修改这段表达式时就很方便了。

> /* This expression on a Source Text property reports the name of a layer and the value of its Opacity property. */
> var myLayerIndex = 1; //layer to inspect, initialized to 1,
> //for top layer
> thisComp.layer(myLayerIndex).name + ": \rOpacity = " +
> thisComp.layer(myLayerIndex).opacity.value

10.1.3 保存和调用表达式

在After Effects中，可以将含有表达式的动画保存为"动画预设"，在其他工程文件中就可以直接调用这些动画预设。如果在保存的动画预设中，动画属性仅包含有表达式而没有任何关键帧，那么动画预设只保存表达式的信息；如果动画属性中包含有一个或多个关键帧，那么动画预设将同时保存关键帧和表达式的信息。

在同一个合成项目中，可以复制动画属性的关键帧和表达式，然后将其粘贴到其他的动画属性中，当然也可以只复制属性中的表达式。

复制表达式和关键帧：如果要将一个动画属性中的表达式连同关键帧一起复制到其他的一个或多个动画属性中，这时可以在"时间轴"面板中选择源动画属性并进行复制，然后将其粘贴到其他的动画属性中。

只复制表达式：如果只想将一个动画属性中的表达式（不包括关键帧）复制到其他的一个或多个动画属性中，这时可以在"时间轴"面板中选择源动画属性，然后执行"编辑>仅复制表达式"菜单命令，接着将其粘贴到选择的目标动画属性中即可。

10.1.4 表达式控制滤镜

如果在图层中应用了"表达式控制"滤镜包中的滤镜，那么可以在其他的动画属性中调用该滤镜的滑块数值，这样就可以使用一个简单的控制滤镜来一次性影响其他的多个动画属性。

"表达式控制"滤镜包中的滤镜可以应用到任何图层中，但是最好应用到一个空物体图层中，因为这样可以将空物体图层作为一个简单的控制层，然后为其他图层的动画属性制作表达式，并将空物体图层中的控制数值作为其他图层的动画属性的表达式参考。例如，为一个空对象图层添加一个"滑块控制"滤镜，然后为其他多个图层的"位置"动画属性应用如下所示的表达式。这样在拖曳滑块时，每个使用了以下表达式的图层都会发生位移现象，同时也可以为空物体图层制作滑块关键帧动画，并且使用了表达式的图层也会根据这些关键帧产生相应的运动效果。

> position+[0,10*(index-1)*thisComp.layer("Null 1").effect("Slider Control")("Slider")]

10.2 表达式语法

在前面的内容中介绍了表达式的基本操作，本节将重点介绍表达式的语法。

10.2.1 表达式语言

After Effects表达式语言是基于JavaScript 语言。After Effects使用的是JavaScript 语言的标准内核语言，并且在其中内嵌诸如图层、合成、素材和摄像机之类的扩展对象，这样表达式就可以访问到After Effects项目中的绝大多数属性值。

在输入表达式时需要注意以下3点。

第1点：在编写表达式时，一定要注意大小写，因为JavaScript程序语言要区分大小写。

第2点：After Effects表达式需要使用分号作为一条语句的分行。

第3点：单词间多余的空格将被忽略（字符串中的空格除外）。

在After Effects中，如果图层属性中带有arguments（陈述）参数，则应该称该属性为method（方法）；如果图层属性没有带arguments（陈述）参数，则应该称该属性为attribute（属性）。

技巧与提示

用户可以不必去理解"方法"究竟是什么，也不需要去区分"方法"和"属性"之间的区别。简单地说，属性就是事件，方法就是完成事件的途径，属性是名字，方法是动词。在一般情况下，在方法的前面通常会有一个括号，提供一些额外的信息，如下表达式所示，其中Value_at_time()就是一种方法。

this_layer.opacity.value_at_time(0)

10.2.2 访问对象的属性和方法

使用表达式可以获取图层属性中的attributes（属性）和methods（方法）。After Effects表达式语法规定全局对象与次级对象之间必须以点号来进行分割，以说明物体之间的层级关系，同样目标与"属性"和"方法"之间也是使用点号来进行分割的，如图10-4所示。

图10-4

对于图层以下的级别（如滤镜、遮罩和文字动画组等），可以使用圆括号来进行分级。比如要将Layer A图层中的"不透明度"属性使用表达式链接到Layer B图层中的"高斯模糊"滤镜的"模糊度"属性中，这时可以在Layer A图层的"不透明度"属性中编写出如下所示的表达式。

thisComp.layer("layer B").effect("Gaussian Blur")("Blurriness");

在After Effects中，如果使用的对象属性是自身，那么可以在表达式中忽略对象层级不进行书写，因为After Effects能够默认将当前的图层属性设置为表达式中的对象属性。例如在图层的"位置"属性中使用wiggle()表达式，可以使用以下两种编写方式。

Wiggle(5, 10);
position.wiggle(5, 10);

在After Effects中，当前制作的表达式如果将其他图层或其他属性作为调用的对象属性，那么在表达式中就一定要书写对象信息及属性信息。例如为Layer B图层中的"不透明度"属性制作表达式，将Layer A中的"旋转"属性作为连接的对象属性，这时可以编写出如下所示的表达式。

thisComp.layer（"layer A"）.rotation;

10.2.3 数组与维数

数组是一种按顺序存储一系列参数的特殊对象，它使用","（逗号）来分隔多个参数列表，并且使用[]（中括号）将参数列表首尾包括起来，如下所示。

[10, 23]

在实际工作中，为了方便，也可以为数组赋予一个变量，以便于以后调用，如下所示。

myArray = [10, 23]

在After Effects中，数组概念中的数组维数就是该数组中包含的参数个数，例如上面提到的myArray数组就是二维数组。在After Effects中，如果某属性含有一个以上的变量，那么该属性就可以称为数组，After Effects中不同的属性都具有各自的数组维数，表10-1所示是一些常见的属性及其维数。

维数	属性
一维	Rotation ° Opacity %
二维	Scale [x=width, y=height] Position [x, y] Anchor Point [x, y]
三维	三维Scale [width, height, depth] 三维Position [x, y, z] 三维Anchor Point [x, y, z]
四维	Color [red, green, blue, alpha]

表10-1

数组中的某个具体属性可以通过索引数来调用，数组中的第1个索引数是从0开始，例如在上面的myArray = [10, 23]表达式中，myArray[0]表示的是数字10，myArray[1]表示的是数字23。在数组中也可以调用数组的值，因此以下所示的两个表达式的写法所代表的意思是一样的。

[myArray[0], 5]
[10, 5]

在三维图层的"位置"属性中，通过索引数可以调用某个具体轴向的数据。

Position[0]表示*x*轴信息

Position[1]表示*y*轴信息

Position[2]表示*z*轴信息

"颜色"属性是一个四维的数组[red, green, blue, alpha]，对于一个8比特颜色深度或是16比特颜色深度的项目来说，在"颜色"数组中的每个值的范围都在0~1之间，其中0表示黑色，1表示白色，所以[0,0,0,0]表示黑色，并且是完全不透明，而[1,1,1,1]表示白色，并且是完全透明。在32比特颜色深度的项目中，"颜色"数组中值的取值范围可以低于0，也可以高于1。

技巧与提示

如果索引数超过了数组本身的维数，那么After Effects将会出现错误提示。

在引用某些属性和方法时，After Effects会自动以数组的方式返回其参数值，如下表达式所示，该语句会自动返回一个二维或三维的数组，具体要看这个图层是二维图层还是三维图层。

thisLayer.position

对于某个"位置"属性的数组，需要固定其中的一个数值，让另外一个数值随其他属性进行变动，这时可以将表达式书写成以下形式。

```
y = thisComp.layer("Layer A").Position[1]
[58,y]
```

如果要分别与几个图层绑定属性，并且要将当前图层的*x*轴位置属性与图层A的*x*轴位置属性建立关联关系，还要将当前图层的*y*轴与图层B的*y*轴位置属性建立关联关系，这时可以使用如下所示的表达式。

```
x = thisComp.layer("Layer A").position[0];
y = thisComp.layer("Layer B").position[1];
[x,y]
```

如果当前图层属性只有一个数值，而与之建立关联的属性是一个二维或三维的数组，那么在默认情况下只与第1个数值建立关联关系。例如将图层A的"旋转"属性与图层B的"缩放"属性建立关联关系，则默认的表达式应该是如下所示的语句。

thisComp.layer("Layer B").scale[0]

如果需要与第2个数值建立关联关系，可以将

"表达式关联器"从图层A的"旋转"属性直接拖曳到图层B的"缩放"属性的第2个数值上（不是拖曳到"缩放"属性的名字上），此时在表达式输入框中显示的表达式应该是如下所示的语句。

thisComp.layer("Layer B").scale[1]

反过来，如果要将图层B的"缩放"属性与图层A的"旋转"属性建立关联关系，则"缩放"属性的表达式将自动创建一个临时变量，将图层A的"旋转"属性的一维数值赋予给这个变量，然后将这个变量同时赋予给图层B的"缩放"属性的两个值，此时在表达式输入框中的表达式应该是如下所示的语句。

```
temp = thisComp.layer(1).transform.rotation;
[temp, temp]
```

10.2.4 向量与索引

向量是带有方向性的一个变量或是描述空间中的点的变量。在After Effects中，很多属性和方法都是向量数据，例如最常用的"位置"属性值就是一个向量。

当然并不是拥有两个以上值的数组就一定是向量，例如，audioLevels虽然也是一个二维数组，返回两个数值（左声道和右声道强度值），但是它并不能称为向量，因为这两个值并不带有任何运动方向性，也不代表某个空间的位置。

在After Effects中，有很多的方法都与向量有关，它们被归纳到Vector Math（向量数学）表达式语言菜单中。例如，lookAt(fromPoint,atPoint)，其中fromPoint和atPoint就是两个向量。通过lookAt(fromPoint,atPoint)方法，可以轻松地实现让摄像机或灯光盯紧某个图层的动画。

在After Effects中，图层、滤镜和遮罩对象的索引与数组值的索引是不同的，它们都从数字1开始，例如，"时间轴"面板中的第1个图层使用layer(1)来引用，而数组值的索引是从数字0开始。

在通常情况下，建议用户在书写表达式时最好使用图层名称、滤镜名称和遮罩名称来进行引用，这样比使用数字序号来引用要方便很多，并且可以避免混乱和错误。因为一旦图层、滤镜或遮罩被移动了位置，表达式原来使用的数字序号就会发生改变，此时就会导致表达式的引用发生错误，如下表达式所示。

Effect("Colorama").param("Get Phase From") //例句1
Effect(1).param(2)   //例句2

技巧与提示

从上面两个例句的比较中可以观察到，无论是表达式语言的可阅读性还是重复使用性，例句1都要强于例句2。

10.2.5 表达式时间

表达式中使用的时间指的是合成的时间，而不是指图层时间，其单位是以秒来衡量的。默认的表达式时间是当前合成的时间，它是一种绝对时间，如下所示的两个合成都是使用默认的合成时间并返回一样的时间值。

thisComp.layer(1).position

thisComp.layer(1).position.valueAtTime(time)

如果要使用相对时间，只需要在当前的时间参

课堂案例

时间之影

案例位置	案例文件>第10章>课堂案例——时间之影. aep
素材位置	素材>第10章>课堂案例——时间之影
难易指数	★★☆☆☆
学习目标	学习如何使用表达式制作钟表动画

时间之影效果如图10-5所示。

图10-5

数上增加一个时间增量。例如，要使时间比当前时间提前5秒，可以使用如下表达式来表达。

thisComp.layer(1).position.valueAtTime(time-5)

合成中的时间在经过嵌套后，表达式中默认的还是使用之前的合成时间值，而不是被嵌套后的合成时间。注意，当在新的合成中将被嵌套合成图层作为源图层时，获得的时间值为当前合成的时间。例如，如果源图层是一个被嵌套的合成，并且在当前合成中这个源图层已经被剪辑过，用户可以使用表达式来获取被嵌套合成的"位置"的时间值，其时间值为被嵌套合成的默认时间值，如下表达式所示。

Comp("nested composition").layer(1).position

如果直接将源图层作为获取时间的依据，则最终获取的时间为当前合成的时间，如下表达式所示。

thisComp.layer("nested composition").source.layer(1).position

① 打开下载资源中的"素材>第10章>课堂案例——时间之影>课堂案例——时间之影_I. aep"文件，然后双击"时钟动画"合成，效果如图10-6所示。

图10-6

② 展开"时钟"图层的"旋转"属性，在第0帧处为该属性激活关键帧，然后在第9秒24帧处设置"旋转"为（0×243°），如图10-7所示。

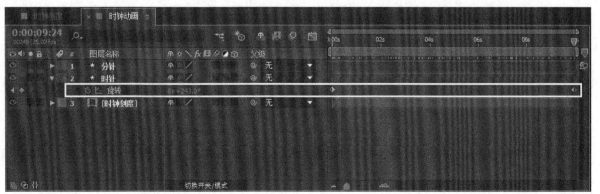

图10-7

03 选择"分针"图层，然后展开"旋转"属性；接着按住Alt键并单击"旋转"属性前面的 ⏱ 按钮，最后在文本框中输入下列表达式，如图10-8所示，效果如图10-9所示。

    thisComp.layer("时针").rotation*12;

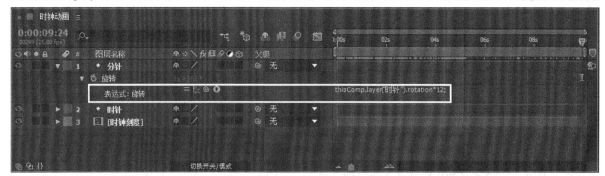

图10-8

图10-9

04 在"项目"面板中双击"时间之影"合成，然后渲染并输出动画，最终效果如图10-10所示。

图10-10

🎬 课堂案例

温度指示器

案例位置	案例文件>第10章>课堂案例——温度指示器. aep
素材位置	素材>第10章>课堂案例——温度指示器
难易指数	★★★☆☆
学习目标	学习如何使用条件控制语句制作温度计动画

温度指示器效果如图10-11所示。

图10-11

01 打开下载资源中的"素材>第11章>课堂案例——温度指示器>课堂案例——温度指示器_I. aep"文件，然后双击"温度计"合成，效果如图10-12所示。

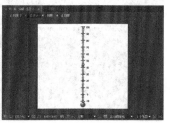

图10-12

250

02 选择"温度计指示"图层，然后展开"内容>形状 1>修剪路径 1"属性组，接着激活"结束"属性的表达式，最后输入下列表达式，如图10-13所示，效果如图10-14所示。

Wiggle(.5,100,octaves=1,amp_mult=.5,t=time);

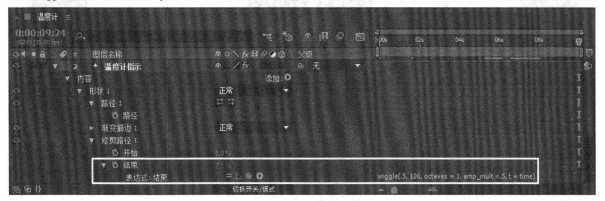

图10-13

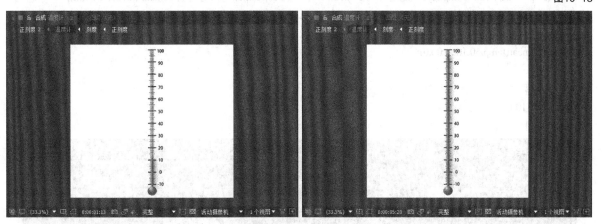

图10-14

03 选择Number图层，然后展开"文本"属性组下的"源文本"属性，接着激活该属性的表达式，最后输入下列表达式，如图10-15所示，效果如图10-16所示。

temp=thisComp.layer("温度计指示").content("形状 1").content("修剪路径 1").end;
Math.round(linear(temp,0,100,-10,100)) +"° ";

图10-15

251

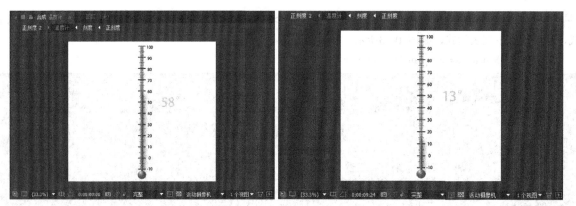

图10-16

04 为了让数字在显示的时候能起到颜色警示的作用，因此为Number图层的"色相/饱和度"滤镜的"着色色相"属性输入下列表达式，如图10-17所示，效果如图10-18所示。

```
temp = linear((thisComp.layer("温度计指示").content("形状 1").content("修剪路径 1").end),0,100,-10,100);
if(temp>50)
  {
   Linear(temp,50,100,100,0);
  }else
    {
     100;
    }
```

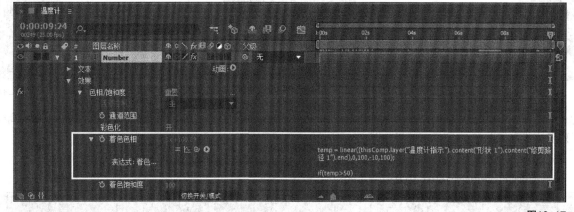

图10-17

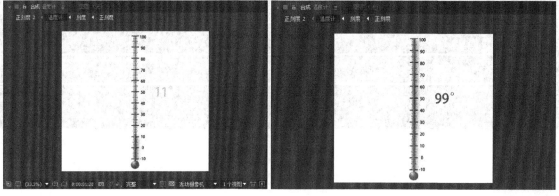

图10-18

05 在"项目"面板中双击"温度刻度指示"合成，然后渲染并输出动画，最终效果如图10-19所示。

图10-19

@ 课堂案例

光线条纹滤镜

案例位置	案例文件>第10章>课堂案例——光线条纹滤镜. aep
素材位置	素材>第10章>课堂案例——光线条纹滤镜
难易指数	★★☆☆☆
学习目标	学习如何使用表达式制作光线摆动动画

光线条纹滤镜如图10-20所示。

图10-20

01 新建合成，设置"合成名称"为"粒子"、"宽度"为50 px、"高度"为50 px、"帧速率"为30、"持续时间"为1帧，然后单击"确定"按钮，如图10-21所示。

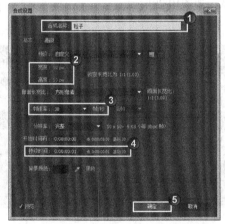

图10-21

02 创建6个白色纯色图层，然后使用"钢笔工具" ▓分别在6个图层中绘制蒙版（一个图层绘制一个形状蒙版），如图10-22所示。

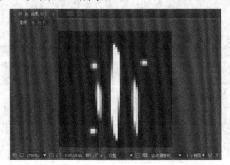

图10-22

03 根据蒙版的形状将图层分别命名为"圆形"和"长条"，然后将条形图层的"不透明度"设置为10%、圆形图层的"不透明度"设置为25%，如图10-23所示，效果如图10-24所示。

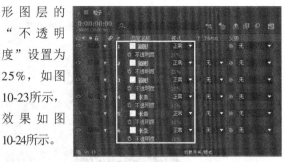

图10-23

图10-24

04 新建合成，设置"合成名称"为"条纹"、"预设"为PAL D1/DV、"持续时间"为6秒，然后单击"确定"按钮，如图10-25所示。

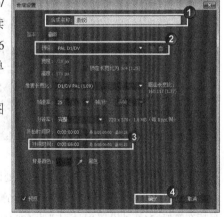

图10-25

05 将"粒子"合成拖曳到"条纹"合成中，然后隐藏"粒子"图层，接着创建一个名称为"背景"的黑色纯色图层，如图10-26所示。

图10-26

06 创建一个灯光图层，设置"名称"为Emitter、"灯光类型"为"点"，然后单击"确定"按钮，如图10-27所示。

07 创建一个名为"粒子"的纯色图层，然后为该图层执行"效果>Trapcode > Particular"菜单命令，接着在"效果控件"面板中展开Emitter（发射器）属性组，设置particles/sec（粒子/秒）为2099、Emitter Type（发射器类型）为[Light（s）]（灯光）、Position subfram（位置子帧）为10×Smooth（10倍平滑）、Emitter Size X（发射器x大小）为0、Emitter Size Y（发射器y大小）为0、Emitter Size Z（发射器z大小）为0，如图10-28所示。

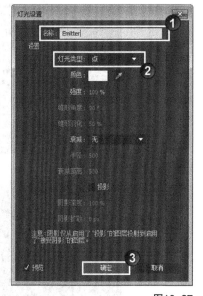

图10-27

图10-28

08 选择灯光图层，然后为"位置"属性添加下列表达式，如图10-29所示。

Wiggle(2,100);

图10-29

09 新建一个摄像机图层，然后在第0帧处设置"目标点"为(414.7, 294.9, -11.3)、"位置"为(414.7, 294.9, -11.3)，并激活这两个属性关键帧，接着在第3秒36帧处设置"目标点"为(241.5, 336.8, -41)、"位置"为(430.1, 363.0, -412.6)，最后在第5秒24帧处设置"目标点"为(294.3, 405.2, -30)、"位置"为(437, 316.1, -415.6)，如图10-30所示。

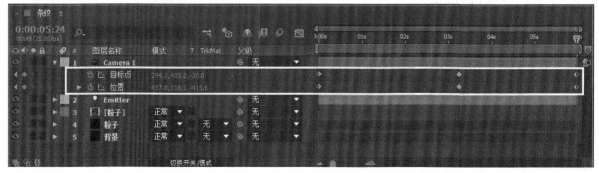

图10-30

⑩ 新建一个调整图层，然后为其执行"效果>颜色校正>色相/饱和度"菜单命令，接着在"效果控件"面板中选择"彩色化"选项，最后设置"着色色相"为（0×314°）、"着色饱和度"为80，如图10-31所示。

图10-31

⑪ 选择调整图层，然后执行"效果>风格化>发光"菜单命令，接着在"效果控件"面板中设置"发光阈值"为100%、"发光半径"为65、"发光强度"为1，如图10-32所示。

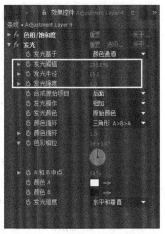

图10-32

⑫ 渲染并输出动画，最终效果如图10-33所示。

图10-33

课堂练习

花瓣背景滤镜

案例位置	案例文件>第10章>课堂练习——花瓣背景滤镜.aep
素材位置	素材>第10章>课堂练习——花瓣背景滤镜
难易指数	★★☆☆☆
学习目标	学习使用表达式制作演化动画

花瓣背景滤镜如图10-34所示。

图10-34

操作提示

第1步：打开"素材>第2章>课堂练习——花瓣背景滤镜>课堂练习——花瓣背景滤镜_I.aep"项目合成。

第2步：使用表达式为"分形杂色"的"演化"属性制作动画。

10.3 表达式库

After Effects为用户提供了一个表达式库，用户可以直接调用里面的表达式，而不用自己输入。单击动画属性下面的 ⊙ 按钮，即可以打开表达式库菜单，如图10-35所示。

图10-35

10.3.1 Global（全局）

Global（全局）表达式用于指定表达式的全局设置，如图10-36所示。

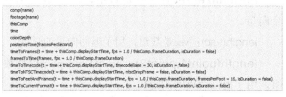

图10-36

Comp(name)：为合成进行重命名。

Footage(name)：为脚本标志进行重命名。

thisComp：描述合成内容的表达式。例如thisComp.layer(3),thisLayer是对图层本身的描述，它是一个默认的对象，相当于当前层。

thisProperty：描述属性的表达式。

time：描述合成的时间，单位为秒。

colorDepth：返回8或16的彩色深度位数值。

Number posterizeTime(framesPerSecond)：其中framesPerSecond是一个数值，该表达式可以返回或改变帧速率，允许用这个表达式来设置比合成低的帧速率。

10.3.2 Vector Math（向量数学）

Vector Math（向量数学）表达式包含一些矢量运算的数学函数，如图10-37所示。

```
add(vec1, vec2)
sub(vec1, vec2)
mul(vec, amount)
div(vec, amount)
clamp(value, limit1, limit2)
dot(vec1, vec2)
cross(vec1, vec2)
normalize(vec)
length(vec)
length(point1, point2)
lookAt(fromPoint, atPoint)
```

图10-37

add(vec1,vec2)：(vec1,vec2)是数组，用于将两个向量进行相加，返回的值为数组。

sub(vec1,vec2)：(vec1,vec2)是数组，用于将两个向量进行相减，返回的值为数组。

mul(vec,amount)：vec是数组，amount是数，表示向量的每个元素被amount相乘，返回的值为数组。

div(vec,amount)：vec是数组，amount是数，表示向量的每个元素被amount相除，返回的值为数组。

clamp(value,limit1,limit2)：将value中每个元素的值限制在limit1~limit2。

dot(vec1,vec2)：(vec1,vec2)是数组，用于返回点的乘积，结果为两个向量相乘。

cross(vec1,vec2)：(vec1,vec2)是数组，用于返回向量的交集。

normalize(vec)：vec是数组，用于格式化一个向量。

length(vec)：vec是数组，用于返回向量的长度。

length(point1,point2)：point1 and point2是数组，用于返回两点间的距离。

lookAt(fromPoint,atPoint)：fromPoint的值为观察点的位置，atPoint为想要指向的点的位置，这两个参数都是数组。返回值为三维数组，用于表示方向的属性，可以用在摄像机和灯光的方向属性上。

10.3.3 Random Numbers（随机数）

Random Numbers（随机数）函数表达式主要用于生成随机数值，如图10-38所示。

```
seedRandom(seed, timeless = false)
random()
random(maxValOrArray)
random(minValOrArray, maxValOrArray)
gaussRandom()
gaussRandom(maxValOrArray)
gaussRandom(minValOrArray, maxValOrArray)
noise(valOrArray)
```

图10-38

seedRandom(seed,timeless=false)：seed是一个数，默认timeless为false，取现有seed增量的一个随机值，这个随机值依赖于图层的index(number)和stream(property)。但也有特殊情况，例如seedRandom(n,true)通过给第2个参数赋值true，而seedRandom获取一个0~1的随机数。

random：返回0~1的随机数。

random(maxVal Or Array)：max Val Or Array是一个数或数组，返回0~max Val的数，维度与maxVal相同，或者返回与maxArray相同维度的数组，数组的每个元素都在0~maxArray。

random(minValOrArray,maxValOrArray)：minValOrArray和maxValOrArray是一个数或数组，返回一个minVal~maxVal的数，或返回一个与minArray和maxArray有相同维度的数组，其每个元素的范围都在minArray~maxArray。例如，random([100,200],[300,400])返回数组的第1个值在100~300，第2个值在200~400，如果两个数组的维度不同，较短的一个后面会自动用0补齐。

gaussRandom：返回一个0~1的随机数，结果为钟形分布，大约90%的结果在0~1，剩余的10%在边缘。

gaussRandom(maxValOrArray)：maxValOrArray是一个数或数组，当使用maxVal时，它返回一个0~maxVal的随机数，结果为钟形分布，大约90%的结果在0~maxVal，剩余10%在边缘；当使用maxArray时，它返回一个与maxArray相同维度的数组，结果为钟形分布，大约90%的结果在0~maxArray，剩余10%在边缘。

gaussRandom(minValOrArray,maxValOrArray)：minValOrArray和maxValOrArray是一个数或数组，当使用minVal和maxVal时，它返回一个minVal~maxVal的随机数，结果为钟形分布，大约90%的结果在minVal~maxVal，剩余10%在边缘；当使用minArray和maxArray时，它返回一个与minArray和maxArray相同维度的数组，结果为钟形分布，大约90%的结果在minArray~maxArray，剩余10%在边缘。

noise(valOrArray)：valOrArray是一个数或数组[2or3]，返回一个0~1的噪波数，例如，add(position,noise(position)*40)。

10.3.4 Interpolation（插值）

展开Interpolation（插值）表达式的子菜单，如图10-39所示。

```
linear(t, value1, value2)
linear(t, tMin, tMax, value1, value2)
ease(t, value1, value2)
ease(t, tMin, tMax, value1, value2)
easeIn(t, value1, value2)
easeIn(t, tMin, tMax, value1, value2)
easeOut(t, value1, value2)
easeOut(t, tMin, tMax, value1, value2)
```

图10-39

linear(t,value1,value2)：t是一个数，value1和value2是一个数或数组。当t的范围在0~1时，返回一个从value1~value2之间的线性插值；当t<=0时，返回value1；当t≠1时，返回value2。

linear(t,tMin,tMax,value1,value2)：t,tMin和tMax是数，value1和value2是数或数组。当t<=tMin时，返回value1；当t≠tMax时，返回value2；当tMin<t<tMax时，返回value1和value2的线性联合。

ease(t,value1,value2)：t是一个数，value1和value2是数或数组，返回值与linear相似，但在开始和结束点的速率都为0，使用这种方法产生的动画效果非常平滑。

ease(t,tMin,tMax,value1,value2)：t,tMin和tMax是数，value1和value2是数或数组，返回值与linear相似，但在开始和结束点的速率都为0，使用这种方法产生的动画效果非常平滑。

easeIn(t,value1,value2)：t是一个数，value1和value2是数或数组，返回值与ease相似，但只在切入点value1的速率为0，靠近value2的一边是线性的。

easeIn(t,tMin,tMax,value1,value2)：t,tMin和tMax是一个数，value1和value2是数或数组，返回值与ease相似，但只在切入点tMin的速率为0，靠近tMax的一边是线性的。

easeOut(t,value1,value2)：t是一个数，value1和value2是数或数组，返回值与ease相似，但只在切入点value2的速率为0，靠近value1的一边是线性的。

easeOut(t,tMin,tMax,value1,value2)：t,tMin和tMax是数，value1和value2是数或数组，返回值与ease相似，但只在切入点tMax的速率为0，靠近tMin的一边是线性的。

展开Color Conversion（颜色转换）表达式的子

10.3.5 Color Conversion（颜色转换）

菜单，如图10-40所示。

```
rgbToHsl(rgbaArray)
hslToRgb(hslaArray)
```

图10-40

rgbToHsl(rgbaArray)：rgbaArray是数组 [4]，可以将RGBA彩色空间转换到HSLA彩色空间，输入数组指定红、绿、蓝以及透明的值，它们的范围都在0~1，产生的结果值是一个指定色调、饱和度、亮度和透明度的数组，它们的范围也都在0~1之间，例如rgbToHsl.effect（"Change Color"）（"Color To Change"），返回的值为四维数组。

hslToRgb(hslaArray)：hslaArray是数组[4]，可以将HSLA彩色空间转换到RGBA彩色空间，其操作与rgbToHsl相反，返回的值为四维数组。

10.3.6 Other Math（其他数学）

展开Other Math（其他数学）表达式的子菜单，如图10-41所示。

```
degreesToRadians(degrees)
radiansToDegrees(radians)
```

图10-41

degreesToRadians(degrees)：将角度转换到弧度。

radiansToDegrees(radians)：将弧度转换到角度。

10.3.7 JavaScript Math（脚本方法）

展开JavaScript Math（脚本方法）表达式的子菜单，如图10-42所示。

```
Math.cos(value)
Math.acos(value)
Math.tan(value)
Math.atan(value)
Math.atan2(y, x)
Math.sin(value)
Math.sqrt(value)
Math.exp(value)
Math.pow(value, exponent)
Math.log(value)
Math.abs(value)
Math.round(value)
Math.ceil(value)
Math.floor(value)
Math.min(value1, value2)
Math.max(value1, value2)
Math.PI
Math.E
Math.LOG2E
Math.LOG10E
Math.LN2
Math.LN10
Math.SQRT2
Math.SQRT1_2
```

图10-42

Math.cos(value)：value为一个数值，可以计算value的余弦值。

Math.acos(value)：计算value的反余弦值。

Math.tan(value)：计算value的正切值。

Math.atan(value)：计算value的反正切值。

Math.atan2(*y*,*x*)：根据*y*、*x*的值计算出反正切值。

Math.sin(value)：返回value值的正弦值。

Math.sqrt(value)：返回value值的平方根值。

Math.exp(value)：返回e的value次方值。

Math.pow(value,exponent)：返回value的exponent次方值。

Math.log(value)：返回value值的自然对数。

Math.abs(value)：返回value值的绝对值。

Math.round(value)：将value值四舍五入。

Math.ceil(value)：将value值向上取整数。

Math.floor(value)：将value值向下取整数。

Math.min(value1, value2)：返回value1和value2这两个数值中最小的那个数值。

Math.max(value1, value2)：返回value1和value2这两个数值中最大的那个数值。

Math.PI：返回PI的值。

Math.E：返回自然对数的底数。

Math.LOG2E：返回以2为底的对数。

Math.LOG10E：返回以10为底的对数。

Math.LN2：返回以2为底的自然对数。

Math.LN10：返回以10为底的自然对数。

Math.SQRT2：返回2的平方根。

Math.SQRT1_2：返回10的平方根。

10.3.8 Comp（合成）

展开Comp（合成）表达式的子菜单，如图10-43所示。

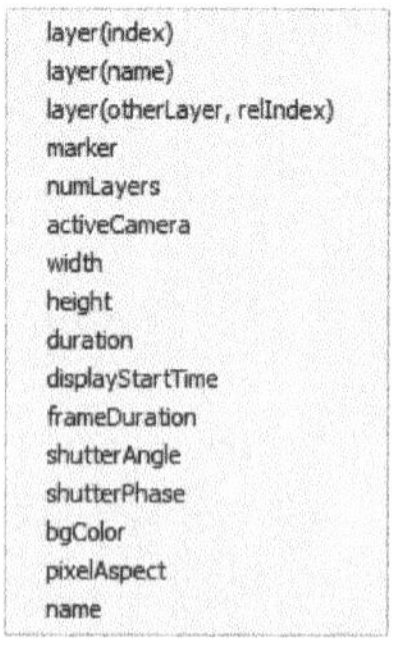

```
layer(index)
layer(name)
layer(otherLayer, relIndex)
marker
numLayers
activeCamera
width
height
duration
displayStartTime
frameDuration
shutterAngle
shutterPhase
bgColor
pixelAspect
name
```

图10-43

layer(index)：index是一个数，得到层的序数（在"时间轴"面板中的顺序），例如，thisComp. layer(4)或thisComp. Light(2)。

layer(name)：name是一个字符串，返回图层的名称。指定的名称与层名称会进行匹配操作，或在没有图层名时与源名进行匹配。如果存在重名，After Effects将返回"时间轴"面板中的第1个层，例如thisComp.layer(Solid 1)。

layer(otherLayer,relIndex)：otherLayer是一个层，relIndex是一个数，返回otherLayer（层名）上面或下面relIndex（数）的一个层。

marker：markerNum是一个数值，得到合成中一个标记点的时间。可以用它来降低标记点的透明度，例如markTime=thisComp.marker(1); linear(time,markTime-5,markTime,100,0)。

numLayers：返回合成中图层的数量。

activeCamera：从当前帧中的着色合成所经过的摄像机中获取数值，返回摄像机的数值。

width：返回合成的宽度，单位为pixels（像素）。

height：返回合成的高度，单位为pixels（像素）。

duration：返回合成的持续时间值，单位为秒。

displayStartTime：返回显示的开始时间。

frameDuration：返回画面的持续时间。

shutterAngle：返回合成中快门角度的度数。

shutterPhase：返回合成中快门相位的度数。

bgColor：返回合成背景的颜色。

pixelAspect：返回合成中用width/height表示的pixel（像素）宽高比。

name：返回合成的名称。

10.3.9 Footage（素材）

展开Footage（素材）表达式的子菜单，如图10-44所示。

```
width
height
duration
frameDuration
pixelAspect
name
```

图10-44

width：返回素材的宽度，单位为像素。

height：返回素材的高度，单位为像素。

duration：返回素材的持续时间，单位为秒。

frameDuration：返回画面的持续时间，单位为秒。

pixelAspect：返回素材的像素比，表示为width/height。

name：返回素材的名称，返回值为字符串。

10.3.10 Layer Sub-object（图层子对象）

展开Layer Sub-object（图层子对象）表达式的子菜单，如图10-45所示。

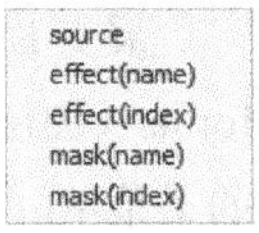

```
source
effect(name)
effect(index)
mask(name)
mask(index)
```

图10-45

source：返回图层的源Comp（合成）或源Footage（素材）对象，默认时间是在这个源中调节的时间，例如source.layer(1).position。

effect(name)：name是一个字串，返回Effect（滤镜）对象。After Effects在"滤镜控制"面板中用这个名称查找对应的滤镜。

effect(index)：index是一个数，返回Effect（滤镜）对象。After Effects在"滤镜控制"面板中用这个序号查找对应的滤镜。

mask(name)：name是一个字串，返回图层的Mask（遮罩）对象。

mask(index)：index是一个数，返回图层的Mask（遮罩）对象。在"时间轴"面板中用这个序号查找对应的遮罩。

10.3.11 Layer General（普通图层）

展开Layer General（普通图层）表达式的子菜单，如图10-46所示。

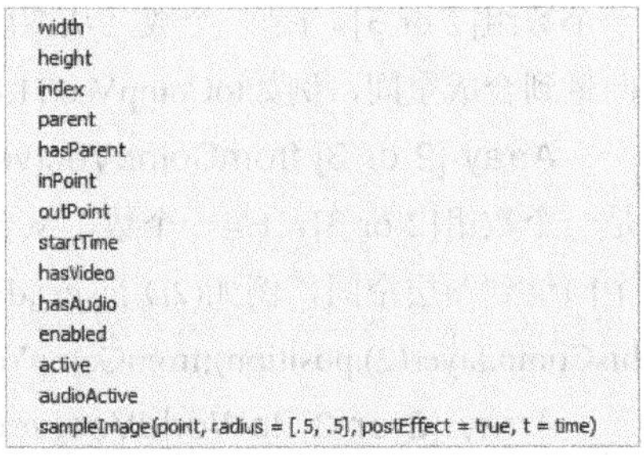

```
width
height
index
parent
hasParent
inPoint
outPoint
startTime
hasVideo
hasAudio
enabled
active
audioActive
sampleImage(point, radius = [.5, .5], postEffect = true, t = time)
```

图10-46

width：返回以像素为单位的图层宽度，与source.width相同。

height：返回以像素为单位的图层高度，与source.height相同。

index：返回合成中的图层数。

parent：返回图层的父图层对象，例如position[0]+parent.width。

hasParent：如果有父图层，则返回true；如果没有父图层，则返回false。

inPoint：返回图层的入点，单位为秒。

outPoint：返回图层的出点，单位为秒。

startTime：返回图层的开始时间，单位为秒。

hasVideo：如果有video（视频），则返回true；如果没有video（视频），则返回false。

hasAudio：如果有audio（音频），则返回true；如果没有audio（音频），则返回false。

active：如果图层的视频开关（眼睛）处于开启状态，则返回true；如果图层的视频开关（眼睛）处于关闭状态，则返回false。

audioActive：如果图层的音频开关（喇叭）处于开启状态，则返回true；如果图层的音频开关（喇叭）处于关闭状态，则返回false。

10.3.12 Layer Property（图层特征）

展开Layer Property（图层特征）表达式的子菜单，如图10-47所示。

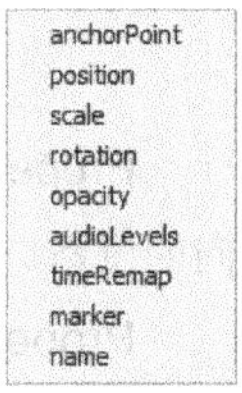

```
anchorPoint
position
scale
rotation
opacity
audioLevels
timeRemap
marker
name
```

图10-47

Property [2 or 3] anchorPoint：返回图层空间内层的锚点值。

Property [2 or 3] position：如果一个图层没有父图层，则返回本图层在世界空间的位置值；如果有父图层，则返回本图层在父图层空间的位置值。

Property [2 or 3] scale：返回图层的缩放值，表示为百分数。

Property rotation：返回图层的旋转度数。对于3D图层，则返回Z轴的旋转度数。

Property [1] opacity：返回图层的透明值，表示为百分数。

Property [2] audioLevels：返回图层的音量属性值，单位为分贝。这是一个二维值，第1个值表示左声道的音量，第2个值表示右声道的音量，这个值不是源声音的幅度，而是音量属性关键帧的值。

Property timeRemap：当时间重测图被激活时，则返回重测图属性的时间值，单位为秒。

Marker Number marker.key(index)：index是一个数，返回图层的标记数属性值。

Marker Number marker.key("name")：name是一个字串，返回图层中与指定名对应的标记号。

Marker Number marker.nearestKey：返回最接近当前时间的标记。

Number marker.numKeys：返回图层中标记的总数。

String name：返回图层的名称。

10.3.13 Layer 3D（3D图层）

展开Layer 3D（3D图层）表达式的子菜单，如图10-48所示。

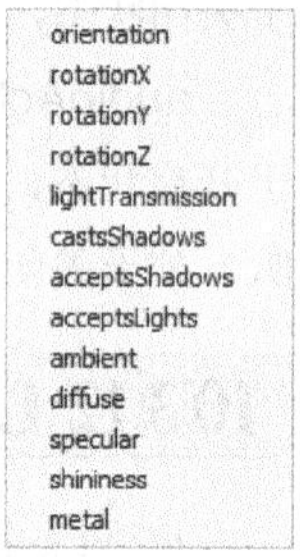

图10-48

Property [3] orientation：针对3D层，返回3D方向的度数。

Property [1] rotationX：针对3D层，返回x轴旋转值的度数。

Property [1] rotationY：针对3D层，返回y轴旋转值的度数。

Property [1] rotationZ：针对3D层，返回z轴旋转值的度数。

Property [1] lightTransmission：针对3D层，返回光的传导属性值。

Property castsShadows：如果图层投射阴影，则返回1。

Property acceptsShadows：如果图层接受阴影，则返回1。

Property acceptsLights：如果图层接受灯光，则返回1。

Property ambient：返回环境因素的百分数值。

Property diffuse：返回漫反射因素的百分数值。

Property specular：返回镜面因素的百分数值。

Property shininess：返回发光因素的百分数值。

Property metal：返回材质因素的百分数值。

10.3.14 Layer Space Transforms（图层空间变换）

展开Layer Space Transforms（图层空间变换）表达式的子菜单，如图10-49所示。

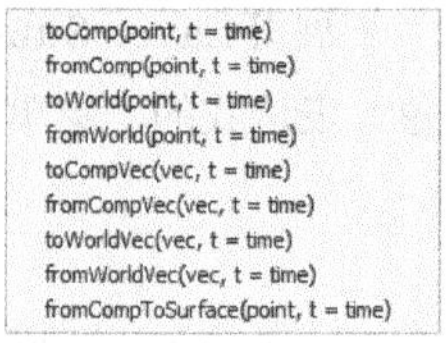

图10-49

Array [2 or 3] toComp(point,t=time)：point是一个数组[2 or 3]，t是一个数，从图层空间转换一个点到合成空间，例如toComp(anchorPoint)。

Array [2 or 3] fromComp(point,t=time)：point是一个数组[2 or 3]，t是一个数，从合成空间转换一个点到图层空间，得到的结果在3D图层可能是一个非0值，例如(2D layer),fromComp(thisComp.layer(2).position)。

Array [2 or 3] toWorld(point,t=time)：point是一个数组[2 or 3]，t是一个数，从图层空间转换一个点到视点独立的世界空间，例如toWorld.effect("Bulge")("Bulge Center")。

Array [2 or 3] fromWorld(point,t=time)：point是一个数组[2 or 3]，t是一个数，从世界空间转换一个点到图层空间，例如fromWorld(thisComp.layer(2).position）。

Array [2 or 3] toCompVec(vec,t=time)：vec是一个数组[2 or 3]，t是一个数，从图层空间转换一个向量到合成空间，例如toCompVec([1,0])。

Array [2 or 3] fromCompVec(vec,t=time)：vec是一个数组[2 or 3]，t是一个数，从合成空间转换一个向量到图层空间，例如(2D layer),dir=sub(position,thisComp.layer(2).position);fromCompVec(dir)。

Array [2 or 3] toWorldVec(vec,t=time)：vec是一个数组[2 or 3]，t是一个数，从图层空间转换一个向量到世界空间，例如p1=effect("Eye Bulge 1")("Bulge Center");p2=effect("Eye Bulge 2")("Bulge Center"),toWorld(sub(p1,p2))。

Array [2 or 3] fromWorldVec(vec,t=time)：vec是一个数组[2 or 3]，t是一个数，从世界空间转换一个向量到图层空间，例如fromWorld(thisComp.layer(2).position)。

Array [2] fromCompToSurface(point,t=time)：point是一个数组[2 or 3]，t是一个数，在合成空间中从激活的摄像机观察到的位置的图层表面（Z值为0）定位一个点，这对于设置效果控制点非常有用，但仅用于3D图层。

10.3.15 Camera（摄像机）

展开Camera（摄像机）表达式的子菜单，如图10-50所示。

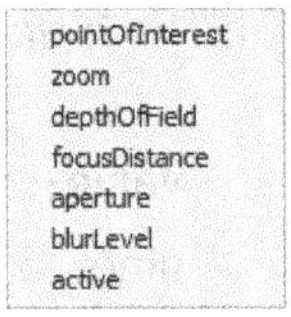

```
pointOfInterest
zoom
depthOfField
focusDistance
aperture
blurLevel
active
```

图10-50

pointOfInterest：返回在世界空间中摄像机兴趣点的值。

zoom：返回摄像机的缩放值，单位为像素。

depthOfField：如果开启了摄像机的景深功能，则返回1，否则返回0。

focusDistance：返回摄像机的焦距值，单位为像素。

aperture：返回摄像机的光圈值，单位为像素。

blurLevel：返回摄像机的模糊级别的百分数。

active：如果摄像机的视频开关处于开启状态，则当前时间在摄像机的出入点之间，并且它是"时间轴"面板中列出的第1个摄像机，返回true；若以上条件有一个不满足，则返回false。

10.3.16 Light（灯光）

展开Light（灯光）表达式的子菜单，如图10-51所示。

```
pointOfInterest
intensity
color
coneAngle
coneFeather
shadowDarkness
shadowDiffusion
```

图10-51

pointOfInterest：返回灯光在合成中的兴趣点。

intensity：返回灯光亮度的百分数。

color：返回灯光的颜色值。

coneAngle：返回灯光光锥角度的度数。

coneFeather：返回灯光光锥的羽化百分数。

shadowDarkness：返回灯光阴影暗值的百分数。

shadowDiffusion：返回灯光阴影扩散的像素值。

10.3.17 Effect（滤镜）

展开Effect（滤镜）表达式的子菜单，如图10-52所示。

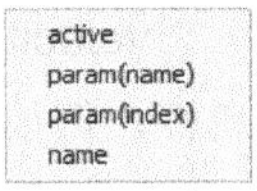

```
active
param(name)
param(index)
name
```

图10-52

active：如果滤镜在"时间轴"面板和"滤镜控制"面板中都处于开启状态，则返回true；如果在任意一个窗口或面板中关闭了滤镜，则返回false。

param(name)：name是一个字串，返回滤镜里面的属性，返回值为数值，例如effect(Bulge)(Bulge Height)。

param(index)：index是一个数值，返回滤镜里面的属性，例如effect(Bulge)(4)。

name：返回滤镜的名字。

10.3.18 Mask（遮罩）

展开Mask（遮罩）表达式的子菜单，如图10-53所示。

```
maskOpacity
maskFeather
maskExpansion
invert
name
```

图10-53

maskOpacity：返回遮罩不透明值的百分数。

maskFeather：返回遮罩羽化的像素值。

invert：如果勾选了遮罩的Invert（反转）选项，则返回true，否则返回false。

maskExpansion：返回遮罩扩展度的像素值。

name：返回遮罩名称。

10.3.19 Property（特征）

展开Property（特征）表达式的子菜单，如图10-54所示。

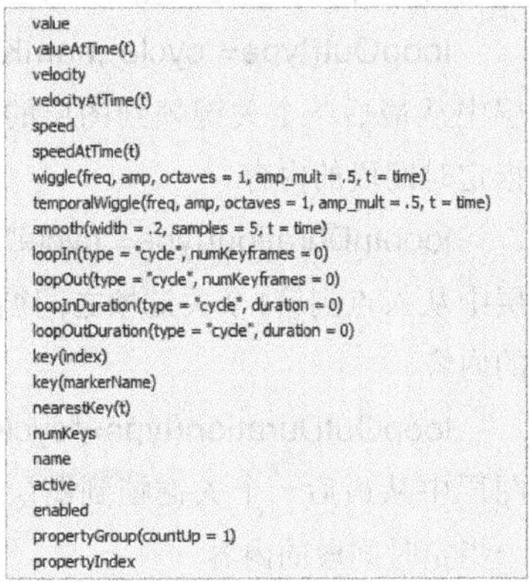

```
value
valueAtTime(t)
velocity
velocityAtTime(t)
speed
speedAtTime(t)
wiggle(freq, amp, octaves = 1, amp_mult = .5, t = time)
temporalWiggle(freq, amp, octaves = 1, amp_mult = .5, t = time)
smooth(width = .2, samples = 5, t = time)
loopIn(type = "cycle", numKeyframes = 0)
loopOut(type = "cycle", numKeyframes = 0)
loopInDuration(type = "cycle", duration = 0)
loopOutDuration(type = "cycle", duration = 0)
key(index)
key(markerName)
nearestKey(t)
numKeys
name
active
enabled
propertyGroup(countUp = 1)
propertyIndex
```

图10-54

value：返回当前时间的属性值。

valueAtTime(t)：t是一个数，返回指定时间（单位为秒）的属性值。

velocity：返回当前时间的即时速率。对于空间属性，例如位置，它返回切向量值，结果与属性有相同的维度。

velocityAtTime(t)：t是一个数，返回指定时间的即时速率。

speed：返回1D量，正的速度值等于在默认时间属性的改变量，该元素仅用于空间属性。

speedAtTime(t)：t是一个数，返回在指定时间的空间速度。

wiggle(freq,amp,octaves=1,amp-mult=5,t=time)：freq,amp,octaves,amp-mult和t是数值，可以使属性值随机wiggles（摆动）；Freq计算每秒摆动的次数；octaves是加到一起的噪声的倍频数，即amp-mult与amp相乘的倍数；t是基于开始时间，例如position.wiggle(5,16,4)。

temporalWiggle(freq,amp,octaves=1,amp-mult=5,t=time)：freq,amp,octaves,amp-mult和t是数值，主要用来取样摆动时的属性值。Freq计算每秒摆动的次数；octaves是加到一起的噪声的倍频数，即amp-mult与amp相乘的倍数；t是基于开始时间。

smooth(width=.2,samples=5,t=time)：width,samples和t是数，应用一个箱形滤波器到指定时间的属性值，并且随着时间的变化使结果变得平滑。width是经过滤波器平均时间的范围；samples等于离散样本的平均间隔数。

loopIn(type="cycle",numKeyframe=0)：在图层中从入点到第1个关键帧之间循环一个指定时间段的内容。

loopOut(type="cycle",numKeyframe=0)：在图层中从最后一个关键帧到图层的出点之间循环一个指定时间段的内容。

loopInDuration(type="cycle",duration=0)：在图层中从入点到第1个关键帧之间循环一个指定时间段的内容。

loopOutDuration(type="cycle",duration=0)：在图层中从最后一个关键帧到图层的出点之间循环一个指定时间段的内容。

key(index)：用数字返回key对象。

key(markerName)：用名称返回标记的key对象，仅用于标记属性。

nearestKey(t)：返回离指定时间最近的关键帧对象。

numKeys：返回在一个属性中关键帧的总数。

10.3.20 Key（关键帧）

展开Key（关键帧）表达式的子菜单，如图10-55所示。

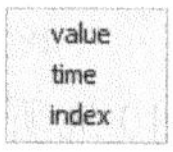

图10-55

value：返回关键帧的值。

time：返回关键帧的时间。

index：返回关键帧的序号。

🎬 课堂案例

噪波滤镜

案例位置　案例文件>第10章>课堂案例——噪波滤镜.aep
素材位置　素材>第10章>课堂案例——噪波滤镜
难易指数　★★★☆☆
学习目标　学习如何使用表达式制作发射滤镜以及使用"网格"滤镜制作网格

噪波滤镜如图10-56所示。

图10-56

01 新建合成，设置"预设"为"PAL D1/DV 方形像素"、"持续时间"为5秒4帧，然后单击"确定"按钮，如图10-57所示。

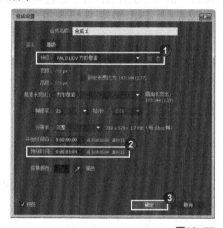

图10-57

02 新建一个纯色图层，设置"名称"为"噪波 1"、"宽度"为1200 像素、"高度"为1200 像素、"颜色"为（R:26，G:26，B:26），然后单击"确定"按钮，如图10-58所示。

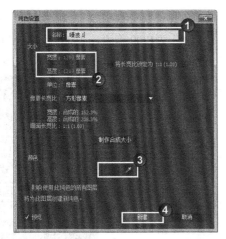

图10-58

(03) 选择"噪波1"图层,然后执行"效果>杂色和颗粒>分形杂色"菜单命令,接着在"效果控件"面板中设置"分形类型"为"阴天"、"杂色类型"为"块",最后展开"变换"属性组,设置"旋转"为(0×30°)、"缩放宽度"为75、"缩放高度"为480,如图10-59所示。

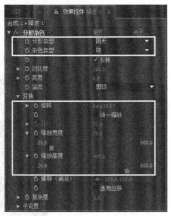

图10-59

(04) 激活"演化"属性的表达式,然后输入下列表达式,接着展开"演化选项"属性组,选择"循环演化"选项,如图10-60所示。

```
time*108;
```

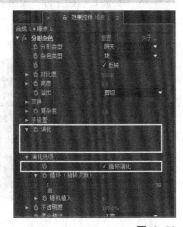

图10-60

(05) 选择"噪波1"图层,然后执行"效果>扭曲>极坐标"菜单命令,接着在"效果控件"面板中设置"插值"为100%,如图10-61所示。

图10-61

(06) 选择"噪波1"图层,然后执行"效果>模糊和锐化>CC Radial Blur"菜单命令,接着在"效果控件"面板中设置Type(类型)为Straight Zoom(直线缩放)、Amount(数量)为100,如图10-62所示。

图10-62

(07) 选择"噪波1"图层,然后执行"效果>颜色校正>色光"菜单命令,接着在"效果控件"面板中设置"使用预设调板"为渐变红色,如图10-63所示。

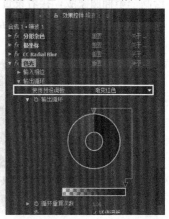

图10-63

08 新建一个纯色图层，设置"名称"为"中心"，然后单击"制作合成大小"按钮，接着单击"新建"按钮，如图10-64所示。

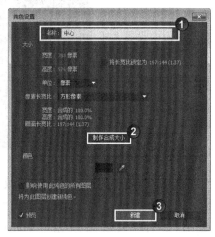

图10-64

09 选择"中心"图层，然后使用"椭圆工具"◉在中心位置绘制一个圆形蒙版，接着设置蒙版的"蒙版羽化"为（100，100）像素，如图10-65所示。

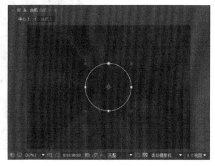

图10-65

10 创建一个纯色图层，设置"名称"为"边缘"、"颜色"为黑色，然后使用"椭圆工具"◉绘制一个椭圆蒙版，接着设置蒙版的"蒙版羽化"为（150，150）像素、蒙版的混合模式为"相减"，效果如图10-66所示。

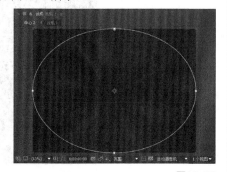

图10-66

11 创建一个纯色图层，设置"名称"为"网格"、"宽度"为1200像素、"高度"为1200像素、"颜色"为黑色，然后为该图层执行"效果>生成>网格"菜单命令，接着在"效果控件"面板中设置"宽度"为12，最后展开"羽化"属性组，设置"宽度"为2、"高度"为2，如图10-67所示。

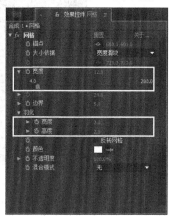

图10-67

12 选择"网格"图层，然后为该图层执行"效果>扭曲>极坐标"菜单命令，接着在"效果控件"面板中设置"插值"为100%，如图10-68所示。

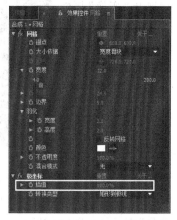

图10-68

13 将"噪波1"图层的"极坐标"滤镜复制到"网格"图层中，然后设置"网格"图层的混合模式为"柔光"，如图10-69所示。

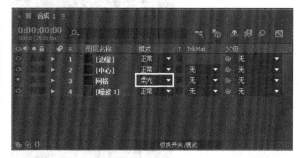

图10-69

⑭ 复制一个"噪波1"图层，然后删除该图层的"极坐标"、CC Radial Blur和"色光"滤镜，接着设置"分形杂色"滤镜的"杂色类型"为"线性"，如图10-70所示，最后设置"噪波2"图层的混合模式为"叠加"，如图10-71所示。

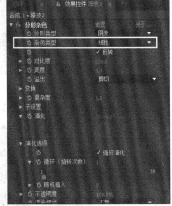

图10-70

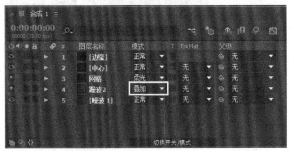

图10-71

⑮ 渲染并输出动画，最终效果如图10-72所示。

图10-72

🎬 课堂案例

花朵旋转

案例位置	案例文件>第10章>课堂案例——花朵旋转.aep
素材位置	素材>第10章>课堂案例——花朵旋转
难易指数	★★★☆☆
学习目标	学习如何使用表达式制作旋转动画以及使用表达式制作色相循环动画

花朵旋转动画效果如图10-73所示。

图10-73

① 打开下载资源中的"素材>第10章>课堂案例——花朵旋转>课堂案例——花朵旋转_I.aep"文件，然后双击Comp1合成，效果如图10-74所示。

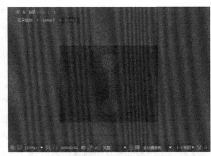

图10-74

② 在"时间轴"面板中选择Circle 1图层，为其"位置"属性添加表达式如下，如图10-75所示。

160,Math.sin（time）*80+120];

图10-75

③ 复制一个新的Circle 1图层，并将其命名为Circle 2，修改Circle 2图层中的表达式如下，如图10-76所示。

[160, Math.sin(time)*-80+120];

图10-76

④ 展开图层"Beam>效果>光束"，选择"起始点"属性，为其创建表达式并关联到图层Circle 1下的"位置"属性，如图10-77所示，然后将图层Beam下的"结束点"属性关联到Circle 2下的"位置"属性，如图10-78所示。最终效果如图10-79所示。

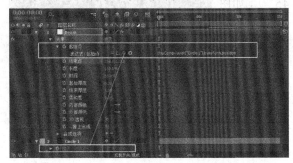

图10-77

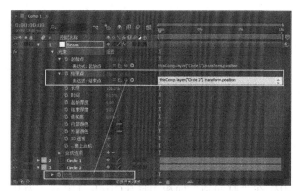

图10-78

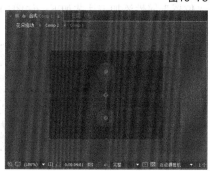

图10-79

05 在"项目"面板中，双击Comp2加载该合成，如图
10-80所示。

图10-80

06 将"项目"面板中的Comp 1合成添加到Comp 2合成的
时间轴上，选择Comp 1图层，连续按3次快捷键Ctrl+D复制
图层，然后设置第2个图层的"旋转"为（0×45°），第3个
图层的"旋转"为（0×90°），第4个图层的"旋转"为（0×-
45°），如图
10-81所示，效
果如图10-82
所示。

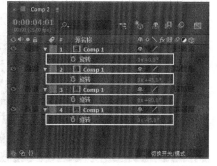

图10-81

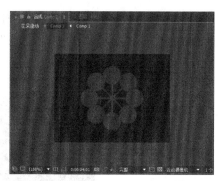

图10-82

07 在"项目"面板中，双击"花朵旋动"加载该合成，如
图10-83所示。

图10-83

08 将"项目"面板中的Comp 2合成添加到"花朵旋
转"合成的时间轴上，然后选择Comp 2图层，按快捷键
Ctrl+D复制一个新图层，接着设置第2个图层的"位置"
为（160，120）、"不透明度"为30%，如图10-84所示，效
果如图10-85所示。

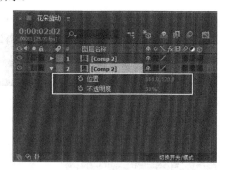

图10-84

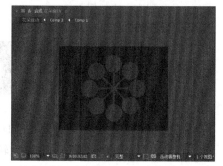

图10-85

⑨ 选择第1个Comp 2图层，展开其"旋转"属性，为其添加表达式Math.sin(time)*360，然后选择第2个Comp 2图层，展开其"旋转"属性，为其添加表达式如下，如图10-86所示。

Math.sin(time)*-360;

图10-86

⑩ 将"项目"面板中的Blue Solid 3图层拖曳至"时间轴"面板中的底层，然后修改名称为Grid，如图10-87所示。

图10-87

⑪ 选择Grid图层，执行"效果>生成>网格"菜单命令，设置"大小依据"为"边角点"、"边角"为（192，144）、"边界"为1、"颜色"为白色，如图10-88所示，效果如图10-89所示。

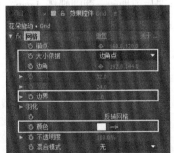

图10-88

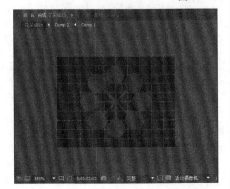

图10-89

⑫ 展开"网格"效果的"边角"属性，为其添加表达式如下，如图10-90所示。

[Math.sin(time)*90+160,Math.sin(time)*90+120;

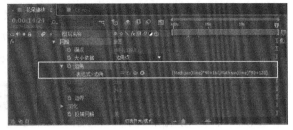

图10-90

⑬ 将"项目"面板中的Adjustment Layer 1图层拖曳至"时间轴"面板中的底层，然后执行"效果>颜色校正>色相/饱和度"菜单命令，接着在"效果控件"面板中勾选"彩色化"属性，修改"着色饱和度"为100，如图10-91所示。

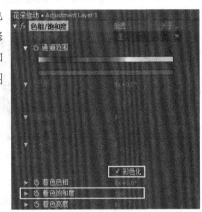

图10-91

⑭ 选择"色相/饱和度"效果的"着色色相"属性，为其添加表达式如下，如图10-92所示。

Math.sin(time)*360;

图10-92

⑮ 按小键盘上的数字键0，预览最终效果，如图10-93所示。

图10-93

267

10.4 本章小结

本章讲解了基本表达式、表达式的基本语法以及如何使用表达式制作动画等。其中，基本表达式主要讲解了表达式概述、编辑表达式、保存和调用表达式以及Expression Controls（表达式控制）滤镜。表达式语法主要讲解了表达式语言、访问对象的属性和方法、数组与维数、向量与索引以及表达式时间。表达式库主要讲解了Global（全局）、Vector Math（向量数学）和Random Numbers（随机数）等20个表达式库。

10.5 课后习题

虽然，本章只安排了一个课后习题，但却是一个非常有针对性的综合习题。希望大家一边观看视频教学，一边学习这些基础知识的运用。

习题位置	案例文件>第10章>课后习题——翩翩蝶舞.aep
素材位置	素材>第10章>课后习题——翩翩蝶舞
难易指数	★★☆☆☆
练习目标	练习使用表达式制作蝴蝶翅膀的振动动画

翩翩蝶舞动画效果如图10-94所示。

图10-94

操作提示

第1步：打开"素材>第10章>课后习题——翩翩蝶舞>课后习题——翩翩蝶舞_I.aep"项目合成。

第2步：使用表达式为蝴蝶翅膀的"旋转"属性制作动画。

第11章

运动跟踪

本章主要讲解了运动跟踪的功能以及运动跟踪的方式等。其中，运动跟踪概述讲解了运动跟踪的作用、运动跟踪的应用范围和运动跟踪的设置；运动跟踪的流程主要讲解了镜头设置、添加合适的跟踪点等8个方面；运动跟踪参数设置主要讲解了"跟踪器"面板、"时间轴"面板中的运动跟踪参数、运动跟踪、运动稳定及调节跟踪点等。

课堂学习目标

掌握运动跟踪的功能

掌握运动跟踪的方式

11.1 运动跟踪概述

运动跟踪是After Effects中非常强大和特殊的动画功能。运动跟踪可以对动态素材中的某个或某几个指定的像素点进行跟踪，然后将跟踪的结果作为路径依据进行各种特效处理。运动跟踪可以匹配源素材的运动或消除摄像机的运动，如图11-1所示。

图11-1

11.1.1 运动跟踪的作用

运动跟踪主要有以下两个作用。

第1个：跟踪影片中的目标对象的运动，然后将跟踪的运动数据应用于其他图层或滤镜中，让其他图层元素或滤镜与影片中的运动对象进行匹配。

第2个：将跟踪影片中的目标物体的运动数据作为补偿画面运动的依据，从而达到稳定画面的作用。

11.1.2 运动跟踪的应用范围

运动跟踪应用的范围很广，主要有以下5点。

第1点：为影片添加元素。例如，为运动的汽车喷上广告语或是为运动的法杖添加星星特效。

第2点：使静帧画面匹配动态影片素材的运动。例如为摇曳的鲜花添加一只卡通蜜蜂。

第3点：为运动的元素添加滤镜。例如为运动的篮球添加发光效果。

第4点：将跟踪目标运动数据应用于其他的图层属性。例如当汽车从屏幕前开过时，立体声音从左声道切换到右声道。

第5点：稳定摄像机拍摄的摇晃镜头。

11.1.3 运动跟踪的设置

运动跟踪的参数是通过在"跟踪器"面板中进行设置的，与其他参数一样，可以进行修改，并且可以用来制作动画以及使用表达式，如图11-2所示。

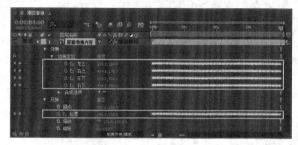

图11-2

运动跟踪通过在"图层"面板中的指定区域来设置跟踪点，每个跟踪点都包含有特征区域、搜索区域和附着点，如图11-3所示。其中A显示的是搜索区域，B显示的是特征区域，C显示的是附着点。

A B C

图11-3

特征区域：特征区域定义了图层被跟踪的区域，包含有一个明显的视觉元素，这个区域应该在整个跟踪阶段都能被清晰辨认。

搜索区域：搜索区域定义了After Effects搜索特征区域的范围，为运动物体在帧与帧之间的位置变化预留出搜索空间。搜索区域设置的范围越小，越节省跟踪时间，但是会增大失去跟踪目标的几率。

附着点：指定跟踪结果的最终附着点。

在After Effects中，使用一个跟踪点来跟踪运动位置属性，使用两个跟踪点来跟踪缩放和旋转属性，使用4个跟踪点来跟踪画面的透视效果。

11.2 运动跟踪的流程

11.2.1 镜头设置

为了让运动跟踪效果更加平滑，需要使选择的跟踪目标具备明显的、与众不同的特征，这些就要求在前期拍摄时有意识地为后期跟踪做好准备。适合作为跟踪的目标对象主要有以下一些特征。

①与周围区域要形成强烈对比的颜色、亮度或饱和度。

②整个特征区域有清晰的边缘。

③在整个视频持续时间内都可以辨识。

④靠近跟踪目标区域。

⑤跟踪目标在各个方向上都相似。

11.2.2 添加合适的跟踪点

当在"跟踪器"面板中设置了不同的"跟踪类型"后，After Effects会根据不同的跟踪模式在"图层"面板中设置合适数量的跟踪点。

11.2.3 选择跟踪目标与设定跟踪特征区域

在进行运动跟踪之前，首先要观察整段影片，找出最好的跟踪目标（在影片中因为灯光影响而若隐若现的素材、在运动过程中因为角度的不同而在形状上呈现出较大差异的素材不适合作为跟踪目标）。虽然After Effects会自动推断目标的运动，但是如果选择了最合适的跟踪目标，那么跟踪成功的几率会大大提高。

一个好的跟踪目标应该具备以下特征。

①在整段影片中都可见。

②在搜索区域中，目标与周围的颜色具有强烈的对比。

③在搜索区域内具有清晰的边缘形状。

④在整段影片中的形状和颜色都一致。

11.2.4 设置附着点偏移

附着点是目标图层或滤镜控制点的放置点，默认的附着点是特征区域的中心，如图11-4所示。可以在运动跟踪之前移动附着点，让目标位置相对于跟踪目标的位置产生一定偏移，如图11-5所示。

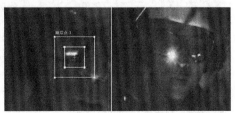

图11-4

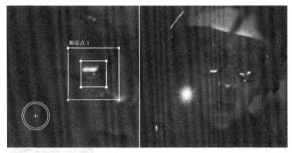

图11-5

11.2.5 调节特征区域和搜索区域

对于特征区域：要让特征区域完全包括跟踪目标，并且特征区域应尽可能小一些。

对于搜索区域：搜索区域的位置和大小取决于跟踪目标的运动方式。搜索区域应适应跟踪目标的运动方式，只要能够匹配帧与帧之间的运动方式就可以了，无需匹配整段素材的运动。如果跟踪目标的帧与帧之间的运动是连续的，并且运动速度比较慢，那么只需要让搜索区域略大于特征区域就可以了；如果跟踪目标的运动速度比较快，那么搜索区域应该具备在帧与帧之间能够包含目标的最大位置或方向的改变范围。

11.2.6 分析

在"跟踪器"面板中通过"分析"功能来执行运动跟踪。

11.2.7 重复

在进行运动跟踪分析时，往往会因为各种原因不能得到最佳的跟踪效果，这时就需要重新调整搜索区域和特征区域，然后重新进行分析。在跟踪过程中，如果跟踪目标丢失或跟踪错误，可以返回到跟踪正确的帧，然后重复前两节的步骤，重新进行调整并分析。

11.2.8 应用跟踪数据

在确保跟踪数据正确的前提下，可以在"跟踪器"面板中单击"应用"按钮应用跟踪数据（"跟踪类型"设置为"原始"时除外）。对于"原始"跟踪类型，可以将跟踪数据复制到其他动画属性中或使用表达式将其关联到其他动画属性上。

11.3 运动跟踪参数设置

11.3.1 跟踪器面板

执行"窗口>跟踪"菜单命令，打开"跟踪器"面板，如图11-6所示。

图11-6

跟踪摄像机： 用来完成画面的3D跟踪解算。

变形稳定器： 用来自动解算完成画面的稳定设置。

跟踪运动： 用来完成画面的2D跟踪解算。

稳定运动： 用来控制画面的稳定设置。

运动源： 设置被解算的图层，只对素材和合成有效。

当前跟踪： 选择被激活的解算器。

跟踪类型： 设置使用的跟踪解算模式，不同的跟踪解算模式可以设置不同的跟踪点，并且将不同跟踪模式的跟踪数据应用到目标图层或目标滤镜的方式也不一样，共有以下5种。

稳定： 通过跟踪"位置""旋转"和"缩放"的值来对源图层进行反向补偿，从而起到稳定源图层的作用。当跟踪"位置"时，该模式会创建一个跟踪点，经过跟踪后会为源图层生成一个"锚点"关键帧；当跟踪"旋转"时，该模式会创建两个跟踪点，经过跟踪后会为源图层生成一个"旋转"关键帧；当跟踪"缩放"时，该模式会创建两个跟踪点，经过跟踪后会为源图层生成一个"缩放"关键帧。

变换： 通过跟踪"位置""旋转"和"缩放"的值将跟踪数据应用到其他图层中。当跟踪"位置"时，该模式会创建一个跟踪点，经过跟踪后会为其他图层创建一个"位置"跟踪关键帧数据；当跟踪"旋转"时，该模式会创建两个跟踪点，经过跟踪后会为其他图层创建一个"旋转"跟踪关键帧数据；当跟踪"缩放"时，该模式会创建两个跟踪点，经过跟踪后会为其他图层创建一个"缩放"跟踪关键帧数据。

平行边角定位： 该模式只跟踪倾斜和旋转变化，不具备跟踪透视的功能。在该模式中，平行线在跟踪过程中始终是平行的，并且跟踪点之间的相对距离也会被保存下来。"平行边角定位"模式使用3个跟踪点，然后根据3个跟踪点的位置计算出第4个点的位置，接着根据跟踪的数据为目标图层的"边角定位"滤镜的4个角点应用跟踪的关键帧数据。

透视边角定位： 该模式可以跟踪到源图层的倾斜、旋转和透视变化。"透视边角定位"模式使用4个跟踪点进行跟踪，然后将跟踪到的数据应用到目标图层的"边角定位"滤镜的4个角点上。

原始： 该模式只能跟踪源图层的"位置"变化，通过跟踪产生的跟踪数据不能直接通过使用"应用"按钮应用到其他图层中，但是可以通过复制粘贴或是表达式的形式将其连接到其他动画属性上。

运动目标： 设置跟踪数据被应用的图层或滤镜控制点。After Effects通用对目标图层或滤镜增加属性关键帧来稳定图层或跟踪源图层的运动。

编辑目标： 设置运动数据要应用到的目标对象。

选项： 设置跟踪器的相关选项参数，单击该按钮可以打开"动态跟踪器选项"对话框，如图11-7所示。

图11-7

匹配前增强：为了提高跟踪效果，可以使用该选项来模糊图像，以减少图像的噪点。

跟踪场：对隔行扫描的视频进行逐帧插值，以便于进行跟踪。

子像素定位：将特征区域像素进行细分处理，可以得到更精确的跟踪效果，但是会耗费更多的运算时间。

每帧上的自适应特性：根据前面一帧的特征区域来决定当前帧的特征区域，而不是最开始设置的特征区域。这样可以提高跟踪精度，但同时也会耗费更多的运算时间。

如果置信度低于：当跟踪分析的特征匹配率低于设置的百分比时，该选项用来设置相应的跟踪处理方式，包含"继续跟踪""停止跟踪""预测运动"和"自适应特性"4种方式。

分析：在源图层中逐帧分析跟踪点。

向后分析1帧◀┃：分析当前帧，并且将当前时间指示滑块往前移动一帧。

向后分析◀：从当前时间指示滑块处往前分析跟踪点。

向前分析▶：从当前时间指示滑块处往后分析跟踪点。

向前分析1帧┃▶：分析当前帧，并且将当前时间指示滑块往后移动一帧。

重置：恢复到默认状态下的特征区域、搜索区域和附着点，并且从当前选择的跟踪轨道中删除所有的跟踪数据，但是已经应用到其他目标图层的跟踪控制数据保持不变。

应用：以关键帧的形式将当前的跟踪解算数据应用到目标图层或滤镜控制上。

11.3.2 "时间轴"面板中的运动跟踪参数

在"跟踪器"面板中单击"跟踪运动"按钮或"稳定运动"按钮时，"时间轴"面板中的源图层都会自动创建一个新的"跟踪器"。每个跟踪器都可以包括一个或多个"跟踪点"，当执行跟踪分析后，每个跟踪点中的属性选项组会根据跟踪情况来保存跟踪数据，同时会生成相应的跟踪关键帧，如图11-8所示。

图11-8

功能中心：设置特征区域的中心位置。

功能大小：设置特征区域的宽度和高度。

搜索位移：设置搜索区域中心相对于特征区域中心的位置。

搜索大小：设置搜索区域的宽度和高度。

可信度：该参数是After Effects在进行跟踪时生成的每个帧的跟踪匹配程度。在一般情况下都不要自行设置该参数，因为After Effects会自动生成。

附加点：设置目标图层或滤镜控制点的位置。

附加点位移：设置目标图层或滤镜控制中心相对于特征区域中心的位置。

11.3.3 运动跟踪和运动稳定

运动跟踪和运动稳定处理跟踪数据的原理是一样的，只是它们会根据各自的目的将跟踪数据应用到不同的目标。使用运动跟踪可以将跟踪数据应用于其他图层或滤镜控制点，而使用运动稳定可以将跟踪数据应用于源图层自身，用来抵消运动。

如果在"跟踪器"面板中选择了"旋转"或"缩放"属性，那么在"图层"面板中会显示出两个跟踪点，并且有一根线连接着两个附着点，有一个箭头从第1个附着点指向第2个附着点。

对于"旋转"变化，After Effects是通过附着点之间的直线角度来衡量"旋转"值，然后将跟踪数据应用到图层的"旋转"属性，同时会创建相应的关键帧；对于"缩放"变化，After Effects是通过将其他帧的附着点距离与起始帧的附着点距离进行比较，然后将跟踪数据应用到图层的"缩放"属性，同时会生成相应的关键帧，如图11-9所示。

图11-9

当使用平行边角定位或透视边角定位进行运动跟踪时，After Effects会应用4个跟踪点，然后将4个点的跟踪数据应用到"边角定位"滤镜中，并对目标物体进行变形跟踪来匹配源图层目标的大小和倾斜度。注意，4个跟踪点的特征区域和附着点必须是在同一平面上，如图11-10所示。

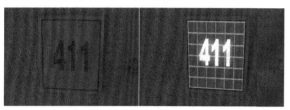

图11-10

技巧与提示

在进行平行边角定位跟踪时，它的4个跟踪点中有一个点是不进行运动跟踪的，因为这样才能保持4条边的平行。如果要使某个跟踪点成为自由点，可以在按住Alt键的同时单击该跟踪点的特征区域。

下面介绍运动跟踪或运动稳定的操作步骤。

第1步：在"时间轴"面板中选择需要进行运动跟踪或运动稳定的图层。

第2步：在"跟踪器"面板中单击"稳定运动"按钮或执行"动画>跟踪运动"菜单命令，接着单击"编辑目标"按钮，最后在弹出的对话框中选择需要使用跟踪数据的目标。

第3步：对"位置""旋转"和"缩放"3个属性按照要求进行组合选择，然后为目标图层创建指定的数据跟踪关键帧。

第4步：将当前时间滑块拖曳到开始跟踪的第1帧处。

第5步：使用"选择工具"调节每个跟踪点的特征区域、搜索区域和附着点。

第6步：在"跟踪"面板中单击"向前分析"按钮◄或"向后分析"按钮►开始进行跟踪分析。如果跟踪错误，可以单击"停止分析"按钮■停止跟踪，然后重复第5步再次进行跟踪分析。

第7步：如果对跟踪结果比较满意，则单击"应用"按钮，将当前跟踪数据应用到指定的图层中。

11.3.4 调节跟踪点

设置运动跟踪时，需要调节跟踪点的特征区域、搜索区域和附着点，这时可以使用"选择工具"对它们进行单独调节，也可以进行整体调节。为了便于跟踪特征区域，当移动特征区域时，特征区域内的图像将被放大到原来的4倍。

在图11-11中，显示了使用"选择工具"调节跟踪点的各种显示状态。

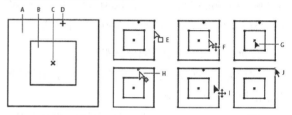

图11-11

A：显示的是搜索区域。

B：显示的是特征区域。

C：显示的是关键帧标记。

D：显示的是附着点。

E：显示的是移动搜索区域的状态。

F：显示的是整体移动跟踪点的状态。

G：显示的是整体移动跟踪点的状态。

H：显示的是移动附着点的状态。

I：显示的是整体移动跟踪点的状态。

J：显示的是设置区域大小的状态。

课堂案例

笔记本电脑宣传广告动画

案例位置	案例文件>第11章>课堂案例——笔记本电脑宣传广告动画.aep
素材位置	素材>第11章>课堂案例——笔记本电脑宣传广告动画
难易指数	★★☆☆☆
学习目标	学习如何使用运动跟踪替换目标对象以及使用平滑关键帧

最终合成效果如图11-12所示。

图11-12

01 导入下载资源中的"素材>第11章>课堂案例——笔记本电脑宣传广告动电脑画>Computer0000.tga~Computer0100.tga"序列文件，然后新建合成，设置"合成名称"为"跟踪替换"、"预设"为PAL D1/DV、"持续时间"为4秒1帧，接着单击"确定"按钮，如图11-13所示。

图11-13

02 将序列文件拖曳到"时间轴"面板中，然后打开"跟踪器"面板，接着单击"跟踪运动"按钮，最后设置"跟踪类型"为"透视边角定位"，此时"图层"面板中出现跟踪点，如图11-14所示。

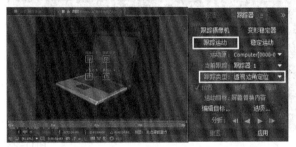

图11-14

03 将时间指示滑块拖曳到合成的起始帧，然后将4个跟踪点调整到笔记本电脑屏幕的4个角上，并将搜索区域也分别设置在笔记本电脑的4个角上，如图11-15所示。

图11-15

04 在"跟踪器"面板中单击"向前分析"按钮▶进行角点的运动跟踪分析，由于笔记本电脑在转动过程中受到的光照不一样，所以在跟踪过程中会发生跟踪"跑脱"现象，如图11-16所示。

图11-16

05 将时间指示滑块拖曳到跟踪目标点开始"跑脱"的位置，然后重新调整跟踪目标及搜索区域，接着单击"向前分析"按钮▶，效果如图11-17所示。

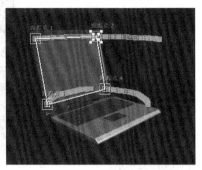

图11-17

06 导入下载资源中的"素材>第11章>课堂案例——笔记本宣传广告动画>B055.avi"文件，然后将其放置在"时间轴"面板的顶层，接着在"跟踪器"面板中单击"编辑目标"按钮，最后在打开的"运动目标"对话框中单击"确定"按钮，如图11-18所示。

图11-18

07 在"跟踪器"面板中单击"应用"按钮，此时电脑屏幕就替换成B055.avi中的内容了，如图11-19所示。

图11-19

08 选择Computer[0000-0100].tga图层，然后执行"效果>Trapcode>Shine"菜单命令，接着在"效果控件"面板中设置Ray Length（光线长度）为6.7，最后展开Shimmer（微观）属性组，设置Amount（数量）为79、Detail（细节）为18.2，如图11-20所示。

图11-20

⑨ 展开Colorize（彩色化）属性组，然后设置Colorize（彩色化）为Spirit（本质）、Base On（基于）为Alpha、Highlights（高光）为白色、Midtones（中间调）为（R:100，G:50，B:100）、Shadows（阴影）为（R:0，G:0，B:100），接着设置Transfer Mode（传递模式）为Darken（变暗），如图11-21所示，效果如图11-22所示。

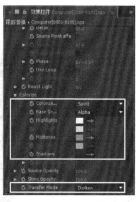

图11-21

图11-22

⑩ 设置Shine滤镜的Source Point（源点）属性的关键帧动画。在第0帧处设置Source Point（源点）为（420.5，349），在第2秒处设置Source Point（源点）为（359.2，341），在第4秒处设置Source Point（源点）为（295.2，349），如图11-23所示。

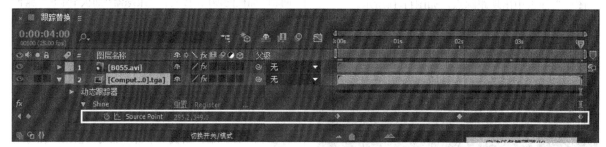

图11-23

⑪ 渲染并输出动画，最终效果如图11-24所示。

图11-24

11.4 本章小结

本章主要讲解了运动跟踪的功能以及运动跟踪的方式等。其中，运动跟踪概述主要讲解了运动跟踪的作用、运动跟踪的应用范围和运动跟踪的设置；运动跟踪的流程主要讲解了镜头设置、添加合适的跟踪点、选择跟踪目标与设定跟踪特征区域、设置附着点偏移、调节特征区域和搜索区域、分析、重复以及应用跟踪数据8个方面；运动跟踪参数设置主要讲解了"跟踪器"面板、"时间轴"面板中的运动跟踪参数、运动跟踪和运动稳定以及调节跟踪点等。本章安排了一个课堂案例以及一个课后习题来讲解和练习运动跟踪的应用。

11.5 课后习题

虽然，本章只安排了一个课后习题，但是重点讲解了运动跟踪器的创建、确定跟踪器的特征以及跟踪数据在图层中的应用。运用直升机来创建跟踪器非常生动。

习题位置	案例文件>第11章>课后习题——跟踪飞机创建关键帧. aep
素材位置	素材>第11章>课后习题——跟踪飞机创建关键帧
难易指数	★★★☆☆
练习目标	练习使用运动跟踪器，确定跟踪器的特征以及将跟踪数据应用于图层运动

跟踪飞机创建关键帧的效果如图11-25所示。

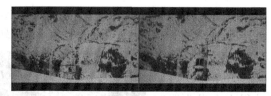

图11-25

操作提示

第1步：打开"素材>第11章>课后习题——跟踪飞机创建关键帧>课后习题——跟踪飞机创建关键帧_I.aep"项目合成。

第2步：使用"跟踪运动"功能创建跟踪关键帧。

第12章

动态变形

本章主要讲解了常用"扭曲"滤镜以及"操控工具"的使用方法。其中，"扭曲"滤镜包主要讲解了"放大""置换图""改变形状""液化"滤镜以及"贝塞尔曲线变形"滤镜，而"操控工具"主要讲解了"操控点工具""操控叠加工具"和"操控扑粉工具"。通过这些工具，读者可以制作出形态各异的变形效果。

课堂学习目标

掌握常用"扭曲"滤镜的使用方法

掌握操控工具的使用方法

12.1 扭曲滤镜包

在影视后期滤镜制作中，经常需要制作一些变形动画，如制作人物表情、滚滚浓烟、翻书动画等，如图12-1所示。

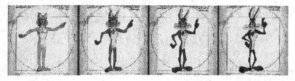

图12-1

在"扭曲"滤镜包中集合了20多个动态变形滤镜，使用这些滤镜可以制作出丰富多彩的变形动画。下面介绍"扭曲"滤镜包中的一些常用滤镜。

12.1.1 放大滤镜

使用"放大"滤镜可以制作出图像局部放大或整体放大的效果，该滤镜非常适合用来模拟放大镜。在"效果控件"面板中展开"放大"滤镜的属性，如图12-2所示。

图12-2

形状：设置放大区域的形状，包括"圆形"和"正方形"两种。

"中心"：设置放大区域的中心位置。

"放大率"：设置放大区域的放大百分比。

"链接"：设置放大区域的尺寸和边缘羽化对"放大率"属性的影响方式，共有以下3种方式。

无：使放大区域的尺寸和边缘羽化不受"放大率"属性的影响。

大小至放大率：使"放大率"属性值影响放大区域的尺寸。

大小和羽化至放大率：使"放大率"属性值同时影响放大区域的尺寸和边缘的羽化效果。

大小：设置放大区域的半径。

羽化：设置放大区域的边缘羽化值。

不透明度：设置放大区域的不透明度。

缩放：设置放大图像的方式，包括以下3种。

标准：使放大区域的边缘产生生硬的效果。

柔和：使放大区域的边缘产生柔化效果。

散布：当图像被放大后，使边缘产生噪点效果。

混合模式：设置放大区域与原始图像的混合模式。

调整图层大小：勾选该选项后，放大区域可以不受原始图层边界的影响。

📚 课堂案例

放大镜

案例位置	案例文件>第12章>课堂案例——放大镜.aep
素材位置	素材>第12章>课堂案例——放大镜
难易指数	★★☆☆☆
学习目标	学习如何使用"放大"滤镜模拟放大镜效果

放大镜效果如图12-3所示。

图12-3

(01) 导入下载资源中的"素材>第12章>课堂案例——放大镜>Text.ai"文件，然后新建合成，设置"合成名称"为"放大镜动画"、"宽度"为656 px、"高度"为554 px、"持续时间"为5秒，接着单击"确定"按钮，如图12-4所示。

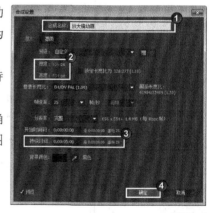

图12-4

(02) 将Text.ai文件拖曳到"时间轴"面板中，然后执行"效果>扭曲>放大"菜单命令，接着在"效果控件"面板中设置"放大率"为600、"大小"为95、"羽化"为10，如图12-5所示。

图12-5

03 新建一个形状图层，将其命名为"放大镜"，然后使用"钢笔工具" ✐ 在"合成"面板中绘制出放大镜（放大镜的镜框大小正好与放大区域相同），如图12-6所示。

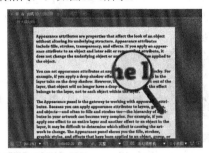

图12-6

04 展开Text.ai图层的"中心"属性，关联到"放大镜"图层的"位置"属性上，如图12-7所示。

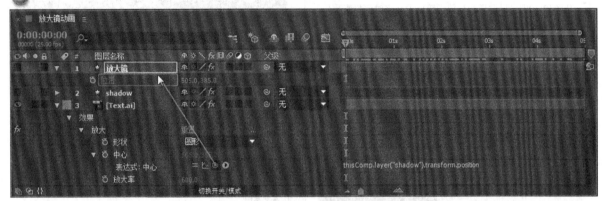

图12-7

05 选择放大镜形状图层，按 A键展开放大镜图层的"锚点"属性，然后仔细调整该属性值，使放大镜和文字放大区域重新进行对位，如图12-8所示。

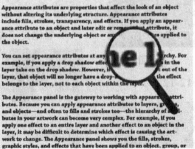

图12-8

06 为"放大镜"图层制作一个简单的"位置"属性关键帧动画，如图12-9所示。

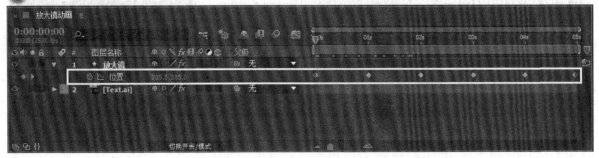

图12-9

07 选择"放大镜"图层，然后执行"效果>透视>斜面Alpha"菜单命令，接着在"效果控件"面板中设置"边缘厚度"为3、"灯光角度"为（0×52°）、"灯光强度"为0.5，设置如图12-10所示。

图12-10

技巧与提示

从图12-10中可以发现，当放大镜放大文字时，投影也出现在了放大区域中，但是投影也应该被放大，因此下面要对其进行修正。

08 复制一个形状图层，将其命名为Shadow，然后删除"斜面Alpha"滤镜，接着执行"效果>透视>投影"菜单命令，再在"效果控件"面板中设置"方向"为（0×218°）、"距离"为87、"柔和度"为50，并选择"仅阴影"选项，最后将Text.ai图层的"放大"滤镜复制到shadow图层中，如图12-11所示。

图12-11

09 渲染并输出动画，最终效果如图12-12所示。

图12-12

12.1.2 置换图滤镜

"置换图"滤镜可以根据设置的控制图层的颜色值来控制自身图层像素的偏移量。在"效果控件"面板中展开"置换图"滤镜的属性，如图12-13所示。

图12-13

技巧与提示

"置换图"滤镜是根据设置的控制图层的颜色值来决定像素的偏移量，颜色值的取值范围在0~255，每个像素偏移的尺寸范围在-1~0。当颜色值为0时，将产生最大的负偏移，即最大偏移量-1；当颜色值为255时，将产生最大量的正偏移；当颜色值为128时，不产生任何像素的偏移量。图12-14中的A图显示的是未添加"置换图"滤镜的原始图层效果，B图显示的是控制图层的效果，C图显示的是经过"置换图"控制后的效果。

图12-14

"置换图"滤镜中的"置换图层"属性指定的控制图层不会考虑任何图层中添加的滤镜或遮罩，所以如果要使用控制图层中的遮罩或滤镜，就需要对该图层进行预合成。如果控制图层的尺寸和使用"置换图"滤镜的图层尺寸不一致，这时可以设置"置换图特性"属性为"中心图""伸缩对应图以适合"或"拼贴图"方式来匹配图层的尺寸。

📓 课堂案例

烟化文字滤镜

案例位置	案例文件>第12章>课堂案例——烟化文字滤镜.aep
素材位置	素材>第12章>课堂案例——烟化文字滤镜
难易指数	★★☆☆☆
学习目标	学习如何使用"置换图"滤镜制作烟雾滤镜

烟化文字滤镜如图12-15所示。

图12-15

01 新建合成，设置"合成名称"为DisplaceMap、"预设"为PAL D1/DV、"持续时间"为6秒，然后单击"确定"按钮，如图12-16所示。

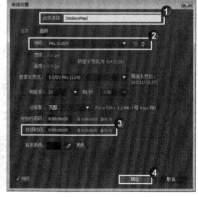

图12-16

02 导入下载资源中的"素材>第12章>课堂案例——烟化文字滤镜>SmokeFootage.mov"文件，然后将其拖曳到"时间轴"面板中，接着执行"效果>颜色校正>色阶"菜单命令，最后在"效果控件"面板中设置"输入白色"为87.8%，如图12-17所示。

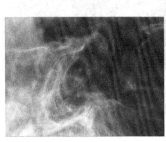

图12-17

03 选择SmokeFootage.mov图层，然后执行"效果>通道>反转"菜单命令，接着在"效果控件"面板中设置"通道"为"明亮度"，如图12-18所示。

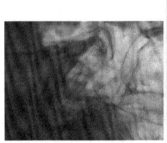

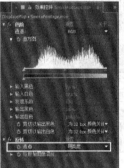

图12-18

04 新建合成，设置"合成名称"为SmokeText、"预设"为PAL D1/DV、"持续时间"为6秒，然后单击"确定"按钮，如图12-19所示。

图12-19

05 将DisplaceMap合成拖曳到SmokeText中，然后隐藏DisplaceMap图层，接着使用"横排文字工具" T 在"合成"面板中输入Smoke，最后设置文字的字体为Arial、字号为166 像素、颜色为白色，如图12-20所示。

图12-20

06 选择Smoke文本图层，然后执行"效果>扭曲>置换图"菜单命令，接着在"效果控件"面板中设置"置换图层"为2.DisplaceMap、"用于水平置换"为"明亮度"、"用于垂直置换"为"明亮度"、"置换图特性"为"伸缩对应图以适合"，如图12-21所示。

图12-21

07 在第24帧处设置"最大水平置换"为500、"最大垂直置换"为500，然后激活这两个属性的关键帧，接着在第4秒处设置"最大水平置换"为0、"最大垂直置换"为0，如图12-22所示。

图12-22

⑧ 选择Smoke文本图层，然后执行"效果>模糊和锐化>高斯模糊"菜单命令，接着在第4秒处设置"模糊度"为25，并激活关键帧，最后在第5秒处设置"模糊度"为2，如图12-23所示。

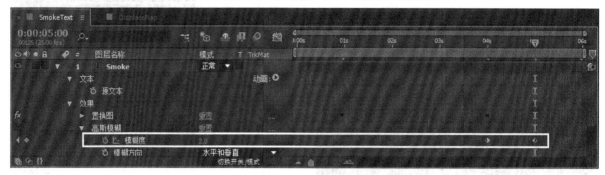

图12-23

⑨ 选择Smoke文本图层，然后执行"效果>生成>梯度渐变"菜单命令，接着在"效果控件"面板中设置"起始颜色"为（R:78，G:100，B:0）、"结束颜色"为（R:100，G:71，B:0）、"渐变形状"为"线性渐变"，如图12-24所示。

图12-24

⑩ 在第0帧处设置"与原始图像混合"为100%，并激活关键帧，在第24帧处设置"与原始图像混合"为100%，在第4秒处设置"与原始图像混合"为0%，如图12-25所示。

图12-25

⑪ 设置文字图层的混合模式为"相加"，然后渲染并输出动画，最终效果如图12-26所示。

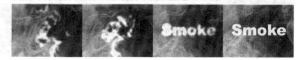

图12-26

12.1.3 改变形状滤镜

"改变形状"滤镜可以在同一个图层中根据不同的遮罩形状，将一个图形从一个形状变成为另外一个形状。在"效果控件"面板中展开"改变形状"滤镜的属性，如图12-27所示。

图12-27

源蒙版：该蒙版定义了图像将要被变形的区域形状。如果没有为图像指定蒙版形状，则After Effects会自动将第2个蒙版设置为源蒙版。

目标蒙版：该蒙版定义了图像将要被变形的形状。如果没有为图像指定蒙版形状，则After Effects会自动将第3个蒙版设置为目标蒙版。

边界蒙版：该蒙版定义了将要进行改变形状的边界区域，区域外的图像不会受到任何影响。如果没有为图像指定遮罩形状，则After Effects会自动将第1个遮罩设置为边界蒙版。

百分比：设置改变形状的量，可以为该属性设置关键帧动画来制作时间逐帧变形的效果。

弹性：设置图像跟随形状曲线变化的接近程度。

对应点：指定源蒙版映射到目标蒙版上的点的数量。

计算密度：指定视频扭曲或动画关键帧之间的插值方式。

💡 课堂案例

人脸变形动画

案例位置	案例文件>第12章>课堂案例——人脸变形动画.aep
素材位置	素材>第12章>课堂案例——人脸变形动画
难易指数	★★☆☆☆
学习目标	学习如何使用"改变形状"滤镜制作人物变形动画

人脸变形动画效果如图12-28所示。

图12-28

🔘 **01** 新建合成，设置"合成名称"为"人脸过渡"、"宽度"为412 px、"高度"为576 px、"持续时间"为5秒，然后单击"确定"按钮，如图12-29所示。接着导入下载资源中的"素材>第12章>课堂案例——人脸变形动画>Layer 1.psd/Layer 2.psd"文件。

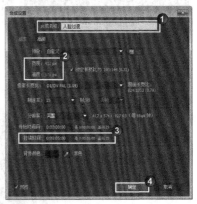

图12-29

🔘 **02** 将导入的文件拖曳到"时间轴"面板中，然后将Layer 1.psd移至顶层，接着调整Layer 1和Layer 2图层在"合成"面板中的位置，使图像靠画面的左下角，如图12-30所示。

图12-30

🔘 **03** 在第1秒处设置Layer 1图层的"不透明度"为100%、Layer 2图层的"不透明度"为0%，并激活该属性的关键帧，再在第4秒处设置Layer 1图层的"不透明度"为0%、Layer 2图层的"不透明度"为100%，如图12-31所示。

图12-31

04 选择Layer 1图层，然后执行"图层>自动追踪"菜单命令，接着在打开的"自动追踪"对话框中设置"通道"为Alpha，最后单击"确定"按钮，如图12-32所示，效果如图12-33所示。

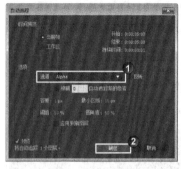

图12-32　　　　图12-33

05 采用相同的方法为Layer 2图层创建Alpha通道遮罩，完成后的效果如图12-34所示。

图12-34

06 将Layer 1和Layer 2图层中的蒙版相互复制，如图12-35所示，然后选择Layer 1图层，执行"效果>扭曲>改变形状"菜单命令，接着在"效果控件"面板中设置"源蒙版"为Mask 1、"目标蒙版"为Mask 2、"边界蒙版"为"无"、"弹性"为"正常"，如图12-36所示。

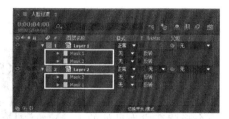

图12-35

图12-36

07 选择"改变形状"滤镜，按住Alt键并在"合成"窗口中单击蒙版，此时系统会自动产生关联点，然后使用鼠标左键拖曳这些关联点，将两个蒙版上的主要关联点进行映射对应，如图12-37所示。

图12-37

08 在第1帧处激活"改变形状"滤镜下的"百分比"属性的关键帧，然后在第4秒处设置"百分比"为100%，如图12-38所示。

图12-38

⑩ 将Layer 1图层的"改变形状"滤镜复制并粘贴给Layer 2图层，然后设置"源蒙版"为Mask 2、"目标蒙版"为Mask 1，如图12-39所示。

图12-39

⑩ 选择Layer 2图层的"改变形状"滤镜，然后在"合成"面板中重新映射Mask 1和Mask 2的关联点，如图12-40所示。

图12-40

⑪ 选择Layer 2图层的"改变形状"滤镜的"百分比"属性的两个关键帧，然后执行"动画>关键帧辅助>时间反转关键帧"菜单命令，将这两个关键帧进行反转操作，效果如图12-41所示。

图12-41

⑫ 导入下载资源中的"素材>第12章>课堂案例——人脸变形动画>19.mov"文件，然后将其拖曳到"人脸过渡"合成的底层，如图12-42所示。

图12-42

⑬ 渲染并输出动画，最终效果如图12-43所示。

图12-43

12.1.4 液化滤镜

"液化"滤镜允许挤压、旋转和收缩图层中指定的区域。当使用"液化"滤镜中的工具在指定区域单击鼠标左键或拖曳鼠标左键时，会使该区域产生变形效果。在"效果控件"面板中展开"液化"滤镜的属性，如图12-44所示。

图12-44

变形工具：当使用该工具编辑图像时，像素将产生挤压效果。

湍流工具：当使用该工具编辑图像时，可以产生平滑的紊乱效果，对于创建火、云、波浪等效果非常有用。

顺时针旋转工具：当使用该工具编辑图像时，图像将产生顺时针扭曲效果。

逆时针旋转工具：当使用该工具编辑图像时，图像将产生逆时针扭曲效果。

凹陷工具：当使用该工具编辑图像时，像素将朝着笔刷的中央产生收缩效果。

膨胀工具：当使用该工具编辑图像时，像素将从笔刷的中央向外产生膨胀效果。

转移像素工具：当使用该工具编辑图像时，将在与笔触移动方向的正交方向上移动像素。

反射工具：当使用该工具编辑图像时，可以复制像素到笔刷区域。

仿制工具：当使用该工具编辑图像时，可以将别处的变形效果复制到当前笔刷区域。

重建工具：当使用该工具编辑图像时，可以产生反转扭曲效果。

滚滚浓烟

案例位置	案例文件>第12章>课堂案例——滚滚浓烟.aep
素材位置	素材>第12章>课堂案例——滚滚浓烟
难易指数	★★☆☆☆
学习目标	学习如何使用"液化"滤镜制作变形动画

浓烟翻滚动画效果如图12-45所示。

图12-45

01 导入下载资源中的"素材>第12章>课堂案例——滚滚浓烟>smoke01.jpg"文件，然后新建合成，设置"合成名称"为smoke01、"宽度"为960 px、"高度"为1280 px、"像素长宽比"为"方形像素"、"持续时间"为2秒，接着单击"确定"按钮，如图12-46所示。

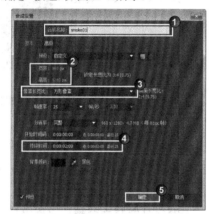

图12-46

02 将smoke01.jpg文件拖曳到"时间轴"面板，然后使用"钢笔工具" 为浓烟图层绘制一个蒙版，并设置蒙版的混合模式为"无"，如图12-47所示。

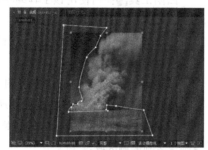

图12-47

技巧与提示

在绘制遮罩时，一定要让浓烟边缘与山和草地边缘的衔接处产生明显的轮廓。

03 选择smoke01.jpg图层，然后执行"效果>扭曲>液化"菜单命令，接着在"效果控件"面板中设置"冻结区域蒙版"为"蒙版 1"，如图12-48所示。

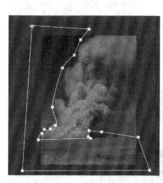

图12-48

04 使用"变形工具" ，然后调整"画笔大小"和"画笔压力"属性，接着根据浓烟沿着运动方向进行涂抹，使浓烟产生上升效果（注意，下面的浓烟的运动幅度要稍大一些），如图12-49所示。

图12-49

技巧与提示

"画笔大小"属性主要用来设置变形的影响范围；"画笔压力"属性主要用来设置变形的快慢程度。

05 选择膨胀工具 ，然后使用较小尺寸的笔刷制作局部膨胀效果，接着使用较大尺寸的笔刷制作整体膨胀效果，如图12-50所示。

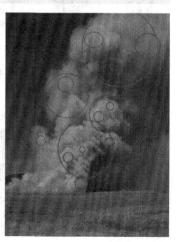

图12-50

06 选择凹陷工具🔲，然后在图像的阴影部位和膨胀边缘制作浓烟挤压运动效果，如图12-51所示。

图12-51

 技巧与提示

制作到这一步，可以使用"液化"滤镜的湍流工具🔲调整浓烟细节上的运动效果，使其更加逼真。

07 在第0帧处设置"扭曲百分比"为0%，并激活关键帧，然后在第1秒24帧处设置"扭曲百分比"为100%，如图12-52所示。

图12-52

08 渲染并输出动画，最终效果如图12-53所示。

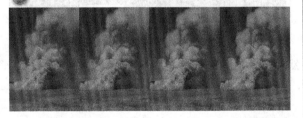

图12-53

图12-54

12.1.5 贝塞尔曲线变形滤镜

"贝塞尔曲线变形"滤镜可以使用一个封闭的贝塞尔曲线对图层的边缘进行变形处理。在"效果控件"面板中展开"贝塞尔曲线变形"滤镜的属性，如图12-54所示。

 技巧与提示

整条贝塞尔曲线包含有4个控制点，每个控制点都具备两个控制手柄。控制点与控制手柄的位置决定了贝塞尔曲线的形状、大小及最终变形效果。

课堂案例

流光滤镜

案例位置	案例文件>第12章>课堂案例——流光滤镜.aep
素材位置	素材>第12章>课堂案例——流光滤镜
难易指数	★★★☆☆
学习目标	学习如何使用"画笔工具"绘制彩色光线以及使用"贝塞尔曲线变形"滤镜制作变形动画

流光滤镜效果如图12-55所示。

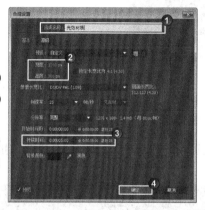

图12-55

① 新建合成，设置"合成名称"为"光效材质"、"宽度"为1200 px、"高度"为300 px、"持续时间"为5秒，然后单击"确定"按钮，如图12-56所示。

图12-56

② 新建一个纯色图层，然后使用"画笔工具" ▨在"图层"面板中随意绘制彩色的点和线，如图12-57所示。

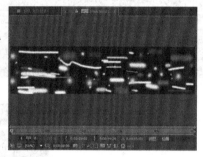

图12-57

③ 选择纯色图层，然后连续按两次P键展开"绘画"属性组，接着设置"在透明背景上绘画"为"开"，如图12-58所示。

图12-58

④ 新建合成，设置"合成名称"为"光效运动"、"宽度"为720 px、"高度"为300 px、"持续时间"为5秒，然后单击"确定"按钮，如图12-59所示。

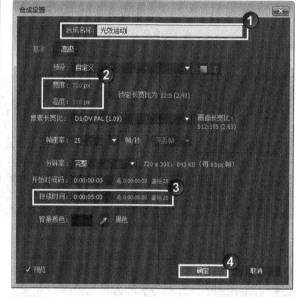

图12-59

⑤ 将"光效材质"合成拖曳到"光效运动"合成中，然后选择"光效材质"图层，设置"缩放"为（500，50%），接着在第0帧处设置"位置"为（4031，150），并激活关键帧，最后在第4秒24帧处设置"位置"为（-2882，150），如图12-60所示。

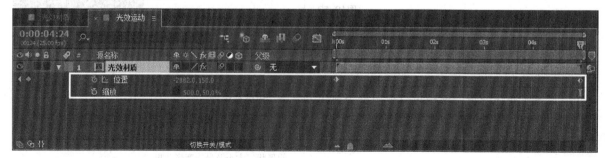

图12-60

06 选择"光效材质"图层，然后执行"效果>模糊和锐化>定向模糊"菜单命令，接着在"效果控件"面板中设置"方向"为（0×90°）、"模糊长度"为50，如图12-61所示。

图12-61

07 选择"光效材质"图层，然后执行"效果>颜色校正>色相/饱和度"菜单命令，接着在"效果控件"面板中设置"主色相"为（0×177°）、"主饱和度"为-60、"主亮度"为-9，如图12-62所示。

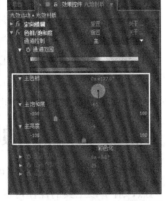

图12-62

08 选择"光效材质"图层，然后执行"效果>模糊和锐化>定向模糊"菜单命令，接着在"效果控件"面板中设置"发光阈值"为68%、"发光半径"为52、"发光强度"为0.6，如图12-63所示。

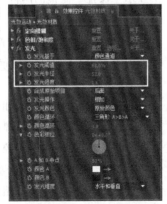

图12-63

09 选择"光效材质"图层，然后执行"效果>Trapcode>Shine"菜单命令，接着在"效果控件"面板中设置Source Point（源点）为（193.9,150）、Ray Length（光线长度）为1，最后展开Colorize（彩色化）属性组，设置Colorize（彩色化）为Rainbow（彩虹）、Base On（基于）为Lightness（亮度）、Highlights（高光）为（R:100, G:0, B:0）、Mid High（中高）为（R:100, G:100, B:0）、Midtones（高光）为（R:0, G:100, B:0）、Mid Low（中低）为（R:0, G:50, B:0）、

Shadows（高光）为（R:50, G:0, B:100），如图12-64所示，效果如图12-65所示。

图12-64

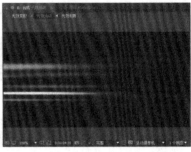

图12-65

10 新建合成，设置"合成名称"为"光效变形"、"预设"为PAL D1/DV、"持续时间"为5秒，然后单击"确定"按钮，如图12-66所示。

图12-66

11 将"光效运动"合成拖曳到"光效变形"合成中，然后执行"效果>扭曲>贝塞尔曲线变形"菜单命令，接着在"效果控件"面板中设置其属性，具体内容如图12-67所示。

图12-67

⑫ 选择"光效运动"图层,然后执行"效果>风格化>发光"菜单命令,接着在"效果控件"面板中设置"发光阈值"为60%、"发光半径"为10、"发光强度"为1,如图12-68所示。

图12-68

⑬ 渲染并输出动画,最终效果如图12-69所示。

图12-69

12.2 操控工具

使用"操控工具"可以为光栅图像或矢量图形快速创建出非常自然的动画。"操控工具"包含3种工具,分别是"操控点工具"、"操控叠加工具"和"操控扑粉工具",如图12-70所示。

图12-70

技巧与提示

虽然操控工具是以滤镜的形式出现在"时间轴"面板中,但是制作的大部分过程都是在"图层"预面板和"合成"面板中进行的。

"操控"滤镜根据变形控制点的放置位置来决定哪一部分图形需要进行变形处理,哪一部分图形需要保持原位不动,哪一部分图形在交叉移动时是置于上层还是置于下层,如图12-71所示。

图12-71

当移动一个或多个变形控制点时,部分网格将发生变形,这种变形效果不会影响到全体网格,此时产生的图像变形效果比较自然,如图12-72所示。

图12-72

操控工具对图像的变形效果只取决于变形控制点,动态素材本身的运动不会影响到变形效果。

因为连续光栅图层和光栅图层的渲染顺序不一样,所以在对连续光栅图层使用木偶工具制作变形动画时,不需要为图层的"变换"属性制作动画。

12.2.1 操控点工具

使用"操控点工具"可以固定或移动变形控制点,对于该工具的操作可以遵循以下几点原则。

第1点:如果要在"合成"面板或"图层"面板中显示"操控"滤镜的网格效果,可以在"工具"面板中选择"显示"选项。

第2点:将"选择工具"或相应的操控工具放置在变形控制点处,当光标变为形状时就可以移动变形控制点。

第3点:按住Shift键的同时使用"选择工具"可以一次性选择多个变形控制点,当然也可以使用框选的方法来选择多个变形控制点。

第4点:如果要选择同一类型的变形控制点,可以先选择其中一个控制点,然后按快捷键Ctrl+A。

第5点:如果要复位当前帧的变形控制点,可以在"时间轴"面板或"效果控件"面板中单击"重置"蓝色字样;如果要对所有时间段的控制点或变形网格进行重设操作,可以再次单击"重置"蓝色字样或删除变形控制点。

第6点:如果要增加或减少变形网格上的三角面,可以在"工具"面板或"时间轴"面板中调整"三角形"属性值(该属性值越高,产生的变形动画效果越平滑)。如果在设置"三角形"属性时选择了变形网格,则设置的数值仅对当前的变形网格产生作用；如果当前没有选择变形网格，则设置的数值将对之后的变形网格产生作用。

第7点：如果要将原来的变形网格轮廓进行缩放，可以在"工具"面板中调整"扩展"属性值。如果在设置"扩展"属性时选择了变形网格，则变形网格轮廓缩放操作仅对当前变形网格产生作用；如果没有选择变形网格，则变形网格轮廓缩放操作将对下一个网格变形设置产生作用。

12.2.2 操控叠加工具

当对图像进行变形时，有时需要让图像的两部分发生交叠，这就涉及到了图像交叠的前后问题。例如制作一个招手的变形动画，招手的时候手应该放在人脸的前面，这时就需要使用到"操控叠加工具"，如图12-73所示。

图12-73

技巧与提示

在使用"操控叠加工具"时，应该将控制点应用在最原始的图像轮廓上，而不是应用在已经变形后的图像轮廓上。"操控叠加工具"在"工具"面板中包含两个属性，其中"至前"属性主要用来设置交叠的前后，正值为前，负值为后；"扩展"属性主要用来设置"操控叠加工具"的影响范围。

12.2.3 操控扑粉工具

当对图像的某一部分进行变形操作时，在图像的其他部分可能并不需要发生变形。例如在制作一个招手动画时，会保持手臂的硬度，而不是随意变形，这时就可以使用"操控扑粉工具"来让部分图像不受变形的影响，如图12-74所示。

图12-74

在使用"操控扑粉工具"时，应该将控制点应用在最原始的图像轮廓上，而不是应用在已经变形后的图像轮廓上。"操控扑粉工具"在"工具"面板中包含两个属性，其中"数量"属性主要用来设置硬度，其值越大，固定控制点的控制效果越明显；"扩展"属性主要用来设置"操控扑粉工具"的影响范围。

当创建完一个变形控制点之后，After Effects会自动为变形点的"位置"属性创建关键帧，如图12-75所示。

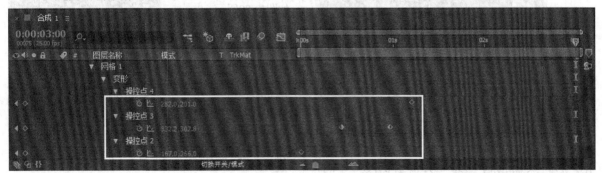

图12-75

使用操控工具手动制作变形动画的步骤如下。

第1步：在"时间轴"面板中选择需要制作变形动画的图层。

第2步：在"合成"面板或"图层"面板中使用操控工具在光栅图层的不透明区域单击鼠标左键，此时操控工具将自动为图层添加一个"操控"滤镜，并且会自动跟踪图层的Alpha通道信息，创建出变形网格。如果在矢量图层的封闭路径内部单击鼠标左键，该图层会自动增加一个"操控"滤镜，并且会根据封闭路径的轮廓来定义网格范围。

第3步：在物体轮廓内多次单击鼠标左键，创建出多个变形控制点。

第4步：在时间标尺的其他地方改变一个或多个变形控制点的位置，创建出位移动画，然后重复这个步骤，直到完成所有的动画。

课堂案例

极轴旋转动画

案例位置　案例文件>第12章>课堂案例——极轴旋转动画.aep
素材位置　素材>第12章>课堂案例——极轴旋转动画
难易指数　★★★☆☆
学习目标　学习如何使用"百叶窗"和"极坐标"滤镜制作放射线动画

极轴旋转动画效果如图12-76所示。

图12-76

01 新建合成，设置"合成名称"为"卡通背景"、"预设"为PAL D1/DV、"持续时间"为8秒，然后单击"确定"按钮，如图12-77所示。

图12-77

02 新建一个纯色图层，设置"名称"为"高光"、"宽度"为1500像素、"高度"为1800像素、"颜色"为（R:87, G:80, B:1），然后单击"确定"按钮，如图12-78所示。

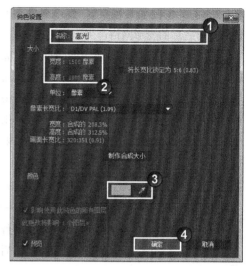

图12-78

03 选择"高光"图层，然后执行"效果>过渡>百叶窗"菜单命令，在"效果控件"面板中设置"过渡完成"为75%、"宽度"为95，如图12-79所示。

图12-79

04 选择"高光"图层，然后执行"效果>扭曲>极坐标"菜单命令，在"效果控件"面板中设置"插值"为100%、"转换类型"为"矩形到极线"，如图12-80所示。

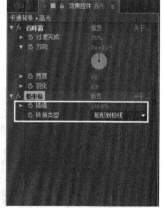

图12-80

05 选择"高光"图层，设置"位置"为（350，634），然后在第0帧处设置"旋转"为（0×0°），并激活关键帧，接着在第8秒处设置"旋转"为（0×183°），如图12-81所示。

图12-81

06 复制"高光"图层,设置其"名称"为"阴影"、"宽度"为1500像素、"高度"为1800像素、"颜色"为(R:65,G:42,B:1),然后单击"确定"按钮,如图12-82所示。

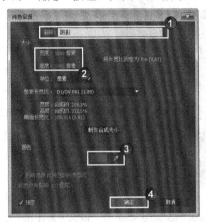

图12-82

07 选择"阴影"图层,然后为"旋转"属性添加下列表达式,如图12-83所示。

```
transform.rotation-3;
```

图12-83

08 创建一个名为"背景"的纯色图层,然后将其移至底层,接着执行"效果>生成>梯度渐变"菜单命令,最后在"效果控件"面板中设置"渐变起点"为(366,508)、"起始颜色"为(R:69,G:30,B:1)、"渐变终点"为(356,-15)、"结束颜色"为(R:27,G:12,B:10)、"渐变形状"为"径向渐变",如图12-84所示。

图12-84

09 为合成添加一个动态背景,然后渲染并输出动画,最终效果如图12-85所示。

图12-85

🎬 课堂案例

打造水波Logo

案例位置	案例文件>第12章>课堂案例——打造水波Logo.aep
素材位置	素材>第12章>课堂案例——打造水波Logo
难易指数	★★★☆☆
学习目标	学习如何使用"波形环境"和"焦散"滤镜制作水波Logo动画

水波Logo变形动画效果如图12-86所示。

图12-86

① 新建合成，设置"合成名称"为"Logo动画"、"预设"为PAL D1/DV、"持续时间"为5秒，然后单击"确定"按钮，如图12-87所示。

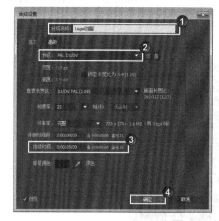

图12-87

② 创建文本图层，然后输入文字信息，接着在"字符"面板中设置字体为"方正大黑_GBK"、字号为60像素、颜色为白色，如图12-88所示。

图12-88

③ 新建合成，设置"合成名称"为"水波动画"、"预设"为PAL D1/DV、"持续时间"为5秒，然后单击"确定"按钮，如图12-89所示。

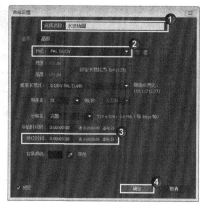

图12-89

④ 新建一个纯色图层，然后执行"效果>模拟>波形环境"菜单命令，接着在"效果控件"面板中设置"视图"为"高度地图"，再展开"线框控制"属性组，设置"水平旋转"为（0×29°）、"垂直旋转"为（0×29°），最后展开"高度映射控制"属性组，设置"对比度"为0.55，如图12-90所示。

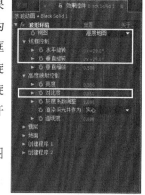

图12-90

⑤ 展开"模拟"属性组，设置"网格分辨率"为60、"波形速度"为0.8，然后取消勾选"网格分辨率降低采样"选项，接着展开"创建程序 1"属性组，设置"高度/长度"为0.12、"宽度"为0.12、"振幅"为0.5、"相位"为（0×-50°），如图12-91所示。

图12-91

⑥ 在第0帧处激活"振幅"属性的关键帧，然后在第2帧处设置"振幅"为0，如图12-92所示，效果如图12-93所示。

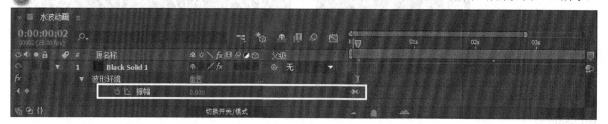

图12-92

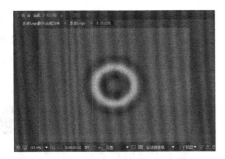

图12-93

07 新建合成,设置"合成名称"为"水波Logo"、"预设"为PAL D1/DV、"持续时间"为5秒,然后单击"确定"按钮,如图12-94所示。

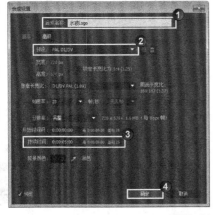

图12-94

08 将"Logo动画"和"水波动画"合成拖曳到"水波Logo"合成中,然后隐藏"水波动画"图层,如图12-95所示。

图12-95

09 选择"Logo动画"图层,然后执行"效果>模拟>焦散"菜单命令,接着在"效果控件"面板中展开"底部"属性组,设置"底部"为"无",最后展开"水"属性组,设置"水面"为"2.水波动画"、"波形高度"为0.3、"平滑"为10、"水深度"为0.25、"折射率"为1.5、"表面颜色"为白色、"表面不透明度"为0、"焦散强度"为0.8,如图12-96所示。

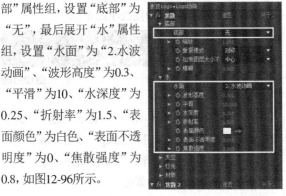

图12-96

10 展开"天空"属性组,设置"强度"为0、"融合"为0,然后展开"灯光"属性组,设置"灯光强度"为0,如图12-97所示,效果如图12-98所示。

图12-97　　　　　　　　　　图12-98

11 新建一个调整图层,然后执行"效果>风格化>发光"菜单命令,接着在"效果控件"面板中设置"发光阈值"为20%、"发光半径"为50、"发光强度"为5、"颜色 A"为(R:12,G:58,B:66)、"颜色 B"为(R:0,G:40,B:100),如图12-99所示,效果如图12-100所示。

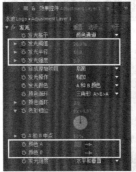

图12-99　　　　　　　　　　图12-100

12 新建合成,设置"合成名称"为"最终合成"、"预设"为PAL D1/DV、"持续时间"为5秒,然后单击"确定"按钮,如图12-101所示。

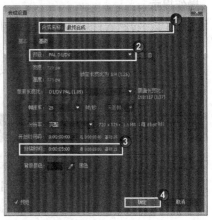

图12-101

(13) 导入下载资源中的"素材>多媒体教学>第12章>课堂案例——打造水波Logo>13.mov"文件，然后将该文件和"水波Logo"合成拖曳到"最终合成"中，如图12-102所示。

图12-102

(14) 选择13.mov图层，然后使用"椭圆工具" ⚪绘制一个如图12-103所示的蒙版，接着设置"蒙版羽化"为（200，200），如图12-104所示。

图12-103　　　　　　图12-104

(15) 渲染并输出动画，最终效果如图12-105所示。

图12-105

📝 课堂练习

熔化Logo动画

案例位置　案例文件>第12章>课堂练习——熔化Logo动画.aep
素材位置　素材>第12章>课堂练习——熔化Logo动画
难易指数　★★★☆☆
学习目标　学习使用"置换图"和"发光"滤镜制作熔化Logo动画

熔化Logo动画效果如图12-106所示。

图12-106

操作提示

第1步：打开"素材>第12章>课堂练习——熔化Logo动画>课堂练习——熔化Logo动画_I.aep"项目合成。

第2步：为文字添加"置换图"和"发光"滤镜制作熔化效果。

12.3　本章小结

滤镜是制作动画必不可少的工具。本章主要讲解了AE中自带的滤镜。其中，"扭曲"滤镜包主要讲解了"放大"滤镜、"置换图"滤镜、"改变形状"滤镜、"液化"滤镜以及"贝塞尔曲线变形"滤镜；操控工具主要讲解

了"操控点工具" 📍、"操控叠加工具" 🖊和"操控扑粉工具" 🖊。滤镜是AE的精髓，动态变形部分的滤镜同样是AE的重要组成部分。希望大家认真学习课堂案例，练习课堂以及课后习题。

12.4　课后习题

鉴于本章的重要性，安排了两个课后综合习题，也是工作常用到的滤镜。基本上包含了本章的重点知识，希望大家课后认真去练习。用各种滤镜制作出更多、更好的效果。

📝 课后习题

12.4.1　穿梭时空

习题位置　案例文件>第12章>课后习题1——穿梭时空.aep
素材位置　素材>第12章>课后习题1——穿梭时空
难易指数　★★★★☆
练习目标　练习使用"极坐标"和"改变形状"滤镜制作时空穿梭动画

时空穿梭动画效果如图12-107所示。

图12-107

操作提示

第1步：打开"素材>第12章>课后习题——穿梭时空>课后习题——穿梭时空_I.aep"项目合成。

第2步：为"材质"图层添加"极坐标"和"改变形状"滤镜制作光效动画。

第3步：使用"色光"滤镜添加色彩。

📝 课后习题

12.4.2　数字时代

习题位置　案例文件>第12章>课后习题2——数字时代.aep
素材位置　素材>第12章>课后习题2——数字时代
难易指数　★★★★☆
练习目标　练习使用"分形杂色"和"三色调"滤镜制作分形云彩背景滤镜以及使用"百叶窗"滤镜和CC Lens滤镜制作透镜数字动画

数字时代动画效果如图12-108所示。

图12-108

操作提示

第1步：打开"素材>第12章>课后习题——数字时代>课后习题——数字时代_I.aep"项目合成。

第2步：使用"分形杂色"滤镜制作背景，然后使用"三色调"滤镜添加颜色。

第3步：使用"百叶窗"和CC Lens滤镜增加背景细节。

第13章

粒子与碎片的世界

本章主要讲解了"粒子运动场"滤镜、CC Particle World（CC粒子仿真世界）滤镜以及"碎片"滤镜的使用方法与技巧等。

课堂学习目标

掌握"粒子运动场"滤镜的使用方法与技巧

掌握CC Particle World（CC粒子仿真世界）滤镜的使用方法与技巧

掌握"碎片"滤镜的使用方法与技巧

13.1 粒子概述

在影视后期制作中，经常会涉及粒的制作，不管是在三维软件中使用粒子系统来制作粒子滤镜，还是在After Effects中使用粒子滤镜制作粒子滤镜，繁杂的属性总是让人望而生畏。但是只要掌握了粒子滤镜的制作原理与技巧，那么操作起来就比较容易了，图13-1所示是使用After Effects的粒子滤镜制作的粒子与烟雾滤镜。

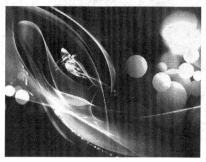

图13-1

13.2 常用粒子滤镜

13.2.1 粒子运动场滤镜

使用"粒子运动场"滤镜可以制作出大量的粒子效果，比如成群的蜜蜂或暴风雪之类的滤镜，如图13-2所示。

图13-2

技巧与提示

当创建完成一个粒子效果后，无论创建的是粒子流、粒子图层，还是从已经存在的图层中创建新粒子，都可以通过修改属性来改变粒子的效果。

在"效果控件"面板中展开"粒子运动场"滤镜的属性，如图13-3所示。

图13-3

1.发射属性组

"发射"粒子可以在图层的指定点中创建粒子流效果，如图13-4所示。"发射"属性组是系统默认的粒子，其发射器是一个点，图13-5所示是"发射"属性组中的属性。

图13-4　　　　　　　　　图13-5

位置：设置产生"发射"粒子的起始点位置。

圆筒半径：设置"发射"粒子的扩散范围，数值越大，创建的粒子越发散；数值越小，粒子越集中。负值可以创建一个圆形的扩散范围，正值可以创建一个矩形的扩散范围。

每秒粒子数：设置每秒发射粒子的数量。

方向：设置粒子的发射方向。

随机扩散方向：设置粒子发射方向的随机范围。

速率：设置粒子的发射速度。

随机扩散速率：设置粒子速度的随机范围。

颜色：设置粒子的颜色。

粒子半径：设置粒子的大小。

2.网格属性组

"网格"粒子可以在交叉网格中创建出连续的粒子阵列，粒子的运动完全取决于"重力""排斥""墙"和"图层映射"属性组中的属性设置。

在一般情况下，"重力"属性都处于开启状态，所以默认状态下的粒子在网格上是从上向下运动的，图13-6所示是使用"网格"粒子制作的粒子文字效果。展开"网格"属性组，如图13-7所示。

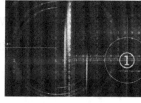 

图13-6　　　　　　　　　图13-7

位置：设置网格的中心位置。

宽度/高度：根据网格的中心位置设置网格粒子的宽度和高度范围。

粒子交叉/下降：指定网格粒子在网格分布区域内水平和垂直方向上的粒子数量。

颜色：设置粒子的颜色。

粒子半径：设置粒子的大小或文字粒子的大小。当将一个图层设置为粒子时，该属性不会产生任何作用。

3.图层/粒子爆炸属性组

"图层爆炸"和"粒子爆炸"属性组中的属性可以从已存在的图层或粒子中创建出新的粒子，如图13-8所示。

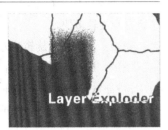

图13-8

使用"图层爆炸"属性可以在一个图层中创建出新的粒子，而使用"粒子爆炸"属性可以从已有的粒子中分裂出新的粒子。这两种粒子的运动也完全取决于"重力""排斥""墙"和"图层映射"属性组中的属性设置，图13-9所示是"图层爆炸"和"粒子爆炸"的属性。

图13-9

引爆图层：指定需要发射粒子的图层。

新粒子的半径：设置分裂出来的粒子的半径大小，其值必须小于原始图层或原始粒子的半径大小。

分散速度：设置粒子速度变化的最大范围。值越大，粒子分散得越开。

影响：设置哪部分粒子将受到"图层爆炸"和"粒子爆炸"属性的影响。

4.图层映射属性组

在默认情况下，"发射""网格""图层爆炸"和"粒子爆炸"所产生的粒子都是圆点粒子，但是"图层映射"属性组可以使用合成中的图层来替代圆点粒子。比如在合成中有一个鱼游动的图层，那么就可以利用"图层映射"替代图层中的圆点粒子来制作出鱼群游动的动画，如图13-10所示。展开"图层映射"属性组中的属性，如图13-11所示。

图13-10　　　　　图13-11

使用图层：指定要替代圆点粒子的图层。

时间偏移类型：设置多帧图层的时间偏移量。

时间偏移：设置时间的偏移量。

影响：设置哪部分粒子将受到"图层映射"属性的影响。

粒子来源：可以在下拉列表中选择粒子发生器，或选择其粒子受当时选项影响的粒子发射器组合。

选区映射：在下拉列表中指定一个映射层，来决定在当前选项下影响哪些粒了。选择是根据层中的每个像索的亮度决定的，当粒子穿过不同亮度的映射层时，粒子所受的影响不同。

字符：在下拉列表中可以指定受当前选项影响的字符的文本区域。只有在将文本字符作为粒子使用时才有效。

更老/更年轻，相：指定粒子的年龄阈值。正值影响较老的粒子，而负值影响年轻的粒子。

年限羽化：以秒为单位指定一个时间范围，该范围内所有老的和年轻的粒子都被羽化或柔和，产生一个逐渐而非突然的变化效果。

5.重力属性组

通过"重力"属性组可以设定重力场，从而影响粒子的运动方向。粒子在重力场的作用下进行加速运动，可以用来模拟雨、雪以及香槟泡沫的上升动画效果，图13-12所示是"重力"属性组中的属性。

图13-12

力：设置力场的力的大小。值越大，力场的拉力就越大；值越小，力场的拉力就越小。

随机扩散力：设置力的随机扩散范围。

方向：设置力场拉力的方向，默认值为180°。

6.排斥属性组

通过设置"排斥"属性，可以决定粒子在指定范围内是产生相互吸引还是产生相互排斥的效果，图13-13所示的是"排斥"属性组中的属性。

图13-13

力：设置斥力的大小。值越大，排斥的效果越明显。

技巧与提示

注意，如果设置"力"数值为负值，则会产生粒子互相吸引的效果。

力半径：设置粒子发生排斥的范围。

排斥物：指定在受"影响"属性影响的粒子中，哪些粒子互相排斥，哪些粒子互相吸引。

7.墙属性组

"墙"属性主要用来设置粒子所受到的障碍，当粒子撞击到障碍物时会发生反弹现象，图13-14所示的是"墙"属性组中的属性。

图13-14

边界：从下拉列表中指定一个封闭区域作为边界墙。

8.永久属性映射器

该属性用于指定持久性的属性映射器。在另一种影响力或运算出现之前，持续改变粒子的属性，其属性控制如图13-15所示。

图13-15

使用图层作为映射：指定一个层作为影响粒子的层映射。

影响：指定哪些粒子受选项影响。在"将红色映射为/将绿色映射为/将蓝色映射为"中，可以通过选择下拉列表中指定层映射的RGB通道来控制粒子的属性。当设置其中一个选项作为指定属性时，粒子运动场将从层映射中拷贝该值并将它应用到粒子。

将红色映射为：设置红色通道映射的类型。

无：不改变粒子。

红/绿/蓝：拷贝粒子的R、G、B通道的值。

动态摩擦：拷贝运动物体的阻力值，增大该值可以减慢或停止运动的粒子。

静态摩擦：拷贝粒子不动的惯性值。

角度：拷贝粒子移动方向的一个值。

角速度：拷贝粒子旋转的速度，该值决定了粒子绕自身旋转多快。

扭矩：拷贝粒子旋转的力度。

缩放：拷贝粒子沿着x轴、y轴缩放的值。

X/Y缩放：拷贝粒子沿x轴或y轴缩放的值。

X/Y：拷贝粒子沿着x轴或y轴的位置。

渐变速度：拷贝基于层映射在x轴或y轴运动面上的区域的速度调节。

X/Y速度：拷贝粒子在x轴向或y轴向的速度，即水平方向速度或垂直方向的速度。

梯度力：拷贝基于层映射在x轴或y轴运动区域的力度调节。

X/Y力：拷贝沿x轴或y轴运动的强制力。

不透明度：拷贝粒子的透明度。值为0时全透明，值为1时不透明，可以通过调节该值使粒子产生淡入或淡出效果。

质量：拷贝粒子聚集，通过所有粒子的相互作用调节张力。

寿命：拷贝粒子的生存期，默认的生存期是无限的。

字符：拷贝对应于ASCll文本字符的值，通过在层映射上涂抹或画灰色阴影指定哪些文本字符显现。值为0叫不产生字符，对于U.S English字符，使用值从32~127。仅当用文本字符作为粒子时可以这样用。

字体大小：拷贝字符的点大小，当用文本字符作为粒子时才可以使用。

时间偏移：拷贝层映射属性用的时间位移值。

缩放速度：拷贝粒子沿着x轴、y轴缩放的速度。正值扩张粒子，负值收缩粒子。

9.短暂属性映射器

该属性用于指定短暂性的属性映射器。可以指定一种算术运算来扩大、减弱或限制结果值，其属性控制如图13-16所示。
该属性与"永久属性映
射器"的调节参数基本
相同，相同的参数请参
考"永久属性映射器"
的参数解释。

图13-16

课堂案例

粒子碰撞动画

案例位置　案例文件>第13章>课堂案例——粒子碰撞动画.aep
素材位置　素材>第13章>课堂案例——粒子碰撞动画
难易指数　★★★☆☆
学习目标　学习如何使用"粒子运动场"滤镜制作粒子下落与碰撞动画

粒子碰撞动画效果如图13-17所示。

图13-17

01 导入下载资源中的"素材>第13章>课堂案例——粒
子碰撞动画>酒杯.eps/酒瓶.eps"文件，然后新建合成，
设置"合成名称"为"粒子碰撞"、"预设"为PAL D1/
DV、"持续时
间"为10秒，
接着单击"确
定"按钮，如图
13-18所示。

图13-18

02 将酒杯和酒瓶素材拖曳到"粒子碰撞"合成
中，然后在"合成"预览窗口中调整好这两张素材
的角度、位置
和大小，如图
13-19所示。

图13-19

03 新建一个名为"pp粒子"的纯色图层，然后执
行"效果>模拟>粒子运动场"菜单命令，接着在
"效果控件"面板中单击"选项"蓝色字样，再在
打开的"粒子运动场"对话框中单击"编辑发射文
字"按钮，并在打开的"编辑发射文字"对话框中输
入文字信息，选择"循环文字"和"随机"选项，最
后单击"确定"按钮关闭对话框，如图13-20所示。

 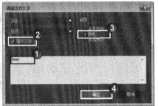

图13-20

04 展开"发射"属性组，
然后设置"位置"为（299，
141）、"每秒粒子数"为10、
"方向"为（0×-98°）、"速
率"为20、"颜色"为（R:87，
G:98, B:16）、"字体大小"为
15，如图13-21所示。

图13-21

05 展开"重力"属性组，
然后设置"力"为10，如图
13-22所示，预览效果如图
13-23所示。

图13-22

图13-23

06 从图13-23中可见，粒子直接穿过杯子，因此要为粒子添加碰撞效果。选择"pp粒子"图层，然后使用"钢笔工具"在"合成"面板中沿着酒杯边缘绘制一个如图13-24所示的蒙版。

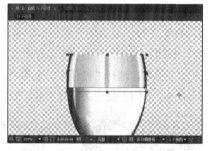

图13-24

07 展开"粒子运动场"滤镜下的"墙"属性组，然后设置"边界"为"蒙版1"，如图13-25所示。这样粒子就会倒入酒瓶内，并且会产生反弹和旋转效果。

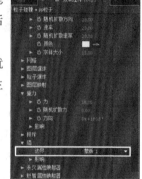

图13-25

08 在"时间轴"窗口中按快捷键Ctrl+Shift+A，确保没有选择任何图层，然后在"合成"面板中使用"钢笔工具"绘制一个如图13-26所示的形状。

图13-26

09 选择"pp粒子"图层，然后展开"永久属性映射器"属性组，设置"使用图层作为映射"为"1.形状图层1"、"将红色映射为"为"寿命"、"最小值"为4、"最大值"为5，如图13-27所示。

图13-27

10 选择"pp粒子"图层，然后执行"效果>风格化>发光"菜单命令，效果如图13-28所示。

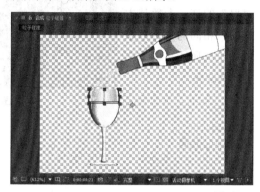

图13-28

11 隐藏"形状图层1"，然后新建纯色图层，将其移至底层，接着执行"效果>生成>梯度渐变"菜单命令，最后在"效果控件"面板中设置"渐变起点"为（525,0）、"起始颜色"为（R:10, G:34, B:47）、"渐变终点"为（525, 615）、"结束颜色"为白色，如图13-29所示。

图13-29

12 渲染并输出动画，最终效果如图13-30所示。

图13-30

课堂案例

文字堆积动画

案例位置	案例文件>第13章>课堂案例——文字堆积动画.aep
素材位置	素材>第13章>课堂案例——文字堆积动画
难易指数	★★★☆☆
学习目标	学习如何使用"粒子运动场"滤镜制作堆积动画

文字堆积动画效果如图13-31所示。

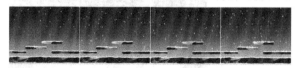

图13-31

01 新建合成，设置"合成名称"为"文字堆积"、"预设"为PAL D1/DV、"持续时间"为10秒，然后单击"确定"按钮，如图13-32所示。

图13-32

02 创建一个名为"背景"的纯色图层，然后执行"效果>生成>梯度渐变"菜单命令，接着在"效果控件"面板中设置"渐变起点"为（360，0）、"起始颜色"为（R:0，G:9，B:15）、"渐变终点"为（360，576）、"结束颜色"为（R:75，G:97，B:100），如图13-33所示。

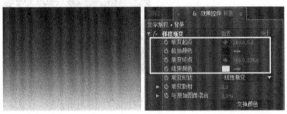

图13-33

03 在"时间轴"面板中按快捷键Ctrl+Shift+A，确保没有选择任何图层，然后使用"矩形工具"■在"合成"面板中绘制几个白色矩形，如图13-34所示。

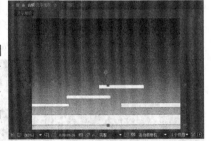

图13-34

04 选择"形状图层 1"，执行"效果>风格化>毛边"菜单命令，然后在"效果控件"中设置"边界"为15.6、"比例"为436，如图13-35所示。

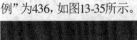

图13-35

05 新建一个名为"文字粒子"的纯色图层，然后执行"效果>模拟>粒子运动场"菜单命令，接着在"效果控件"面板中单击"选项"蓝色字样，再在打开的 "粒子运动场"对话框中单击"编辑发射文字"按钮，并在打开的"编辑发射文字"对话框中输入文字信息，选择"循环文字"和"随机"选项，最后单击"确定"按钮关闭对话框，如图13-36所示。

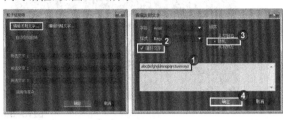

图13-36

06 展开"发射"属性组，然后设置"位置"为（374.8，-500）、"圆筒半径"为500、"方向"为（0×180°）、"速率"为300、"颜色"为白色，接着展开"重力"属性组，设置"力"为0，如图13-37所示。

图13-37

07 展开"永久属性映射器"属性组，设置"使用图层作为映射"为"1.形状图层 1"、"将红色映射为"为"Y速度"、"最大值"为-1、"将绿色映射为"为"X速度"、"最大值"为0，如图13-38所示。

图13-38

08 复制"形状图层 1",然后将复制出的形状图层放置在顶层,接着导入下载资源中的"素材>第13章>课堂案例——文字堆积动画>雪景03.jpg"文件,并将其拖曳到"时间轴"面板的第2层,最后设置"雪景03.jpg"的轨道遮罩为"Alpha 遮罩 形状图层 2",如图13-39所示。

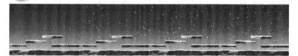

图13-39

09 渲染并输出动画,最终效果如图13-40所示。

图13-40

课堂练习

电子屏幕动画

案例位置	案例文件>第13章>课堂练习——电子屏幕动画.aep
素材位置	素材>第13章>课堂练习——电子屏幕动画
难易指数	★★☆☆☆
学习目标	学习使用"粒子运动场"滤镜制作电子屏幕动画

电子屏幕动画效果如图13-41所示。

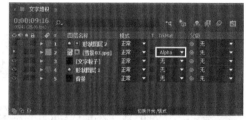

图13-41

操作提示

第1步:打开"素材>第13章>课堂练习——电子屏幕动画>课堂练习——电子屏幕动画_I.aep"项目合成。

第2步:为"点阵文字"合成中的"文字显示"图层添加"粒子运动场"滤镜,制作出点阵文字效果。

第3步:为"文字显示"图层添加"色调"和"发光"滤镜,制作出发光文字的效果。

13.2.2 碎片滤镜

"碎片"滤镜可以模拟出比较真实的爆炸效果,如图13-42所示。在"碎片"滤镜中,除了可以自定义爆炸的形状外,系统还提供了多种爆炸碎片形状供用户进行选择。

图13-42

在"效果控件"面板中展开"碎片"滤镜的属性,如图13-43所示。

图13-43

视图:设置爆炸效果在"合成"面板中的显示方式。

渲染:选择要进行渲染的元素。

1.形状属性组

"形状"属性组中的属性主要用来设置碎片的外形,如图13-44所示,该属性组中的属性如图13-45所示。

图13-44

图13-45

图案:下拉列表中提供了众多系统预制的碎片外形。

自定义碎片图:当在"图案"中选择了"自定义"后,可以在该选项的下拉列表中选择一个目标层,这个层将影响爆炸碎片的形状。

白色拼贴已修复：可以开启白色平铺的适配功能。

重复：指定碎片的重复数目，较大的数值可以分解出更多的碎片。

方向：设置碎片产生时的方向。

源点：指定碎片的初始位置。

凸出深度：指定碎片的厚度，数值越大，碎片越厚。

2.力属性组

"力"属性组中的属性主要用来定义爆炸的范围，如图13-46所示，该属性组中的属性如图13-47所示。

图13-46

图13-47

位置：设置爆炸在空间中的中心点。

深度：指定当前爆炸中心点在空间中的深度，也就是通常所说的z轴。

半径：指定爆炸的半径范围。

强度：设置碎片爆炸的强度。正值可以让碎片飞离爆炸点；负值可以让碎片向爆炸点靠拢。

3.渐变属性组

"渐变"属性组中的属性可以使用渐变贴图来控制爆炸的顺序，如图13-48所示。

图13-48

碎片阈值：指定碎片的容差值。

渐变图层：指定合成图像中的一个层作为爆炸渐变层。

反转渐变：反转渐变层。

4.物理学属性组

"物理学"属性组中的属性主要用来设置碎片在空间中的运动作用力，如图13-49所示。

图13-49

旋转速度：指定爆炸产生的碎片的旋转速度。值为0时不会产生旋转。

倾覆轴：指定爆炸产生的碎片如何翻转。可以将翻转锁定在某个坐标轴上，也可以选择自由翻转。

随机性：用于控制碎片飞散的随机值。

粘度：控制碎片的粘度。

大规模方差：控制爆炸碎片集中的百分比。

重力：为爆炸施加一个重力。如同自然界中的重力一样，爆炸产生的碎片会受到重力影响而坠落或上升。

重力方向：指定重力的方向。

重力倾向：给重力设置一个倾斜度。

5.纹理属性组

"纹理"属性组中的属性主要用来设置碎片的纹理，如图13-50所示。

图13-50

颜色：设置碎片的颜色。

不透明度：设置相应贴图的不透明度，通过该属性可以制作出半透明材质。

正面/侧面/背面模式：设置碎片正面/侧面/背面的外观模式。

正面/侧面/背面图层：设置碎片正面/侧面/背面的图层贴图。

6.摄像机系统属性组

在渲染三维图像时，"摄像机系统"属性组用来指定使用的三维摄像机，如图13-51所示。

图13-51

摄像机系统： 控制用于爆炸特效的摄像机系统，在其下拉列表中选择不同的摄像机系统，产生的效果也不同。

摄像机位置： 当选择"摄像机位置"作为摄像机系统时，可以激活其相关属性。

X/Y/Z轴旋转： 控制摄像机在x轴、y轴、z轴上的旋转角度。

X、Y/Z位置： 控制摄像机在三维空间的位置属性。可以通过参数控制摄像机的位置，也可以通过在合成图像中移动控制点来确定其位置。

焦距： 控制摄像机的焦距。

变换顺序： 指定摄像机的变换顺序。

7.灯光属性组

"灯光"属性组中的属性主要用来设置碎片在空间中的灯光，如图13-52所示。

图13-52

灯光类型： 指定特效使用灯光的方式。"点"表示使用点光源照明方式，"远光源"表示使用远光照明方式，"首选合成灯光"表示使用合成图像中的第一盏灯作为照明方式。使用"首选合成灯光"时，必须确认合成图像中已经建立了灯光。

灯光强度： 控制灯光照明强度。

灯光颜色： 指定灯光的颜色。

灯光位置： 指定灯光光源在空间中x轴、y轴的位置，默认在层中心位置。通过改变其参数或拖动控制点可以改变它的位置。

灯光深度： 控制灯光在z轴上的深度位置。

环境光： 指定灯光在层中的环境光强度。

8.材质

"材质"属性组中的属性主要用来设置碎片的材质，包括反射和高光等属性，如图13-53所示。

图13-53

漫反射： 控制漫反射强度。

镜面反射： 控制镜面反射强度。

高光锐度： 控制高光锐化强度。

课堂案例

枫叶飘落动画

案例位置	案例文件>第13章>课堂案例——枫叶飘落动画.aep
素材位置	素材>第13章>课堂案例——枫叶飘落动画
难易指数	★★☆☆☆
学习目标	学习如何使用"碎片"滤镜制作飘落动画以及调整画面的对比度与色调

枫叶飘落动画效果如图13-54所示。

图13-54

01 新建合成，设置"合成名称"为"各种枫叶"、"预设"为PAL D1/DV、"持续时间"为5秒，然后单击"确定"按钮，如图13-55所示。

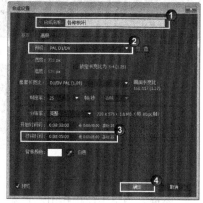

图13-55

02 导入下载资源中的"素材>第13章>课堂案例——枫叶飘落动画>枫叶.psd"文件，然后将其拖曳到"各种枫叶"合成中，接着复制出14个"枫叶.psd"图层，并调整好各个枫叶的角度和位置，如图13-56所示。

图13-56

03 新建合成，设置"合成名称"为"枫叶蒙版"、"预设"为PAL D1/DV、"持续时间"为5秒，然后单击"确定"按钮，如图13-57所示。

图13-57

04 将"各种枫叶"合成拖曳到"枫叶蒙版"合成中，然后执行"效果>颜色校正>色调"菜单命令，接着在"效果控件"面板中设置"将黑色映射到"为白色，如图13-58所示。

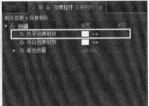

图13-58

05 选择"各种枫叶"图层，执行"效果>遮罩>简单阻塞工具"菜单命令，然后在"效果控件"面板中设置"阻塞遮罩"为2，如图13-59所示。

图13-59

06 新建合成，设置"合成名称"为"枫叶飘落"、"预设"为PAL D1/DV、"持续时间"为5秒，然后单击"确定"按钮，如图13-60所示。

图13-60

07 将"各种枫叶"合成和"枫叶蒙版"合成拖曳到"枫叶飘落"合成中，然后隐藏"枫叶蒙版"图层，如图13-61所示。

图13-61

08 选择"各种枫叶"图层，然后执行"效果>模拟>碎片"菜单命令，接着在"效果控件"面板中设置"视图"为"已渲染"，最后展开"形状"属性组，设置"图案"为"自定义"、"自定义碎片图"为"5.枫叶蒙版"、"凸出深度"为0，如图13-62所示。

图13-62

⑨ 展开"作用力 1"属性组，设置"深度"为0.3、"半径"为0.83、"强度"为5，然后展开"物理学"属性组，设置"旋转速度"为0.2、"倾覆轴"为"自由"、"随机性"为0.1、"粘度"为0.1、"大规模方差"为30%、"重力"为3，如图13-63所示。

图13-63

⑩ 新建摄像机，设置"胶片大小"为36毫米、"焦距"为21.45毫米，然后选择"启用景深"选项，接着设置"焦距"为1897.16毫米，最后单击"确定"按钮，如图13-64所示。

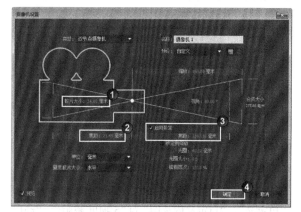

图13-64

⑪ 选择"各种枫叶"图层，然后设置"碎片"滤镜中的"摄像机系统"为"合成摄像机"，接着展开"灯光"属性组，设置"灯光位置"为（4.3，34.1）、"灯光深度"为8.5、"环境光"为0.87，如图13-65所示。

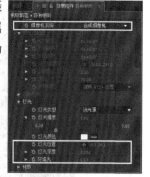

图13-65

⑫ 导入下载资源中的"素材>第13章>课堂案例——枫叶飘落动画>枫叶02.jpg"文件，然后将其拖曳到"枫叶飘落"合成中，作为合成的背景，接着开启该图层的"3D图层"功能，如图13-66所示。

图13-66

？ **技巧与提示**

由于合成中的摄像机开启了景深功能，所以将背景设置为三维图层后，背景上就产生了景深效果。

⑬ 选择"各种枫叶"图层，然后执行"效果>颜色校正>曲线"菜单命令，接着在"效果控件"面板中调整曲线的形状，如图13-67所示。

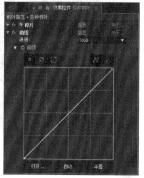

图13-67

⑭ 复制一个"各种枫叶"图层，然后展开"碎片"滤镜下的"作用力 1"属性组，设置"深度"为0.1、"半径"为1、"强度"为5，接着展开"物理学"属性组，设置"旋转速度"为0.3、"重力"为0.2，如图13-68所示。

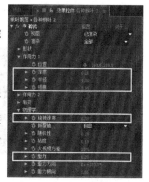

图13-68

⑮ 选择"各种枫叶 2"图层，然后执行"效果>模糊和锐化>高斯模糊"菜单命令，接着在"效果控件"面板中设置"模糊度"为3，如图13-69所示。

图13-69

⑯ 新建一个调整图层，然后执行"效果>颜色校正>曲线"菜单命令，接着在"效果控件"面板中调整曲线的形状，如图13-70所示。

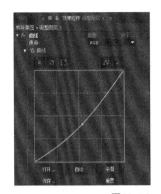

图13-70

⑰ 渲染并输出动画，最终效果如图13-71所示。

图13-71

🎬 课堂案例

人物碎片化

案例位置	案例文件>第13章>课堂案例——人物碎片化.aep
素材位置	素材>第13章>课堂案例——人物碎片化
难易指数	★★★☆☆
学习目标	学习如何使用"碎片"滤镜制作碎片散开动画

人物碎片化效果如图13-72所示。

图13-72

① 新建合成，设置"合成名称"为"破碎动画"、"预设"为PAL D1/DV、"持续时间"为6秒，然后单击"确定"按钮，如图13-73所示。

图13-73

② 导入下载资源中的"素材>第13章>课堂案例——人物碎片化>背景01.jpg"文件，然后将其拖曳到"破碎动画"合成中，接着执行"效果>颜色校正>曲线"菜单命令，最后在"效果控件"面板中调整曲线的形状，如图13-74所示。

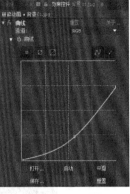

图13-74

③ 创建一个名为Ramp的纯色图层，然后执行"效果>生成>梯度渐变"菜单命令，接着在"效果控件"面板中设置"渐变形状"为"径向渐变"，如图13-75所示。

图13-75

④ 选择Ramp图层，然后按快捷键Ctrl+Shift+C，在打开的"预合成"对话框中设置"新合成名称"为Gradient Map，接着选择"将所有属性移动到新合成"选项，最后单击"确定"按钮，如图13-76所示。

图13-76

⑤ 导入下载资源中的"素材>第13章>课堂案例——人物碎片化>美女.psd"文件，然后将该文件拖曳到"破碎动画"合成中，接着为其执行"效果>遮罩>简单阻塞工具"菜单命令，最后在"效果控件"面板中设置"阻塞遮罩"为2，如图13-77所示。

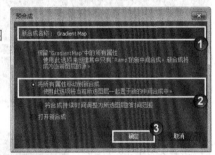

图13-77

06 选择"美女.psd"图层，按快捷键Ctrl+Shift+C新建预合成，在打开的"预合成"对话框中设置"新合成名称"为"美女"，接着选择"将所有属性移动到新合成"选项，最后单击"确定"按钮，如图13-78所示。

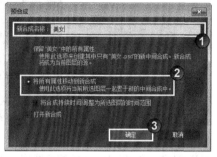

图13-78

图13-79

07 选择"美女"图层，为其执行"效果>模拟>碎片"菜单命令，然后在"效果控件"面板中设置"视图"为"已渲染"、"渲染"为"图层"，接着展开"形状"属性组，设置"图案"为"六边形"、"自定义碎片图"为"无"、"重复"为100、"凸出深度"为0.1，并选择"白色拼贴已修复"选项，最后展开"作用力 1"属性组，设置"位置"为（362.4，568）、"深度"为0.2、"半径"为2、"强度"为5.7，如图13-79所示。

08 展开"渐变"属性组，设置"渐变图层"为3. Gradient Map，然后展开"物理学"属性组，设置"随机性"为0.2、"重力"为2、"重力倾向"为80，如图13-80所示。

图13-80

09 在第0帧处激活"碎片"滤镜下的"渐变>碎片阈值"属性的关键帧，然后在第5秒处设置"碎片阈值"为100%，如图13-81所示。

图13-81

10 复制一个"美女"图层，将其命名为"美女 2"，然后设置"美女 2"图层的"碎片"滤镜的"渲染"为"块"，如图13-82所示。

图13-82

11 选择"美女 2"图层，然后执行"效果>Trapco de>Shine"菜单命令，接着在"效果控件"面板中设置Boost Light（灯光增益）为10，再展开Colorize（彩色化）属性组，设置Colorize（彩色化）为Enlightenment（启发），最后设置Transfer Mode（传递模式）为Add（相加），如图13-83所示。

图13-83

⑫ 新建一个调整图层，然后执行"效果>模糊和锐化>高斯模糊"菜单命令，接着在"效果控件"面板中设置"模糊度"为15，如图13-84所示。再将调整图层移至"背景01.jpg"的上一层，最后隐藏Gradient Map图层，如图13-85所示。

图13-84

图13-85

⑬ 渲染并输出动画，效果如图13-86所示。

图13-86

 课堂案例

沙化文字滤镜

案例位置	案例文件>第13章>课堂案例——沙化文字滤镜. aep
素材位置	素材>第13章>课堂案例——沙化文字滤镜
难易指数	★★★☆☆
学习目标	学习如何使用遮罩功能制作风滤镜以及使用"粒子运动场"滤镜制作沙化文字滤镜

沙化文字动画效果如图13-87所示。

图13-87

① 新建合成，设置"合成名称"为wind、"宽度"为320 px、"高度"为240 px、"持续时间"为4秒，然后单击"确定"按钮，如图13-88所示。

图13-88

② 新建一个白色的纯色图层，然后使用"钢笔工具" 在纯色图层上绘制一个如图13-89所示的蒙版。

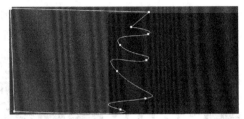

图13-89

③ 展开纯色图层的"蒙版"属性组，然后设置"蒙版羽化"为（15，15），接着在第0帧处激活"蒙版路径"属性的关键帧，最后在第2秒处设置蒙版的形状，如图13-90所示。

图13-90

④ 新建合成，设置"合成名称"为"沙化文字"、"宽度"为320 px、"高度"为240 px、"持续时间"为4秒，然后单击"确定"按钮，如图13-91所示。

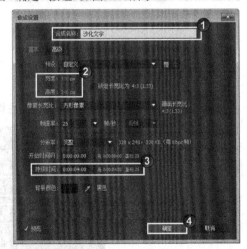

图13-91

 技巧与提示

因为本例使用的是图层爆炸粒子，所以产生的粒子相对比较多，渲染时间也要长一些，为了缓解渲染压力，所以设置的合成尺寸比较小。

05 使用"横排文字工具"T在"合成"面板中输入文字信息，然后在"字符"面板中设置字体为"方正超粗黑_GBK"、颜色为白色、字号为50像素，接着激活"仿粗体"功能，如图13-92所示。

图13-92

06 将Wind合成拖曳到"沙化文字"合成中，将其放置在顶层，然后隐藏Wind图层，接着选择Sand图层，执行"效果>模拟>粒子运动场"菜单命令，并在"效果控件"面板中展开"发射"属性组，设置"每秒粒子数"为0，再展开"图层爆炸"属性组，设置"引爆图层"为2.Sand、"新粒子的半径"为0.5，最后展开"重力"属性组，设置"力"为0，如图13-93所示。

图13-93

07 在第0帧处激活"粒子运动场>图层爆炸>新粒子半径"属性的关键帧，然后在第5帧处设置"新粒子半径"为0，如图13-94所示。

图13-94

技巧与提示

由于现在的粒子还没有受到力场的影响，所以产生的粒子仍然聚集在文字的表面，下面就来对其进行修正。

08 展开"粒子运动场"滤镜的"排斥"属性组，然后设置"力"为1、"力半径"为5，接着展开"排斥物"属性组，设置"粒子来源"为"图层爆炸"、"选区映射"为1.Wind，如图13-95所示，效果如图13-96所示。

图13-95

图13-96

⑨ 为了让文字在沙化之前有短暂的停留，将Wind图层往后移动5帧，然后激活Sand图层的"运动模糊"功能，如图13-97所示。

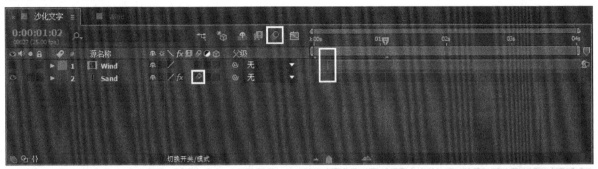

图13-97

⑩ 导入下载资源中的"素材>第13章>课堂案例——沙化文字滤镜>23.mov"文件，然后将其拖曳到"时间轴"面板的底层，接着为其执行"效果>颜色校正>色相/饱和度"菜单命令，最后在"效果控件"面板中设置"主色相"为（0×88°），如图13-98所示。

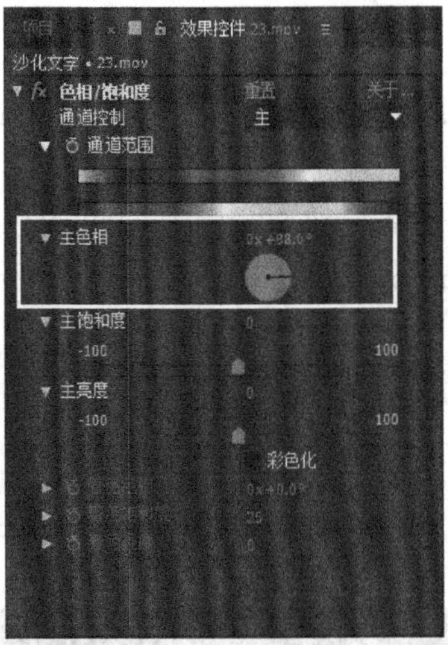

图13-98

⑪ 渲染并输出动画，最终效果如图13-99所示。

图13-99

📕 课堂练习

粒子地图动画

案例位置	案例文件>第13章>课堂练习——粒子地图动画.aep
素材位置	素材>第13章>课堂练习——粒子地图动画
难易指数	★★☆☆☆
学习目标	学习使用"粒子运动场"滤镜制作点阵图以及使用"碎片"滤镜制作粒子破碎动画

粒子地图动画效果如图13-100所示。

图13-100

操作提示

第1步：打开"素材>第13章>课堂练习——粒子地图动画>课堂练习——粒子地图动画_I.aep"项目合成。

第2步：为"点阵地图"合成中的"PP粒子"图层添加"粒子运动场"滤镜，制作出点阵地图的效果。

第3步：为"粒子地图"合成中的"点阵地图"图层添加"碎片"滤镜，制作出粒子破碎的动画。

13.3　本章小结

本章重点讲解了"粒子运动场"滤镜和"碎片"滤镜。其中，"粒子运动场"滤镜主要讲解了"发射"属性组、"网格"属性组、"图层/粒子爆炸"属性组、"图层映射"属性组、"重力"属性组、"排斥"属性组、"墙"属性组以及"永久/短暂属性映射器"属性组。"碎片"滤镜主要讲解了"形状"属性组、"作用力"属性组、"渐变"属性组、"物理学"属性组、"纹理"属性组、"摄像机系统"属性组、"灯光"属性组以及"材质"属性组。

本章安排了5个详细的课堂案例，两个课堂练习以及两个课后习题。

13.4 课后习题

本章安排了两个综合习题，大量运用了本章中所讲的知识。同时，这些内容也是我们在实际工作中经常用到的知识。希望大家课后认真去练习，熟练掌握粒子和碎片的实际运用。

🎬 课后习题

13.4.1 Card Dance梦幻汇聚

习题位置	案例文件>第13章>课后习题——Card Dance梦幻汇聚.aep
素材位置	素材>第13章>课后习题——Card Dance梦幻汇聚
难易指数	★★★★☆
练习目标	练习使用"卡片动画"滤镜制作梦幻汇聚以及使用Starglow（星光）滤镜制作星光

Card Dance梦幻汇聚滤镜如图13-101所示。

图13-101

操作提示

第1步：打开"素材>第13章>课后习题——Card Dance梦幻汇聚>课后习题——Card Dance梦幻汇聚_I.aep"项目合成。

第2步：为Comp 3-[final]合成中的Comp 2图层添加"卡片动画"滤镜制作碎片汇聚效果。

第3步：为Comp 3-[final]合成中的Comp 2图层添加Starglow（星光）滤镜制作星光。

🎬 课后习题

13.4.2 粒子照片打印

习题位置	案例文件>第13章>课后习题——粒子照片打印.aep
素材位置	素材>第13章>课后习题——粒子照片打印
难易指数	★★★★★
练习目标	练习使用"分形杂色"滤镜制作彩色渐变、使用"碎片"滤镜制作照片碎裂

粒子照片打印滤镜如图13-102所示。

图13-102

操作提示

第1步：打开"素材>第13章>课后习题——粒子照片打印>课后习题——粒子照片打印_I.aep"项目合成。

第2步：为Comp 2-[Fractal Noise]合成中的Fractal图层添加"分形杂色"滤镜制作彩色渐变效果。

第3步：为Comp 4-[3D Composite]合成中的Face.jpg图层添加"碎片"滤镜制作照片碎裂效果。

第14章

Trapcode第三方滤镜包

本章将重点讲解Trapcode第三方滤镜包，其中，主要讲解了Shine（扫光）滤镜、Starglow（星光）滤镜、3D Stroke（3D描边）滤镜、Particular（粒子）滤镜及Form（形态）滤镜等。本章所讲解的内容是全书的重点章节，也是制作滤镜的过程中常用到的知识点。希望大家认真学习本章，并领悟其要点。

课堂学习目标

掌握Trapcode常用滤镜的相关属性

掌握Trapcode常用滤镜的应用

14.1 Trapcode滤镜概述

Trapcode滤镜是Red Giant公司专门为After Effects
打造的光效与粒子滤镜。通过这些滤镜，用户可以轻松
地制作出各种光效及粒子滤镜，如图14-1所示。

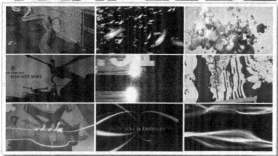

图14-1

Trapcode系列目前已经推出了9款滤镜，分别
是Horizon（地平线）、Form（形态）、Particular（粒
子）、Shine（扫光）、Starglow（星光）、3D Stroke
（3D描边）、Sound Keys（声音键）、Lux（自然光）和
Echospace（拖尾空间），如图14-2所示。

```
3D Stroke
Echospace
Form
Horizon
Lux
Particular
Shine
Sound Keys
Starglow
```

图14-2

技巧与提示

目前，Trapcode滤镜已经被广泛应用在Adobe After
Effects、Avid、FPC和Motion等后期软件中，并且Trapcode滤
镜的新产品开发也在继续进行中。下面着重讲解Shine（扫
光）、Starglow（星光）、3D Stroke（3D描边）、Particular
（粒子）和Form（形态）这5个最常用的滤镜。

14.2 Trapcode常用滤镜

14.2.1 Shine（扫光）滤镜

Shine（扫光）滤镜是一个二维滤镜，主要是
用来制作体积光等滤镜，如图14-3所示。虽然Shine
（扫光）滤镜是一个二维滤镜，但是利用三维摄像
机就能让它产生真实的三维光效。

图14-3

在"效果控件"
面板中展开Shine
（扫光）滤镜的属
性，如图14-4所示。

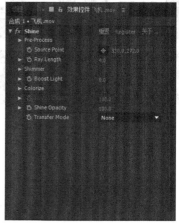

图14-4

Pre-Process（预处理）：该选项组中的属性主
要用来设置扫光的范围，可以为扫光区域设置一个
遮罩区域。

Ray Length（光线长度）：设置光线的长度。

Shimmer（微光）：该选项组中的属性主要用
来设置光效的细节。

Boost Light（灯光增益）：设置光效的增益以
及光效的强度。

**Colorize（彩
色化）**：设置光线的
颜色。可以设置成单
色，也可以设置成3
色或5色渐变效果，
并且系统还提供了
很多种预设的光效，
如图14-5所示。

图14-5

Source Opacity（源不透明度）：设置源素材的不透明度。

Shine Opacity（发光不透明度）：设置光效的不透明度。

Transfer Mode（传递模式）：设置光效与源素材的混合模式。

音频滤镜

案例位置	案例文件>第14章>课堂案例——音频滤镜.aep
素材位置	素材>第14章>课堂案例——音频滤镜
难易指数	★★☆☆☆
学习目标	学习如何使用Form（形态）滤镜制作形态变化滤镜以及使用Shine（扫光）滤镜制作发光滤镜

音频滤镜如图14-6所示。

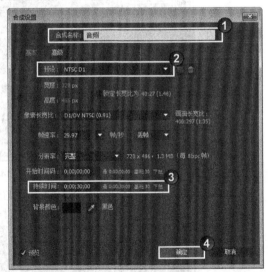

图14-6

01 新建合成，设置"合成名称"为"音频"、"预设"为NTSC D1、"持续时间"为30秒，然后单击"确定"按钮，如图14-7所示。

图14-7

02 新建一个纯色图层，然后执行"效果>Trapcode>Form（形态）"菜单命令，接着在"效果控件"面板中展开Base Form（基础形态）属性组，设置Base Form（基础形态）为Sphere-Layered（分层球体）、Size X（大小 x）为400、Size Y（大小 y）为400、Size Z（大小 z）为100、Particle in X（X轴上的粒子）为200、Particle in Y（y轴上的粒子）为200、Sphere Layers（球形图层）为2，如图14-8所示。

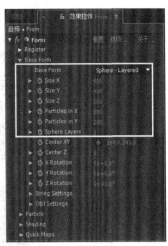

图14-8

03 展开Quick Maps（快速映射）属性组，设置Map Opac+Color over（映射不透明和颜色）为Y、Map #1 to（映射#1到）为Opacity（不透明度）、Map #1 over（映射#1 超过）为Y，如图14-9所示。

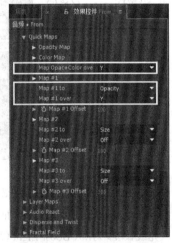

图14-9

04 导入下载资源中的"素材>第14章>课堂案例——音频滤镜>音乐.wav"文件，然后将其拖曳到"音频"合成中的底层，如图14-10所示。

图14-10

317

05 选择Form图层，展开Audio React（音频反应）属性组，然后设置Audio Layer（音频图层）为"2.音乐.wav"，接着展开Reactor 1（反应器1）属性组，设置Strength（强度）为200、Map To（映射到）为Fractal（分形），最后展开Reactor 2（反应器2）属性组，设置Map To（映射到）为Disperse（分散）、Delay Direction（衰减方向）为X Outwards（x 向外），如图14-11所示。

图14-11

06 展开Disperse and Twist（分散和扭曲）属性组，设置Disperse（分散）为10，然后展开Fractal Field（分形场）属性组，设置Displace（置换）为100，如图14-12所示。

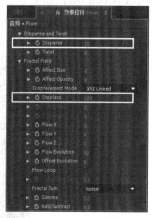

图14-12

07 选择Form图层，然后执行"效果>Trapcode>Shine"菜单命令，接着在"效果控件"面板中设置Ray Length（光线长度）为1.3、Boost Light（灯光增益）为0.3，最后展开Colorize （彩色化）属性组，设置Colorize （彩色化）为None（无），如图14-13所示。

图14-13

08 渲染并输出动画，最终效果如图14-14所示。

图14-14

课堂案例

光芒滤镜

案例位置	案例文件>第14章>课堂案例——光芒滤镜. aep
素材位置	素材>第14章>课堂案例——光芒滤镜
难易指数	★★☆☆☆
学习目标	学习如何使用"分形杂色"滤镜制作烟雾滤镜以及使用Shine（扫光）滤镜制作光芒滤镜

光芒滤镜如图14-15所示。

图14-15

01 新建合成，设置"合成名称"为"烟雾"、"宽度"为640 px、"高度"为480 px、"持续时间"为3秒，然后单击"确定"按钮，如图14-16所示。

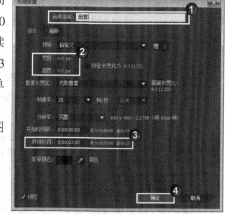

图14-16

02 创建一个纯色图层，设置"名称"为smoker、"宽度"为320 像素、"高度"为240 像素、"颜色"为白色，然后单击"确定"按钮，如图14-17所示。

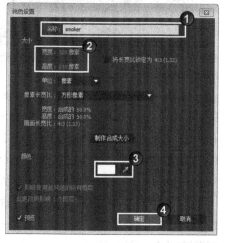

图14-17

⑥ 选择smoker图层，然后执行"效果>杂色和颗粒>分形杂色"菜单命令，接着在"效果控件"面板中设置"分形类型"为"动态扭转"、"亮度"为8、"溢出"为"剪切"，最后展开"变换"属性组，设置"缩放"为75，如图14-18所示。

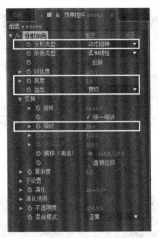

图14-18

⑦ 在第0帧处激活"分形杂色"滤镜的"变换>偏移（湍流）"和"演化"属性的关键帧，然后在第3秒处设置"偏移（湍流）"为（160, 60）、"演化"为（1×0°），如图14-19所示。

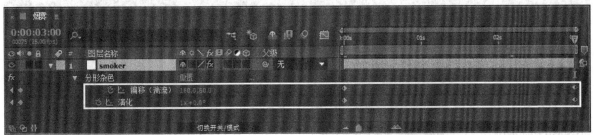

图14-19

⑤ 新建合成，设置"合成名称"为"烟雾光效"、"宽度"为640 px、"高度"为480 px、"持续时间"为3秒，然后单击"确定"按钮，如图14-20所示。

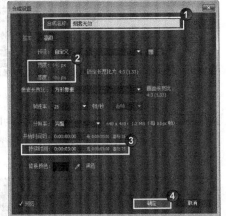

图14-20

⑥ 导入下载资源中的"素材>第14章>课堂案例——光芒滤镜>shinelogo.psd"文件，然后将其拖曳到"烟雾光效"合成中，接着激活该图层的"3D图层"功能，如图14-21所示。

图14-21

⑦ 新建摄像机图层，设置"预设"为35毫米，然后单击"确定"按钮，如图14-22所示。

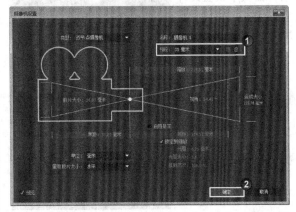

图14-22

⑧ 在第0帧处设置摄像机的"位置"为（52，240，-622.2），并激活关键帧，然后在第3秒处设置"位置"为（600，240，-622.2），如图14-23所示。

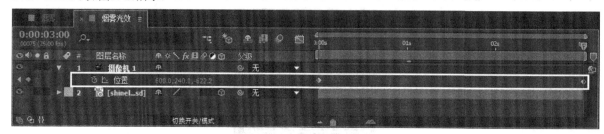

图14-23

⑨ 在第0帧处激活shinelogo.psd图层的"不透明度"属性的关键帧，然后在第9帧处设置"不透明度"为100%，在第1秒24帧处设置"不透明度"为100%，在第2秒17帧处设置"不透明度"为0%，如图14-24所示。

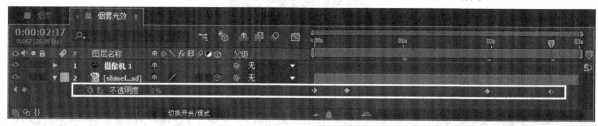

图14-24

⑩ 选择"摄像机 1"图层，然后执行"图层>变化>自动定向"菜单命令，接着在打开的"自动方向"对话框中选择"定向到目标点"选项，最后单击"确定"按钮，如图14-25所示。

图14-25

⑪ 新建一个调整图层，将其命名为shiner，然后将其放置在第2层，接着为该图层执行"效果>Trapcode>Shine（扫光）"菜单命令，再在"效果控件"面板中设置Ray Length（光线长度）为5，并展开Shimmer（微光）属性组，设置Amount（数量）为200、Detail（细节）为30，最后设置Boost Lisht（灯光增益）为2，如图14-26所示。

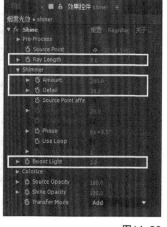

图14-26

⑫ 展开Colorize（彩色化）属性组，设置Colorize（彩色化）为Romance（浪漫），然后设置Transfer Mode（传递模式）为Add（相加），如图14-27所示。

图14-27

⑬ 新建一个空物体图层，并将其命名为lightpos，然后激活该图层的"3D图层"功能，接着设置"位置"为（320，240，413），如图14-28所示。

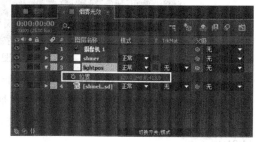

图14-28

⑭ 为shiner图层的Shine（扫光）滤镜的Source Point（源点）属性添加下列表达式，如图14-29所示。

```
src=this_comp.layer("lightpos");
src.to_comp(src.anchor_point)
```

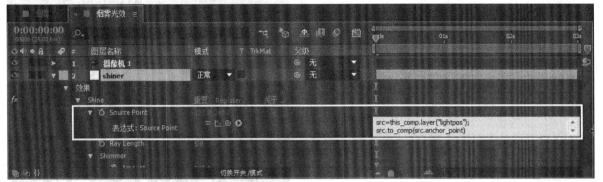

图14-29

⑮ 将"烟雾"合成拖曳到"烟雾光效"合成中，然后将其放置在shiner图层的上一层，接着设置shiner图层的轨道遮罩为"亮度遮罩 [烟雾]"，如图14-30所示。

图14-30

⑯ 渲染并输出动画，最终效果如图14-31所示。

图14-31

14.2.2 Starglow（星光）滤镜

使用Starglow（星光）滤镜可以快速在源素材的高光部分创建出星形的辉光效果，非常适合于营造梦幻、浪漫的气氛，如图14-32所示。星形辉光最多支持8个方向的条纹和颜色，并且每个方向的条纹和颜色都可以单独进行调整。

图14-32

在"效果控件"面板中展开Starglow（星光）滤镜的属性，如图14-33所示。

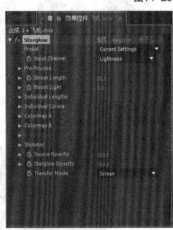

图14-33

Preset（预设）：选择系统预设的星光效果。

Input Channel（输入通道）：设置产生星光的通道。

Pre-Process（预处理）：设置产生星光的范围，可以设置为一个遮罩圆形区域。

Streak Length（条纹长度）：设置整体星光的光线长度。

Boost Light（灯光增益）：设置星光的光线强度。

Individual Lengths（个别长度）：单独设置8个方向的星光光线长度。

Individula Colors（个别颜色）：单独设置8个方向的星光光线颜色。

Colormap A/B/C（颜色映射A/B/C）：分别设置4种颜色的效果，每种颜色效果都可以是单色，也可以是3色渐变或5色渐变。

Shimmer（微光）：设置星光的辉光细节。

Source Opacity（源不透明度）：设置源图层的不透明度。

Starglow Opacity（星光不透明度）：设置星光效果的不透明度。

Transfer Mode（传递模式）：设置星光效果与源图层的混合模式。

心形光效

案例位置	案例文件>第14章>课堂案例——心形光效.aep
素材位置	素材>第14章>课堂案例——心形光效
难易指数	★★★☆☆
学习目标	学习如何使用"勾画"滤镜制作光线滤镜以及使用Starglow(星光)滤镜制作星光滤镜

心形光效如图14-34所示。

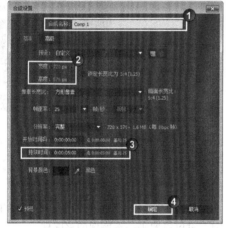

图14-34

01 新建合成，设置"合成名称"为Comp 1、"宽度"为720 px、"高度"为576 px、"持续时间"为5秒，然后单击"确定"按钮，如图14-35所示。

图14-35

02 新建一个黑色纯色图层，然后使用"钢笔工具"✎绘制一个如图14-36所示的蒙版。

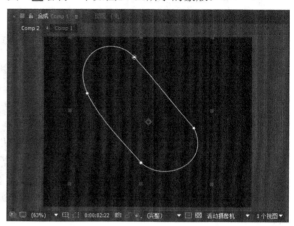

图14-36

03 选择纯色图层，然后执行"效果>生成>勾画"菜单命令，接着在"效果控件"面板中设置"描边"为"蒙版/路径"，最后展开"片段"属性组，设置"片段"为1、"长度"为0.6、"随机植入"为5，如图14-37所示。

图14-37

04 展开"勾画"滤镜的"片段"属性组，然后在第0帧处激活"旋转"的关键帧，接着在第4秒24帧处设置"旋转"为（-4×0°），如图14-38所示。

图14-38

05 选择纯色图层，然后执行"效果>Trapcode>Starglow（星光）"菜单命令，接着在"效果控件"面板中设置Preset（预设）为White Star（白色星形）、Input Channel（输入通道）为Luminance（亮度）、Streak Length（条纹长度）为20、Boost Light（灯光增益）为2，如图14-39所示。

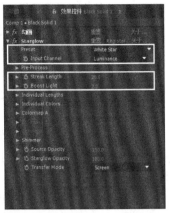

图14-39

06 复制纯色图层，然后展开"勾画"滤镜下的"片段"属性组，设置"长度"为0.02、"随机植入"为18，如图14-40所示。

图14-40

07 设置Starglow滤镜下的Boost Light（灯光增益）为0，如图14-41所示，然后设置纯色图层的混合模式为"相加"，如图14-42所示。

图14-41

图14-42

08 新建合成，设置"合成名称"为Comp 2、"宽度"为720 px、"高度"为576 px、"持续时间"为5秒，然后单击"确定"按钮，如图14-43所示。

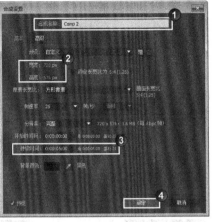

图14-43

09 将Comp 1合成拖曳到Comp 2合成中，然后设置Comp 1图层的混合模式为相加，接着复制Comp 1图层，再设置复制图层的"缩放"为（-100，100%），如图14-44所示，效果如图14-45所示。

图14-44

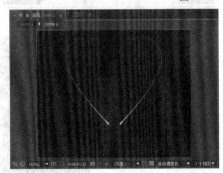

图14-45

10 导入下载资源中的"素材>第14章>课堂案例——心形光效>背景.jpg"文件，然后将其拖曳至Comp 2合成的底层，如图14-46所示。

图14-46

⑪ 渲染并输出动画，最终效果如图14-47所示。

图14-47

14.2.3 3D Stroke（3D描边）滤镜

使用3D Stroke（3D描边）滤镜可以将图层中的一个或多个遮罩转换为线条，在三维空间中可以自由地移动或旋转这些线条，并且还可以为这些线条制作各种动画效果，如图14-48所示。

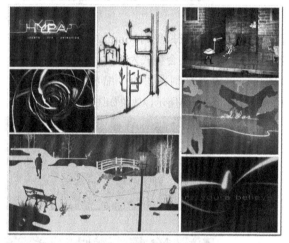

图14-48

在"效果控件"面板中展开3D Stroke（3D描边）滤镜的属性，如图14-49所示。

图14-49

Path（路径）：选择特定的遮罩作为描边路径。

Presets（预设）：使用滤镜内置的描边效果。

Use All Paths（使用所有路径）：将所有的蒙版都设置为描边路径。

Stroke Sequentially（描边顺序）：让所有的蒙版路径按照顺序进行描边。

Color（颜色）：设置描边路径的颜色。

Thickness（厚度）：设置描边路径的厚度。

Feather（羽化）：设置描边路径边缘的羽化程度。

Start（开始）：设置描边路径的起始点。

End（结束）：设置描边路径的结束点。

Offset（偏移）：设置描边路径的偏移值。

Loop（循环）：控制描边路径是否循环连续。

Taper（锥化）：设置蒙版描边的锥化程度。

Transform（变换）：设置描边路径的位置、旋转和弯曲等属性。

Repeater（重复）：设置描边路径的重复偏移量，通过该属性组中的属性可以将一条路径有规律地偏移复制出来。

Advanced（高级）：设置描边路径的步长等属性。

Camera（摄像机）：设置摄像机的观察视角。

Motion Blur（运动模糊）：设置运动模糊效果，可以单独进行设置，也可以继承当前合成的运动模糊属性。

Opacity（不透明度）：设置描边路径的不透明度。

Transfer Mode（传递模式）：设置描边路径与当前图层的混合模式。

课堂案例

奇幻拖尾滤镜

案例位置	案例文件>第14章>课堂案例——奇幻拖尾滤镜.aep
素材位置	素材>第14章>课堂案例——奇幻拖尾滤镜
难易指数	★★★☆☆
学习目标	学习如何使用"自动追踪"功能制作跟踪动画以及使用3D Stroke（3D描边）滤镜制作拖尾动画

奇幻拖尾滤镜如图14-50所示。

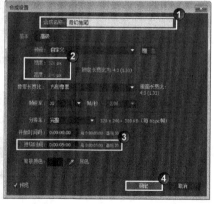

图14-50

① 新建合成，设置"合成名称"为"奇幻拖尾"、"宽度"为320px、"高度"为240px、"持续时间"为5秒，然后单击"确定"按钮，如图14-51所示。

图14-51

⑩2 使用"横排文字工具" T 在"合成"面板中输入文字信息，然后选择文字图层，执行"图层>自动追踪"菜单命令，接着在打开的"自动追踪"对话框中选择"工作区"选项，最后单击"确定"按钮，如图14-52所示。

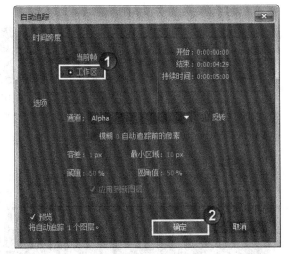

图14-52

⑩3 此时，在"时间轴"面板中会生成一个纯色图层，将其重命名为"奇幻空间 Outlines"，然后隐藏文字图层，如图14-53所示。

图14-53

⑩4 选择"奇幻空间 Outlines"图层，然后执行"效果>Trapcode>3D Stroke（3D描边）"菜单命令，接着在"效果控件"面板中设置Thickness（厚度）为0.6，如图14-54所示。

图14-54

⑩5 展开Repeater（中继器）属性组，选择Enable（启用）选项，然后取消Symmetric Doubler（对称倍增器）选项，接着设置Instances（实例）为20、Opacity（不透明度）为1、Scale（比例）为15、Z Displace（z轴置换）为130、Z Rotation（z轴旋转）为（0×8°），如图14-55所示。

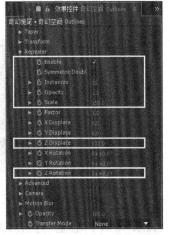

图14-55

⑩6 在第0帧处激活Opacity（不透明度）、Scale（比例）、Z Displace（z轴置换）和Z Rotation（z轴旋转）属性的关键帧，在第12帧处设置Opacity（不透明度）为90，在第1秒21帧处设置Scale（比例）为100、Z Displace（z轴置换）为80、Z Rotation（z轴旋转）为（0×-8°）、在第2秒25帧处设置Opacity（不透明度）为90，在第3秒10帧处设置Opacity（不透明度）为1、Scale（比例）为150、Z Rotation（z轴旋转）为（0×8°），如图14-56所示。

图14-56

07 选择"奇幻空间 Outlines"图层，然后执行"效果>风格化>发光"菜单命令，接着在"效果控件"面板中设置"发光阈值"为20%、"发光半径"为20、"发光强度"为1.3、"发光颜色"为"A和B颜色"、"颜色 A"为（R:99，G:68，B:0）、"颜色 B"为（R:94，G:29，B:0），如图14-57所示。

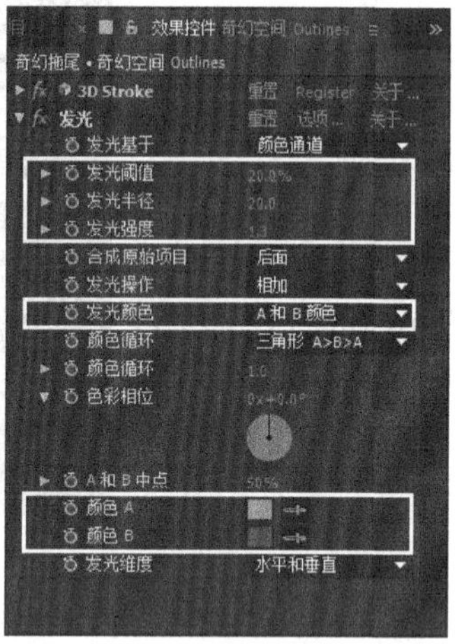

图14-57

08 导入下载资源中的"素材>第14章>课堂案例——奇幻拖尾滤镜>背景.psd"文件，然后将其拖曳到"奇幻拖尾"合成的底层，如图14-58所示。

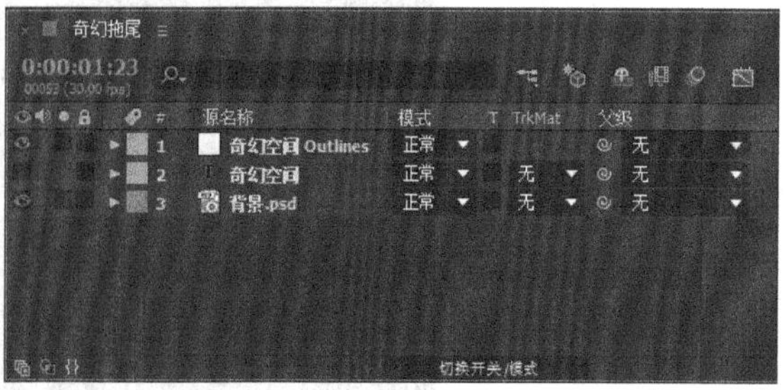

图14-58

09 新建摄像机，然后设置"目标点"为（153.5，112.9，40.5）、"位置"为（159.3，80.2，-406.7），如图14-59所示。

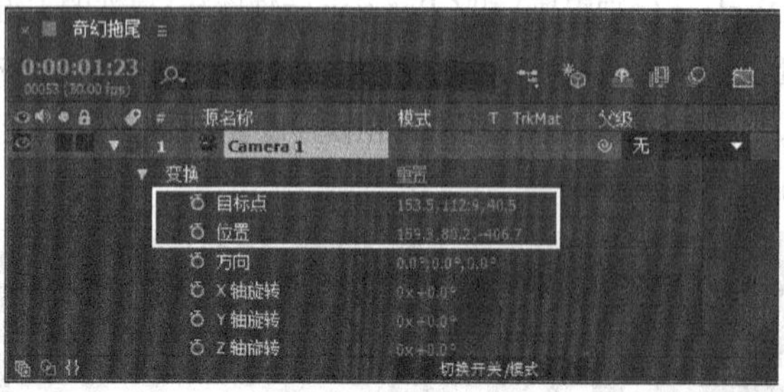

图14-59

10 渲染并输出动画，最终效果如图14-60所示。

图14-60

《 课堂案例

流动线条光效

案例位置　案例文件>第14章>课堂案例——流动线条光效.aep
素材位置　素材>第14章>课堂案例——流动线条光效
难易指数　★★☆☆☆
学习目标　学习如何使用3D Stroke（3D描边）滤镜制作流动线条光效动画

流动线条光效如图14-61所示。

图14-61

01 新建合成，设置"合成名称"为"线条"、"预设"为PAL D1/DV、"持续时间"为5秒，然后单击"确定"按钮，如图14-62所示。

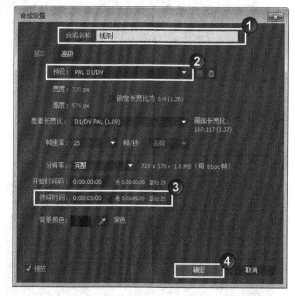

图14-62

02 新建一个黑色的纯色图层，然后将其命名为"线条"，接着使用"钢笔工具" ✐ 在"合成"面板中绘制一个如图14-63所示的蒙版。

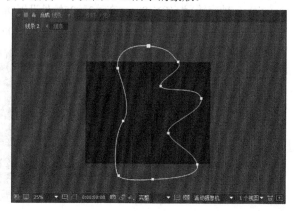

图14-63

03 选择"线条"图层，然后执行"效果>Trapcode>3D Stroke（3D描边）"菜单命令，接着在"效果控件"面板中设置Thickness（厚度）为6、Offset（偏移）为-100，最后展开Taper（锥化）属性组，选择Enable（启用）选项，如图14-64所示。

图14-64

04 展开Transform（变换）属性组，设置Bend（弯曲）为8、Bend Axis（弯曲轴向）为（0×135°），然后展开Repeater（中继器）属性组，选择Enable（启用）选项，接着设置X Rotation（x旋转）为（0×180°）、Y Rotation（y旋转）为（0×68°），如图14-65所示。

图14-65

05 在第0帧处激活3D Stroke（3D描边）滤镜的Offset（偏移）的关键帧，然后在第4秒24帧处设置Offset（偏移）为100，如图14-66所示。

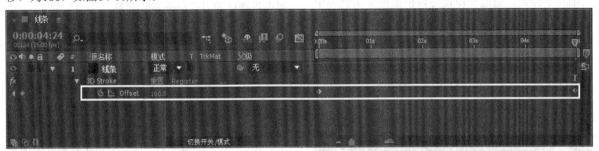

图14-66

06 展开Advanced（高级）属性组，设置Internal Opacity（内部不透明度）为8，如图14-67所示，效果如图14-68所示。

图14-67　　图14-68

Ray Length（光线长度）为8、Boost Light（灯光增益）为8，最后展开Colorize（彩色化）属性组，设置Colorize（彩色化）为Spirit（精神），如图14-69所示，效果如图14-70所示。

图14-69　　图14-70

07 选择"线条"图层，然后执行"效果>Trapcode>Shine"菜单命令，接着在"效果控件"面板中设置

08 导入下载资源中的"素材>第14章>课堂案

327

例——流动线条光效>背景.psd"文件,然后将其拖曳到"线条"合成中的底层,如图14-71所示。

图14-71

09 渲染并输出动画,最终效果如图14-72所示。

图14-72

14.2.4 Particular(粒子)滤镜

Particular(粒子)滤镜是一个功能非常强大的三维粒子滤镜,通过该滤镜可以模拟出真实世界中的烟雾、爆炸等效果,如图14-73所示。Particular(粒子)滤镜可以与三维图层发生作用而制作出粒子反弹效果,或从灯光以及图层中发射粒子,并且还可以使用图层作为粒子样本进行发射。

图14-73

在"效果控件"面板中展开Particular(粒子)滤镜的属性,如图14-74所示。

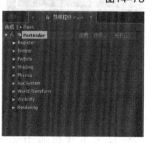

图14-74

Emitter(发射):在该选项组中可以设置粒子产生的位置、粒子的初速度和粒子的初始发射方向等。其中粒子发生器的类型也在这个选项组中进行设置,主要包含以下7种类型。

Point(点):所有粒子都从一个点中发出来。

Box(立方体):所有粒子都从一个立方体中发射出来。

Sphere(球体):所有粒子都从一个球体内发射出来。

Grid(网格):所有粒子都从一个二维或三维栅格中发射出来。

Light(灯光):所有粒子都从合成中的灯光发射出来。

Layer(图层):所有粒子都从合成中的一个图层中发射出来。

Layer Grid(图层栅格):所有粒子都从一个图层中以栅格的方式向外发射出来。

Particle(粒子):该选项组中的属性主要用来设置粒子的外观,比如粒子的大小、不透明度以及颜色属性等。

Shading(着色):该选项组中的属性主要用来设置粒子与合成灯光的相互作用,类似于三维图层的材质属性。

Physics(物理学):该选项组中的属性主要用来设置粒子在发射以后的运动情况,包括粒子的重力、紊乱程度以及设置粒子与同一合成中的其他图层产生的碰撞效果。

Aux System(辅助系统):该选项组中的属性主要用来设置辅助粒子系统的相关属性,这个子粒子发射系统可以从主粒子系统的粒子中产生新的粒子。Aux System(辅助系统)非常适合于制作烟花和拖尾滤镜,如图14-75所示。

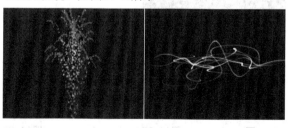

图14-75

World Transform(世界变换):该选项组中的属性主要用来设置视角的旋转和位移状态。

Visibility（可视性）：该选项组中的属性主要用来设置粒子的可视性。例如，在远处的粒子可以被设置为淡出或消失效果，图14-76所示的是Visibility（可视性）选项组中的各属性之间的关系。

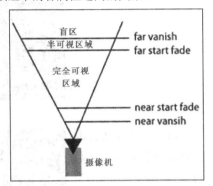

图14-76

Rendering（渲染）：该选项中的属性主要用来设置渲染方式、摄像机景深以及运动模糊等效果。

课堂案例
烟花滤镜

烟花滤镜如图14-77所示。

图14-77

① 新建合成，设置"合成名称"为"烟花"、"预设"为PAL D1/DV、"持续时间"为5秒，然后单击"确定"按钮，如图14-78所示。

图14-78

② 创建一个名为粒子的纯色图层，然后执行"效果>Trapcode>Particular（粒子）"菜单命令，接着在"效果控件"面板中展开Emitter（发射器）属性组，最后设置Particles/sec（粒子/秒）为20，如图14-79所示。

图14-79

③ 展开Aux System（辅助系统）选项组，然后设置Emit（发射）为Continously（继承）、Particles/sec（粒子/秒）为50、Life[sec]（生命[秒]）为5、Velocity（速率）为10、Opacity（不透明度）为100、Gravity（重力）为100，如图14-80所示。

图14-80

④ 导入下载资源中的"素材>第14章>课堂案例——烟花滤镜>夜景.bmp"文件，然后将其拖曳到"烟花"合成中的底层，然后设置"粒子"图层的混合模式为"相加"，如图14-81所示。

图14-81

⑤ 渲染并输出动画，最终效果如图14-82所示。

图14-82

329

海底泡泡

案例位置　案例文件>第14章>课堂案例——海底泡泡.aep
素材位置　素材>第14章>课堂案例——海底泡泡
难易指数　★★★★☆
学习目标　学习如何使用"圆形""变换"和"湍流置换"滤镜制作气泡变形动画、使用Particular（粒子）滤镜制作气泡上升动画

海底泡泡动画效果如图14-83所示。

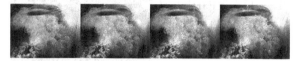

图14-83

01 新建合成，设置"合成名称"为"气泡"、"宽度"为100 px、"高度"为100 px、"持续时间"为1秒，然后单击"确定"按钮，如图14-84所示。

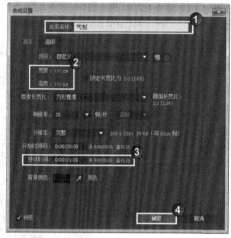

图14-84

02 新建一个名为dark blue的白色纯色图层，然后执行"效果>生成>圆形"菜单命令，接着在"效果控件"面板中设置"半径"为40、"颜色"为（R:8, G:8, B:36），如图14-85所示。

图14-85

03 复制"圆形"滤镜，然后设置"圆形 2"滤镜下的"中心"为（50, 47）、"半径"为36，接着选择"反转圆形"选项，最后设置"混合模式"为"模板 Alpha"，如图14-86所示。

图14-86

04 新建一个名为shade的白色纯色图层，然后为其添加两个"圆形"滤镜，接着在"效果控件"面板中设置滤镜的属性，如图14-87所示，最后设置shade图层的"不透明度"为50%，如图14-88所示。

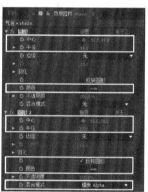

图14-87

图14-88

05 新建一个名为highlight的白色纯色图层，然后使用"钢笔工具"在"合成"面板中绘制一个如图14-89所示的蒙版，接着设置highlight图层的"不透明度"为60%。

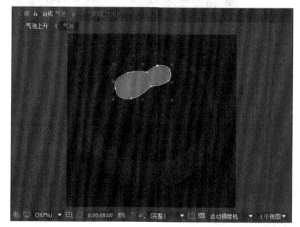

图14-89

06 新建一个调整图层，然后执行"效果>扭曲>变换"菜单命令，接着在第0帧处设置"缩放高度"为78、"缩放宽度"为100，并激活这两个属性的关键帧，再在第12帧处设置"缩放高度"为107、"缩放宽度"为83，在第24帧处设置"缩放高度"为78、"缩放宽度"为100，最后选择所有关键帧，执行"动画>关键帧辅助>缓动"菜单命令，如图14-90所示。

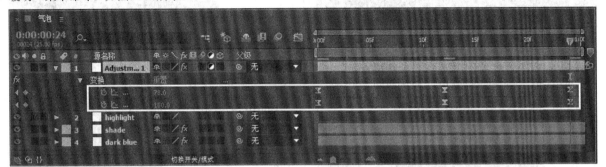

图14-90

07 选择调整图层，然后执行"效果>扭曲>湍流置换"菜单命令，接着在"效果控件"面板中设置"置换"为"扭转较平滑"、"数量"为12，如图14-91所示。

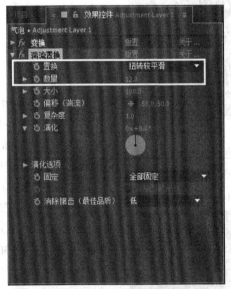

图14-91

08 在第0帧处激活"湍流置换"滤镜下的"演化"属性的关键帧，然后在第24帧处设置"演化"为（1×0°），如图14-92所示，效果如图14-93所示。

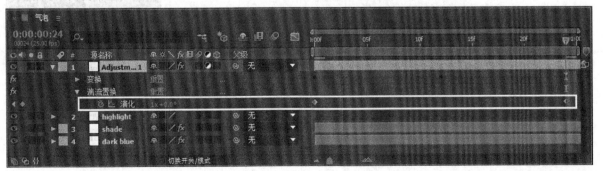

图14-92

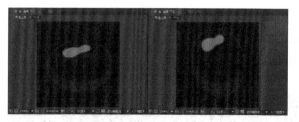

图14-93

⑨ 新建合成，设置"合成名称"为"气泡上升"、"宽度"为768 px、"高度"为576 px、"持续时间"为10秒，然后单击"确定"按钮，如图14-94所示。

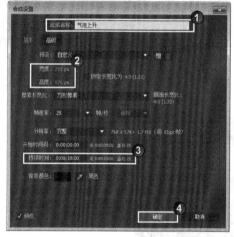

图14-94

⑩ 新建一个名为background的白色纯色图层，然后执行"效果>生成>梯度渐变"菜单命令，接着在"效果控件"面板中设置"渐变起点"为（384，0）、"起始颜色"为（R:60，G:78，B:100）、"渐变终点"为（384，576）、"结束颜色"为（R:12，G:16，B:36），如图14-95所示。

图14-95

技巧与提示

这个蓝色渐变背景是一个临时性的背景，主要是为了方便观察气泡的上升效果，在最终输出动画前要使用动态素材将这个背景替换掉。

⑪ 将"气泡"合成拖曳到"气泡上升"合成中，并将其放置在最底层，然后隐藏"气泡"图层，如图14-96所示。

图14-96

⑫ 新建一个灯光图层，设置"名称"为Emitter、"灯光类型"为"点"，然后单击"确定"按钮，如图14-97所示。

图14-97

⑬ 新建一个名为Particles的白色纯色图层，然后执行"效果>Trapcode> Particular（粒子）"菜单命令，接着在"效果控件"面板中展开Emitter（发射器）属性组，设置Particles/sec（粒子/秒）为10、Emitter Type（发射器类型）为Light（s）（灯光）、Velocity（速率）为30、Velocity Random（随机速率）为96、Velocity Distribut（速率分布）为1，如图14-98所示。

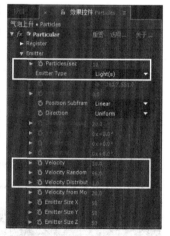

图14-98

⑭ 展开Particle（粒子）属性组，设置Life[sec]（生命[秒]）为15、Particle Type（粒子类型）为Sprite（精灵），再展开Texture（纹理）卷展栏，设置Layer（图层）为"3.气泡"、Time Sampling（时间采样）为Random-Loop（随机循环），最后设置Size（大小）为20、Size Random[%]为65，如图14-99所示，效果如图14-100所示。

图14-99

图14-100

⑮ 为了使气泡的效果更加逼真，可以根据上述方法制作出大小不一的气泡效果，如图14-101所示。

图14-101

⑯ 导入下载资源中的"素材>第14章>课堂案例——海底泡泡>背景.jpg/06.mov"文件，然后将其拖曳到"气泡上升"合成中，然后设置Particles和06.mov图层的混合模式为"相加"，如图14-102所示，效果如图14-103所示。

图14-102

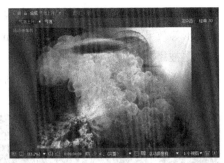

图14-103

⑰ 渲染并输出动画，最终效果如图14-104所示。

图14-104

技巧与提示

如果泡泡的视觉效果不够强，可以复制两个Particular图层来增强泡泡在画面中的效果。

课堂练习

弹跳乐透

案例位置	案例文件>第14章>课堂练习——弹跳乐透.aep
素材位置	素材>第14章>课堂练习——弹跳乐透
难易指数	★★★☆☆
学习目标	学习使用表达式和CC Sphere（CC球体）滤镜制作号码球以及使用Particular（粒子）滤镜制作号码球弹跳动画

弹跳乐透动画效果如图14-105所示。

图14-105

操作提示

第1步：打开"素材>第14章>课堂练习——弹跳乐透>课堂练习——弹跳乐透_I.aep"项目合成。

第2步：为Ball Set_Up合成中的Ball Map图层添加CC Sphere滤镜制作球体效果。

第3步：为弹跳乐透合成中的LottoBalls图层添加Particular滤镜制作球体弹跳效果。

14.2.5 Form（形态）滤镜

Form（形态）滤镜是基于网格的三维粒子系统滤镜，它有别于一般的粒子滤镜，因为一般的粒子滤镜所产生的粒子都有一个出生到消逝的过程，而Form（形态）滤镜所产生的粒子是永生的，并且可以通过各种不同的贴图、力场来使粒子发生位移或变形等效果。正因为这些功能，Form（形态）滤镜经常被用来创建各种有机几何样式、复杂的三维结构、受声音驱使的动画以及火焰动画和三维网格等，如图14-106所示。

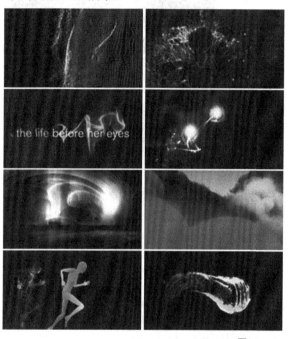

图14-106

在"效果控件"面板中展开Form（形态）滤镜的属性，如图14-107所示。

图14-107

Base Form（基础形态）：该选项组中的属性主要用来定义受贴图和力场影响的原始粒子网格，通过该选项组可以设置粒子网格在三维空间中的大小、密度、粒子网格位置及旋转方向等。通过Base Form（基础形态）选项组，还可以设置3种不同的粒子网格，分别是Box-Grid（网状立方体）、Box-Strings（串状立方体）和Sphere-Layered（分层球体），如图14-108所示。

图14-108

Particle（粒子）：该选项组中的属性主要用来设置构成形态三维空间的粒子属性。

Quick Maps（快速映射）：该选项组中的属性主要用来快速改变粒子网格的状态。比如可以使用一个颜色渐变贴图来分别控制粒子的x、y或z轴，同时也可以通过贴图来改变轴向上粒子的大小或改变粒子网格的聚散度。这种改变只是在应用了Form（形态）滤镜的图层中进行，而不需要应用多个图层，图14-109所示的是Quick Maps（快速映射）选项组中的属性。

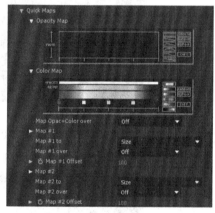

图14-109

Opacity Map（不透明度映射）：该属性定义了透明区域和颜色贴图的Alpha通道。其中图表中的y轴用来控制透明通道的最大值，x轴用来控制透明通道和颜色贴图在已指定粒子网格轴向（x、y、z或径向）的位置。

Color Map（颜色映射）：该属性主要用来控制透明通道和颜色贴图在已指定粒子网格轴向上的RGB颜色值。

Map Opac + Color over（映射不透明和颜色）：用来定义贴图的方向，可以在其下拉列表中选择Off（关闭）、x、y、z或Radial（径向）4种方式，如图14-110所示。

图14-110

Map #1/2/3（映射#1/2/3）：这些属性主要用来设置贴图可以控制的属性数量。

Layer Maps（图层映射）：该选项组中的属性可以通过其他图层的像素信息来控制粒子网格的变化。注意，被用来作为控制的图层必须是进行预合成或是经过预渲染的文件，如果想要得到更好的渲染效果，控制图层的尺寸应该与Base Form（基础形态）选项组中定义的粒子网格尺寸保存一致，图14-111所示是Layer Maps（图层映射）选项组中的属性。

图14-111

Color and Alpha（颜色和Alpha）：该属性主要通过贴图图层来控制粒子网格的颜色和Alpha通道。当选择映射方式为RGB to RGB（RGB到RGB）模式时，这样就可以将贴图图层的颜色映射成粒子的颜色；当选择映射方式为RGBA to RGBA（RGBA到RGBA）模式时，可以将贴图图层的粒子颜色及Alpha通道映射成粒子的颜色和Alpha通道；当选择映射方式为A to A（A到A）模式时，可以将贴图图层的Alpha通道转换成粒子网格的Alpha通道；当选择映射方式为lightness to A（亮度到A）模式时，可以将贴图图层的亮度信息映射成粒子网格的透明信息，图14-112所示是将带Alpha信息的文字图层通过RGBA to RGBA（RGBA到RGBA）模式映射到粒子网格后的状态。

图14-112

Displacement（置换）：该选项组中的属性可以使用控制图层的亮度信息来移动粒子的位置，如图14-113所示。

图14-113

Size（大小）：该选项组中的属性可以根据图层的亮度信息来改变粒子的大小。

Fractal Strength（分形强度）：该选项组中的属性允许通过指定图层的亮度值来定义粒子躁动的范围，如图14-114所示。

图14-114

Disperse（分散）：该选项组的作用与Fractal Strength（分形强度）选项组的作用类似，只不过它控制的是Disperse and Twist（分散和扭曲）选项组的效果。

Audio React（音频反应）：该选项组允许使用一条声音轨道来控制粒子网格，从而产生各种各样的声音变化效果，图14-115所示是Audio React（音频反应）选项组中的属性。

图14-115

Audio Layer（音频图层）：选择一个声音图层作为声音取样的源文件。

在选取声音音源文件时，建议使用44khz、16bit的.wav音源。因为经过测试，Form（形态）滤镜使用.wav格式的音源比使用其他格式的音源的处理速度要快很多。

Reactor 1/2/3/4/5（反应器1/2/3/4/5）：这5个反应器的控制属性都一样，每个反应器都是在前一个的基础上产生倍乘效果。

Time Offset（时间偏移）：在当前时间上设置音源在时间上的偏移量。

Frequency（频率）：设置反应器的有效频率。在一般情况下，50~500Hz是低音区，500~5000Hz是中音区，高于5000Hz的音频是高音区。

Width（宽度）：以Frequency（频率）属性值为中心来定义Form（形态）滤镜发生作用的音频范围。

Threshold（阈值）：该属性的主要作用是为了消除或减少声音，这个功能对抑制音频中的噪音非常有效。

Strength（强度）：设置音频影响Form（形态）滤镜效果的程度，相当于放大器增益的效果。

Map To（映射到）：设置声音文件影响Form（形态）滤镜粒子网格的变形效果。

Delay Direction（延迟方向）：设置Form（形态）滤镜根据声音的延迟波产生的缓冲移动的方向。

Delay Max（最大延迟）：设置延迟缓冲的长度，也就是一个音节效果在视觉上的持续长度。

X/Y/Z Mid（x/y/z中间）：当设置Delay Direction（延迟方向）为Outwards（向外）和Inwards（向内）时才有效，主要用来定义三维空间中的粒子网格中的粒子效果从可见到不可见的位置。

Disperse and Twist（分散和扭曲）：该选项组主要用来在三维空间中控制粒子网格的离散及扭曲效果，如图14-116所示。

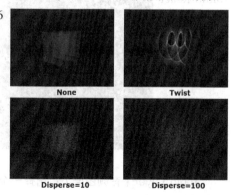

图14-116

Disperse（分散）：为每个粒子的位置增加随机值。

Twist（扭曲）：围绕x轴对粒子网格进行扭曲。

Fractal Field（分形场）：该选项组基于x/y/z方向，并且会根据时间的变化而产生Perlin Noise Fractal（波浪分形噪波），如图14-117所示。

图14-117

Affect Size（影响大小）：定义噪波影响粒子大小的程度。

Affect Opacity（影响不透明度）：定义噪波影响粒子不透明度的程度。

Displacement Mode（置换模式）：设置噪波偏移的方式。

X/Y Displace（x/y置换）：设置每个轴向的粒子偏移量。

Flow X/Y/Z（流动x/y/z）：分别定义每个轴向的粒子的偏移速度。

Flow Evolution（流动演变）：控制噪波场随机运动的速度。

Offset Evolution（偏移演变）：设置随机噪波的随机值。

Flow Loop（循环流动）：设定Fractal Field（分形场）在一定时间内可以循环的次数。

Loop Time（循环时间）：定义噪波重复的时间量。

Fractal Sum（分形和）：该属性有两个选项，Noise（噪波）选项是在原噪波的基础上叠加一个有规律的Perlin（波浪）噪波，所以这种噪波看起来比较平滑；abs（noise）（abs（噪波））选项是absolute noise的缩写，表示在原噪波的基础上叠加一个绝对的噪波值，产生的噪波边缘比较锐利。

Gamma（伽马）：调节噪波的伽马值，Gamma（伽马）值越小，噪波的亮度对比度越大；Gamma（伽马）值越大，噪波的亮度对比度越小。

Add/Subtract（加法/减法）：用来改变噪波的大小值。

Min（最小）：定义一个最小的噪波值，任何低于该值的噪波将被消除。

Max（最大）：定义一个最大的噪波值，任何大于该值的噪波将被强制降低为最大值。

F-Scale（F缩放）：定义噪波的尺寸。F-Scale（F缩放）值越小，产生的噪波越平滑；F-Scale（F缩放）值越大，噪波的细节越多，如图14-118所示。

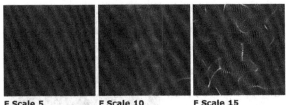

F Scale 5　　F Scale 10　　F Scale 15

图14-118

Complexity（复杂度）：设置组成Perlin（波浪）噪波函数的噪波层的数量。值越大，噪波的细节越多。

Octave Multiplier（8倍增加）：定义噪波图层的凹凸强度。值越大，噪波的凹凸感越强。

Octave Scale（8倍缩放）：定义噪波图层的噪波尺寸。值越大，产生的噪波尺寸就越大。

Spherical Field（球形场）：设置噪波受球形力场的影响，Form（形态）滤镜提供了两个球形力场。

Strength（强度）：设置球形力场的力强度，有正、负值之分，如图14-119所示。

Zero　　Positive　　Negative

图14-119

XY/Z Position（xy/z 位置）：设置球形力场的中心位置。

Radius（半径）：设置球形力场的力的作用半径。

Feather（羽化）：设置球形力场的力的衰减程度。

Visualize Field（可见场）：将球形力场的作用力用颜色显示出来，以便于观察。

Kaleidospace（Kaleido空间）：设置粒子网格在三维空间中的对称性。

Mirror Mode（镜像模式）：定义镜像的对称轴，可以选择Off（关闭）、Horizonta l（水平）、Vertical（垂直）和H+V（水平+垂直）4种模式，如图14-120所示。

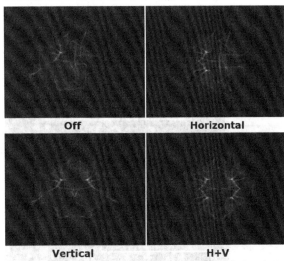

Off　　Horizontal

Vertical　　H+V

图14-120

Behaviour（行为）：定义对称的方式，当选择Mirror and Remove（镜像和移动）选项时，只有一半被镜像，另外一半将不可见；当选择Mirror Everything（镜像一切）选项时，所有的图层都将被镜像，如图14-121所示。

Mirror and remove　　Mirror everything

图14-121

Center XY/Z（xy/z 中心）：设置对称的中心。

World Transform（世界变换）：重新定义已有粒子场的位置、尺寸和旋转方向。

Visibility（可见性）：设置粒子的可视范围。

Render Mode（渲染模式）：设置Form（形态）滤镜的渲染模式。

课堂案例

粒子Logo

案例位置	案例文件>第14章>课堂案例——粒子Logo.aep
素材位置	素材>第14章>课堂案例——粒子Logo
难易指数	★★★☆☆
学习目标	学习如何使用Form（形态）滤镜制作粒子Logo淡入和放大动画

粒子Logo动画效果如图14-122所示。

图14-122

01 新建合成，设置"合成名称"为"粒子Logo"、"预设"为PAL D1/DV、"持续时间"为5秒，然后单击"确定"按钮，如图14-123所示。

图14-123

02 新建一个名为Circle_Form的黑色纯色图层，然后执行"效果>Trapcode> Form（形态）"菜单命令，接着在"效果控件"面板中展开Base Form（基础形态）属性组，最后设置Base Form（基础形态）为Sphere-Layered（分层球体）、Size X（大小 x）为80、Size Y（大小 y）为80、Size Z（大小 z）为50、Particles in X（x轴的粒子）为300、Particles in Y（y轴的粒子）为300、Sphere Layers（球体图层）为1，如图14-124所示。

图14-124

03 展开Particle（粒子）属性组，然后设置Opacity（不透明度）为0、Color（颜色）为（R:11，G:27，B:73），如图14-125所示。

图14-125

04 展开Fractal Field（分形场）属性组，然后设置Flow Evolution（流动演化）为18、Offset Evolution（偏移演化）为57、F Scale（分形比例）为25，如图14-126所示。

图14-126

05 展开"Spherical Field（球形场）>Sphere 1（球体 1）"属性组，然后设置Radius（半径）为200，如图14-127所示。

图14-127

06 在第0帧处激活"Particle（粒子）>Opacity（不透明度）"、"ractal Field（分形场）>Displace（置换）"、"Spherical Field（球形场）>Strength（强

度）"属性的关键帧，然后在第1秒处设置Opacity（不透明度）为50、Displace（置换）为200，在第2秒处设置Opacity（不透明度）为0、Strength（强度）为100，如图14-128所示。

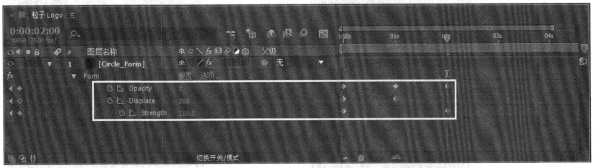

图14-128

07 新建一个名为Logo_Form的黑色纯色图层，然后执行"效果>Trapcode> Form（形态）"菜单命令，接着在"效果控件"面板中展开Base Form（基础形态）属性组，最后设置Base Form（基础形态）为Box-Grid（网状立方体）、Size X（大小x）为500、Size Y（大小y）为300、Size Z（大小z）为0、Particles in X（x轴的粒子）为800、Particles in Y（y轴的粒子）为600、Particles in Z（z轴的粒子）为1，如图14-129所示。

图14-129

08 新建合成，设置"合成名称"为Logo、"宽度"为500 px、"高度"为300 px、"持续时间"为5秒，然后单击"确定"按钮，如图14-130所示。

图14-130

09 使用"横排文字工具"在"合成"面板中输入文字信息，然后在"字符"面板中设置字体为"方正超粗黑_GBK"、字号为70像素、颜色为（R:2, G:27, B:100），接着激活"仿粗体"功能，如图14-131所示。

图14-131

10 回到"粒子Logo"合成中，然后将Logo合成拖曳到"粒子Logo"合成中，接着隐藏Logo图层，如图14-132所示。

图14-132

11 选择Logo_Form图层，展开"Layer Maps（图层映射）>Color and Alpha（颜色和Alpha）"属性组，然后设置Layer（图层）为3.Logo、Functionality（功能）为RGBA to RGBA、Map Over（映射超过）为XY，如图14-133所示，效果如图14-134所示。

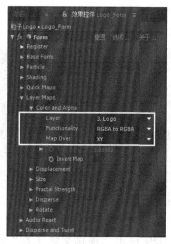

图14-133

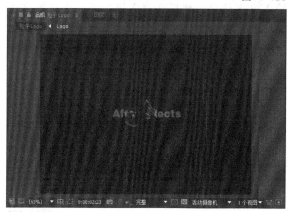

图14-134

⑫ 展开Fractal Field（分形场）属性组，然后设置
Displace（置换）为200、Flow Evolution（流动演化）
为20、F Scale（分形
比例）为25，如图
14-135所示。

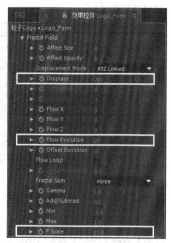

图14-135

⑬ 新建合成，设置"合成名称"为FractalMap、"宽度"
为500 px、"高度"为300 px、"持续时间"为5秒，然后单
击"确定"按钮，如图14-136所示。

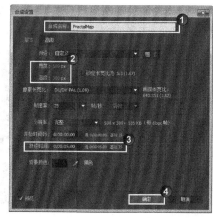

图14-136

⑭ 新 建 纯
色图层，设置
"宽 度"为
500 像素、"高
度"为500像
素，然后单击
"确定"按
钮，如图14-
137所示。

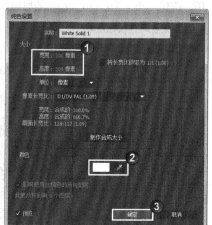

图14-137

⑮ 选择纯色图层，然后使用"椭圆工具" ◎绘制一
个圆形蒙版，接着设置"蒙版羽化"为（79, 79像素）、
"蒙版扩展"为16像素，如图14-138所示，效果如图14-
139所示。

图14-138

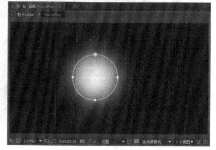

图14-139

⑯ 在第2秒处设置纯色图层的"位置"为(-120，150)，然后激活该属性的关键帧，接着在第4秒处设置"位置"为(628，150)，如图14-140所示。

图14-140

⑰ 将FractalMap合成拖曳到"粒子Logo"合成中，然后隐藏FractalMap图层，接着选择Logo_Form图层，展开Form（形态）滤镜的"Layer Maps（图层映射）>Fractal Strength（分形强度）"属性组，设置Layer（图层）为4.FractalMap、Map Over（映射超过）为XY，如图14-141所示。

图14-141

⑱ 展开Particle（粒子）属性组下的Opacity（不透明度）属性以及Transform World（变换世界）属性组下的Scale（缩放）属性，然后在第1秒处设置Opacity（不透明度）为0、Scale（缩放）为35，并激活关键帧，接着在第2秒处设置Opacity（不透明度）为100、Scale（缩放）为55，如图14-142所示。

图14-142

⑲ 渲染并输出动画，最终效果如图14-143所示。

图14-143

🎬 课堂案例

模拟DNA

案例位置	案例文件>第14章>课堂案例——模拟DNA.aep
素材位置	素材>第14章>课堂案例——模拟DNA
难易指数	★★☆☆☆
学习目标	学习如何使用Form（形态）滤镜制作DNA旋转动画

DNA旋转动画效果如图14-144所示。

图14-144

① 新建合成，设置"合成名称"为"模拟DNA"、"预设"为PAL D1/DV、"持续时间"为10秒，然后单击"确定"按钮，如图14-145所示。

图14-145

② 新建一个名为Form的黑色纯色图层，然后执行"效果>Trapcode> Form（形态）"菜单命令，接着在"效果控件"面板中展开Base Form（基础形态）属性组，最后设置Base Form（基础形态）为Box-Grid（网状立方体）、Size X（大小x）为600、Size Y（大小y）为300、Size Z（大小z）为0、Particles in X（x轴的粒子）为25、Particles in Y（y轴的粒子）为100、Particles in Z（z轴的粒子）为1，如图14-146所示。

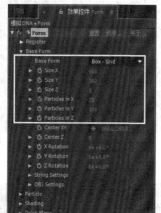

图14-146

③ 新建合成，设置"合成名称"为Size、"宽度"为600 px、"高度"为300 px、"持续时间"为10秒，然后单击"确定"按钮，如图14-147所示。

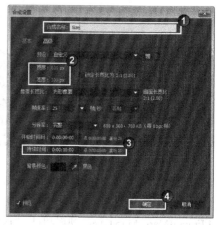

图14-147

④ 新建一个纯色图层，然后执行"效果>生成>梯度渐变"菜单命令，接着执行"效果>颜色校正>色光"菜单命令，再在"效果控件"面板中展开"输出循环"属性组，最后调整"输出循环"的色环，如图14-148所示。

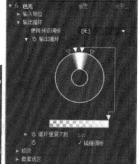

图14-148

⑤ 将Size合成拖曳到"模拟DNA"合成中，然后隐藏Size图层，接着选择Form图层，展开Form（形态）滤镜下的Particle（粒子）属性组，设置Size（大小）为10、Color（颜色）为（R:17, G:34, B:52），最后展开"Layer Maps（图层映射）>Size（大小）"属性组，设置Layer（图层）为2.Size、Map Over（映射超过）为XY，如图14-149所示。

图14-149

⑥ 展开Disperse and Twist（分散和扭曲）属性组，设置Twist（扭曲）为10，如图14-150所示。然后展开

Visibility（可视性）属性组，设置Far Vanish（远处消亡）为1100、Far Start Fade（远处起始衰减）为200、Near Start Fade（近处起始衰减）为0、Near Vanish（近处消亡）为0，如图14-151所示。

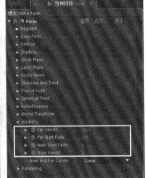

图14-150　　　　　图14-151

07 在"项目"窗口中选择Size合成，然后按快捷键Ctrl+D复制一个新合成，并将其命名为Opacity，如图14-152所示。

图14-152

08 双击Opacity合成，然后选择合成中的纯色图层，接着重新调整"色光"滤镜的色环，如图14-153所示。

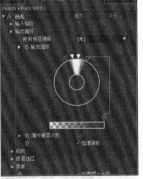

图14-153

09 将Opacity合成拖曳到"模拟DNA"合成中，然后隐藏Opacity图层，接着选择Form图层，展开Form（形态）滤镜下的"Layer Maps（图层映射）>Color and Alpha（颜色和Alpha）"属性组，最后设置Layer（图层）为3.Opacity、Functionality（功能）为Lightness to A（亮度到Alpha），如图14-154所示。

图14-154

10 选择Form图层，执行"效果>风格化>发光"菜单命令，接着在"效果控件"面板中设置"发光阈值"为40%，如图14-155所示。

图14-155

11 展开Form（形态）滤镜中的Base Form（基础形态）属性组，然后在第0帧处激活X Rotation（x 旋转）的关键帧，接着在第10秒处设置X Rotation（x 旋转）为（4×0°），如图14-156所示。

图14-156

⑫ 创建一个名为Background的纯色图层，将其拖曳至底层，然后执行"效果>生成>梯度渐变"菜单命令，接着在"效果控件"面板中设置"渐变起点"为（361，286.9）、"起始颜色"为（R:32, G:2, B:26）、"渐变终点"为（717.9, 576）、"结束颜色"为黑色、"渐变形状"为"径向渐变"，如图14-157所示。

图14-157

⑬ 渲染并输出动画，最终效果如图14-158所示。

图14-158

14.2.6 Trapcode的其他滤镜

在前面的内容中详细讲解了Trapcode公司出品的Shine（扫光）、Starglow（星光）、3D Stroke（3D描边）、Particular（粒子）和Form（形态）滤镜，其他的4个滤镜在实际工作中使用的频率不是很高，因此下面只对这4个滤镜进行简单讲解。

1.Lux（自然光）滤镜

Lux（自然光）滤镜可以模拟出自然光在稀疏介质环境中的反射效果，也就是通常所说的"可见光"。Lux（自然光）滤镜产生的光照效果有点类似于舞台灯光和车灯效果。

Lux（自然光）滤镜可以使用After Effects内置的灯光来创建"可见光"，并且Lux（自然光）滤镜创建的"可见光"可以完全匹配After Effects的灯光属性，如图14-159所示。

图14-159

2.Sound Keys（声音键）滤镜

Sound Keys（声音键）滤镜可以通过选择一段声音的频谱，然后根据选择的波段来生成相应的系列关键帧，这对于制作受声音驱动的动画非常有效，如图14-160所示。

图14-160

虽然After Effects中的Convert Audio to Keyframes（转换音频到关键帧）功能也可以将音频转换为相应的音量关键帧，但是它不能提取相应的频段，比如提取音乐中的鼓声或只提取说话声。使用Sound Keys（声音键）滤镜就能很好地解决这个问题，其提取原理如图14-161所示。

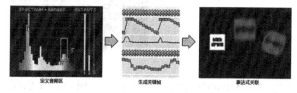

图14-161

3.Echospace（拖尾空间）滤镜

使用Echospace（拖尾空间）滤镜可以制作出类似于"残影"滤镜的效果，所不同的是"残影"滤镜产生的拖尾效果是二维的，而Echospace（拖尾空间）滤镜可以按照一定规律在三维空间中产生相关联的图层，并且可以使用这些图层按一定规律制作出动画，如图14-162所示。

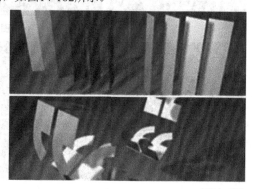

图14-162

4.Horizon（地平线）滤镜

使用Horizon（地平线）滤镜可以很方便地将渐变图像或其他图像设置为贴图来制作出类似于拱形天空的效果，并且可以匹配摄像机的运动。所以在三维合成中，Horizon（地平线）滤镜经常被用来创建远离摄像机的背景素材（比如天空），如图14-163所示。

图14-163

课堂案例

流光Logo滤镜

案例位置	案例文件>第14章>课堂案例——流光Logo滤镜.aep
素材位置	素材>第14章>课堂案例——流光Logo滤镜
难易指数	★★★☆☆
学习目标	学习如何使用3D Stroke（3D描边）滤镜制作锥形光线滤镜以及使用Starglow（星光）滤镜制作星光Logo滤镜

流光Logo滤镜如图14-164所示。

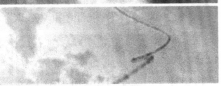

图14-164

① 新建合成，设置"合成名称"为"流光文字"、"预设"为PAL D1/DV、"持续时间"为5秒，然后单击"确定"按钮，如图14-165所示。

图14-165

② 新建一个名为Stroke的纯色图层，然后使用"钢笔工具" 在"合成"面板中绘制一个如图14-166所示的蒙版。

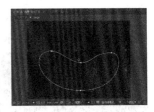

图14-166

③ 选择Stroke图层，然后执行"效果>Trapcode>3D Stroke（3D描边）"菜单命令，接着在"效果控件"面板中设置Thickness（厚度）为5、Offset（偏移）为-80，再展开Taper（锥化）属性组，选择Enable（启用）选项，最后设置Start Shape（起始形状）为5、End Shape（结束形状）为5，如图14-167所示。

图14-167

④ 展开Transform（变换）属性组，设置Bend（弯曲）为2、Bend Axis（弯曲轴向）为（0×45°）、Y Rotation（y轴旋转）为（0×40°），如图14-168所示。

图14-168

⑤ 展开Repeter（重复）属性组，选择Enable（启用）选项，然后设置Instances（实例）为3、Scale（比例）为180、X Rotation（x轴旋转）为（0×60°）、Y Rotation（y轴旋转）为（0×-60°）、Z Rotation（z轴旋转）为（0×90°），如图14-169所示。

图14-169

06 在第0帧处设置3D Stroke（3D描边）滤镜的Offset（偏移）属性的关键帧，然后在第4秒处设置Offset（偏移）为80，如图14-170所示。

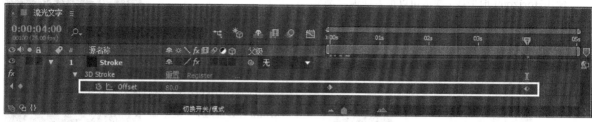

图14-170

07 选择Stroke图层，执行"效果>Trapcode>Starglow（星光）"菜单命令，效果如图14-171所示。

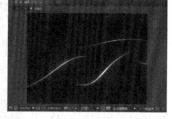

图14-171

08 新建合成，设置"合成名称"为"Logo"、"预设"为PAL D1/DV、"持续时间"为5秒，然后单击"确定"按钮，如图14-172所示。

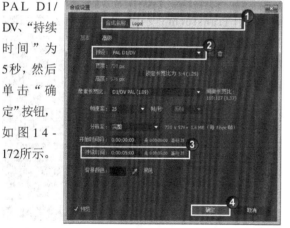

图14-172

09 新建一个文本图层，然后输入文字信息，接着在"字符"面板中设置字体为"方正超粗黑_GBK"、字号为70像素、颜色为白色，并激活"仿粗体"功能，如图14-173所示。

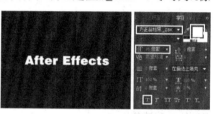

图14-173

10 将Logo合成拖曳到"流光文字"合成中的底层，然后选择Logo图层，执行"图层>自动追踪"菜单命令，接着在打开的"自动追踪"对话框中选择"工作区"选项，最后单击"确定"按钮，如图14-174所示。

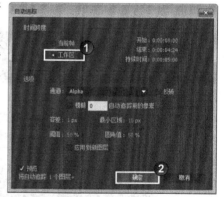

图14-174

11 将Stroke图层的3D Stroke（3D描边）和Starglow（星光）滤镜复制到Logo图层中，然后将Logo图层的Offset（偏移）属性的第1个关键帧移至第3秒处，如图14-175所示。

图14-175

⑫ 选择Logo图层，在第3秒10帧处设置Starglow（星光）滤镜的Streak Length（条纹长度）为20，然后激活该属性的关键帧，接着在第4秒处设置Streak Length（条纹长度）为0，如图14-176所示，效果如图14-177所示。

图14-176

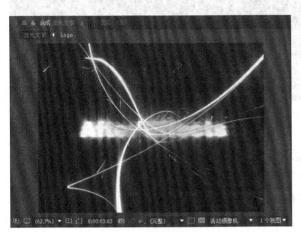

图14-177

⑬ 新建一个名为BG的纯色图层，然后将其拖曳至底层，接着执行"效果>生成>梯度渐变"菜单命令，在"效果控件"面板中设置"结束颜色"为（R:17, G:27, B:25），如图14-178所示。

图14-178

⑭ 渲染并输出动画，最终效果如图14-179所示。

图14-179

14.3 本章小结

本章是全书的最后一个章节，也是其精华所在。AE强大的功能与其拥有很多优秀的插件是密不可分的，所以特别安排了几个综合案例。本章介绍了Trapcode滤镜的属性，以及滤镜的使用方法。

本章所讲到的滤镜都是实际工作中所常用的，希望大家认真学习本章内容，并领悟这些滤镜的精髓。

14.4 课后习题

本节将安排两个实用的课后习题供读者练习。这两个课后习题都非常有针对性，基本上都运用到了上面所讲解到的最重要知识。希望大家一边观看视频教学，一边学习这些滤镜知识的运用。

课后习题

14.4.1 数字头像动画

习题位置	案例文件>第14章>课后习题——数字头像动画.aep
素材位置	素材>第14章>课后习题——数字头像动画
难易指数	★★★☆☆
练习目标	练习使用Form（形态）滤镜制作粒子汇聚动画

数字头像动画效果如图14-180所示。

图14-180

操作提示

第1步：打开"素材>第14章>课后习题——数字头像动画>课后习题——数字头像动画_I.aep"项目合成。

第2步：为DigitalsMan合成中的Form图层添加Form（形态）滤镜制作粒子汇聚效果。

🌀 课后习题

14.4.2 星球爆炸滤镜

习题位置	案例文件>第14章>课后习题——星球爆炸滤镜.aep
素材位置	素材>第14章>课后习题——星球爆炸滤镜
难易指数	★★★★★
练习目标	练习使用"分形杂色"滤镜制作火焰贴图以及使用Particular（粒子）滤镜制作爆炸

星球爆炸滤镜如图14-181所示。

图14-181

操作提示

第1步：打开"素材>第14章>课后习题2——星球爆炸滤镜>课后习题2——星球爆炸滤镜_I.aep"项目合成。

第2步：为flame合成中的fractal图层添加"分形杂色"滤镜制作火焰贴图。

第3步：使用Particular（粒子）滤镜制作火焰、拖尾和烟尘效果。

"项目面板"快捷键	
操作	快捷键
新建项目	Ctrl+Alt+N
打开项目	Ctrl+O
打开项目时只打开项目窗口	按住Shift键
打开上次打开或保存的项目	Ctrl+Alt+Shift+P
保存项目文件	Ctrl+S
打开选择的素材项或合成项目	双击鼠标左键
将选择的素材（或合成项目）添加到激活的时间线中	Ctrl+/
显示或修改所选合成项目的设置	Ctrl+K
将选择的合成项目添加到渲染队列窗口	Ctrl+Shift+/
导入	Ctrl+I
连续导入多个文件	Ctrl+Alt+I
替换素材文件	Ctrl+H
替换选择层的源素材或合成图像	Alt+从项目窗口拖动素材项到合成图像
查找	Ctrl+F
重新加载素材	Ctrl+Alt+L
新建查看器	Ctrl+Alt+Shift+N
设置代理素材	Ctrl+Alt+P
退出	Ctrl+Q

"合成图像、层和素材面板"快捷键	
操作	快捷键
显示/隐藏网格	Ctrl+'
显示/隐藏对称网格	Alt+'
居中激活的窗口	Ctrl+Alt+\
显示/隐藏参考线	Ctrl+;
锁定/释放参考线锁定	Ctrl+Alt+Shift+;
显示/隐藏标尺	Ctrl+R
改变背景颜色	Ctrl+Shift+B
动态修改窗口	Alt+拖动属性控制
在当前窗口的标签间循环并自动调整大小	Alt+Shift+,或Alt+Shift+.
快照（可以拍4张）	Ctrl+F5, F6, F7, F8
显示快照	F5, F6, F7, F8
清除快照	Ctrl+Alt+F5, F6, F7, F8
显示通道（RGBA）	Alt+1, 2, 3, 4
带颜色显示通道（RGBA）	Alt+Shift+1, 2, 3, 4
带颜色显示遮罩通道	Shift+单击Alpha通道图标

"显示窗口和面板"快捷键	
操作	快捷键
项目窗口	Ctrl+0
项目流程视图	F11
渲染队列窗口	Ctrl+Alt+0
工具箱	Ctrl+1
信息面板	Ctrl+2
时间控制面板	Ctrl+3
音频面板	Ctrl+4
新合成图像	Ctrl+N
关闭激活的标签/窗口	Ctrl+W
关闭激活窗口（所有标签）	Ctrl+Shift+W
关闭激活窗口（除项目窗口）	Ctrl+Alt+W

"时间线窗口中的移动" 快捷键

操作	快捷键
到工作区开始	Home
到工作区结束	Shift+End
到前一可见关键帧	J
到后一可见关键帧	K
到前一可见图层时间标记或关键帧	Alt+J
到后一可见图层时间标记或关键帧	Alt+K
滚动选择的图层到时间布局窗口的顶部	X
滚动当前时间标记到窗口中心	D
到指定时间	Ctrl+G

"合成图像、时间布局、素材和层窗口中的移动" 快捷键

操作	快捷键
到开始处	Home或Ctrl+Alt+←
到结束处	End或Ctrl+Alt+→
向前一帧	Page Down或←
向前十帧	Shift+Page Down或Ctrl+Shift+←
向后一帧	Page Up或→
向后十帧	Shift+Page Up或Ctrl+Shift+→
到图层的入点	I
到图层的出点	O

"合成图像、层和素材窗口中的编辑" 快捷键

操作	快捷键
复制	Ctrl+C
重复	Ctrl+D
剪切	Ctrl+X
粘贴	Ctrl+V
撤销	Ctrl+Z
重做	Ctrl+Shift+Z
选择全部	Ctrl+A
取消全部选择	Ctrl+Shift+A或F2
图层、合成图像、文件夹、滤镜重新命名	Enter（数字键盘）
原应用程序中编辑子项（仅限素材窗口）	Ctrl+E
放在最前面	Ctrl+Shift+]
向前提一级	Shift+]
向后放一级	Shift+ [
放在最后面	Ctrl+Shift+ [
选择下一图层	Ctrl+ ↓
选择上一图层	Ctrl+ ↑
通过层号选择图层	1~9（数字键盘）
取消所有图层选择	Ctrl+Shift+A
锁定所选图层	Ctrl+L
释放所有图层的选定	Ctrl+Shift+L
激活合成图像窗口	\
在层窗口中显示选择的图层	Enter（数字键盘）
显示隐藏视频	Ctrl+Shift+Alt+V
隐藏其他视频	Ctrl+Shift+V
显示选择图层的效果控制窗口	Ctrl+Shift+T或F3
在合成图像窗口和时间布局窗口中转换	\

打开源图层	Alt+双击图层
在合成图像窗口中不拖动句柄缩放图层	Ctrl+拖动图层
在合成图像窗口中逼近图层到框架边和中心	Alt+Shift+拖动图层
逼近网格转换	Ctrl+Shit+"
逼近参考线转换	Ctrl+Shift+;
拉伸图层适合合成图像窗口	Ctrl+Alt+F
图层的反向播放	Ctrl+Alt+R
设置入点	[
设置出点	]
剪辑图层的入点	Alt+[
剪辑图层的出点	Alt+]
所选图层的时间重映射转换开关	Ctrl+Alt+T
设置质量为最好	Ctrl+U
设置质量为草稿	Ctrl+Shift+U
设置质量为线框	Ctrl++Shift+Alt+U
创建新的纯色图层	Ctrl+Y
显示纯色图层设置	Ctrl+Shift+Y
重组图层	Ctrl+Shift+C
通过时间延伸设置入点	Ctrl+Shift+,
通过时间延伸设置出点	Ctrl+Alt+,
约束旋转的增量为45度	Shift+拖动旋转工具
约束沿X轴或Y轴移动	Shift+拖动层
复位旋转角度为0度	双击旋转工具
复位缩放率为100%	双击缩放工具

"合成图像、层和素材窗口、时间线的空间缩放"快捷键

操作	快捷键
缩放至100%	主键盘上的 / 或双击缩放工具
放大并变化窗口	Alt+. 或Ctrl+主键盘上的=
缩小并变化窗口	Alt+, 或Ctrl+主键盘上的-
缩放至100%并变化窗口	Alt+主键盘上的 /
缩放窗口	Ctrl+ \
缩放窗口适应于监视器	Ctrl+Shift+ \
窗口居中	Shift+Alt+\
缩放窗口适应于窗口	Ctrl+Alt+\
图像放大，窗口不变	Ctrl+Alt+ +
图像缩小，窗口不变	Ctrl+Alt+ —
缩放到帧视图	;
放大时间	主键盘上的+
缩小时间	主键盘上的-

"时间线面板中查看层属性"快捷键

操作	快捷键
锚点	A
音频	L
波形	LL
滤镜	E
蒙版羽化	F
蒙版形状	M
蒙版不透明度	TT
不透明度	T
位置	P

旋转	R
时间重映射	RR
缩放	S
显示所有动画值	U
隐藏属性	Alt+Shift+单击属性名
弹出属性滑杆	Alt+单击属性名
增加/删除属性	Shift+单击属性名
切换开关/模式转换	F4
为所有选择的层改变设置	Alt+单击层开关
打开不透明对话框	Ctrl+Shift+O
打开定位点对话框	Ctrl+Shift+Alt+A

"时间线面板、关键帧设置、渲染"快捷键

操作	快捷键
设置当前时间标记为工作区开始	B
设置当前时间标记为工作区结束	N
设置工作区为选择的图层	Ctrl+Alt+B
未选择图层时，设置工作区为合成图像长度	Ctrl+Alt+B
设置关键帧速度	Ctrl+Shift+K
设置关键帧插值法	Ctrl+Alt+K
选择一个属性的所有关键帧	单击属性名
增加一个效果的所有关键帧到当前关键帧选择	Ctrl+单击效果名
逼近关键帧到指定时间	Shift+拖动关键帧
向前移动关键帧一帧	Alt+右箭头
向后移动关键帧一帧	Alt+左箭头
向前移动关键帧十帧	Shift+Alt+右箭头
向后移动关键帧十帧	Shift+Alt+左箭头
在选择的图层中选择所有可见的关键帧	Ctrl+Alt+A
到前一可见关键帧	J
到后一可见关键帧	K
到前一个可见图层时间标记或关键帧	Alt+J
到下一个可见图层时间标记或关键帧	Alt+K
输出影片	Ctrl+M
增加激活的合成图像到渲染队列窗口	Ctrl+Shift+/
在队列中不带输出名复制子项	Ctrl+D
保存单帧	Ctrl+Alt+S
打开渲染对列窗口	Ctrl+Alt+O

附录B：本书所用外挂滤镜和插件查询表

滤镜（插件）名称	版本（适用64位系统）
Trapcode Particular	V2.2.5
Trapcode Form	V2.0.8
Trapcode Shine	V1.6.4
Trapcode 3D Stroke	V2.6.5
Trapcode Starglow	V1.6.4